华东交通大学教材基金资助项目

算法

设计与实践

李 雄　周 娟　主 编

谢承旺　胡林峰
　　　　　　　　副主编
李小芳　陈浩文

中国水利水电出版社
www.waterpub.com.cn
·北京·

内 容 提 要

本书理论结合实践，通过综合运用图、表、文字、代码、解析等多种形式深入浅出地讲解了算法思想、算法设计与实践应用，并为大部分章节的算法提供了有趣的竞赛真题及解析，帮助读者学习算法的核心思想，提高实践动手能力。

全书共 9 章，内容包括算法概述、递归算法与分治法、动态规划算法、贪心算法、搜索算法、网络流算法、随机化算法、群体智能优化算法及算法竞赛真题自测与解析。

本书配有丰富的在线资源，包括在线课堂、在线真题自测、在线考试、在线自动判题、在线解题视频等线上资源，并提供教学课件、课堂手册、课后习题参考答案、实例源代码等教学资源，方便教师授课和开展教学活动。

本书适合作为计算机科学与技术、软件工程、人工智能、数据科学与大数据分析等专业本科生、研究生的教材，也可以作为数学建模和程序设计竞赛参赛人员的参考书，还可以作为考研学生的专业课复习资料。另外，本书也可作为软件工程师、软件开发人员的案头学习工具 。

图书在版编目（ＣＩＰ）数据

算法设计与实践 / 李雄, 周娟主编. -- 北京 ： 中国水利水电出版社, 2024.5

ISBN 978-7-5226-2408-2

I. ①算… II. ①李… ②周… III. ①算法设计

IV. ①TP301.6

中国国家版本馆CIP数据核字(2024)第070646号

书　　名	算法设计与实践 SUANFA SHEJI YU SHIJIAN
作　　者	主编　李雄　周娟 副主编　谢承旺　胡林峰　李小芳　陈浩文
出版发行	中国水利水电出版社 （北京市海淀区玉渊潭南路 1 号 D 座　100038） 网址：www.waterpub.com.cn E-mail: zhiboshangshu@163.com 电话：（010）62572966-2205/2266/2201（营销中心）
经　　售	北京科水图书销售有限公司 电话：（010）68545874、63202643 全国各地新华书店和相关出版物销售网点
排　　版	北京智博尚书文化传媒有限公司
印　　刷	河北文福旺印刷有限公司
规　　格	190mm×235mm　16 开本　19.25 印张　461 千字
版　　次	2024 年 5 月第 1 版　2024 年 5 月第 1 次印刷
印　　数	0001—3000 册
定　　价	59.80 元

前　　言

算法、数据及算力等关键因素的协同发展，为人工智能时代的到来创造了条件。在人工智能技术的发展历程中，算法、数据和算力相辅相成，共同推动了技术的创新和突破。优秀的算法需要强大的算力来支撑训练和推理过程（包含有上亿个参数的学习），而数据则是算法和算力发挥作用的基础，三者的协同作用让人工智能逐渐从理论走向实际应用，为人类生活、生产及生存带来了许多便利。其中，算法更是人工智能的核心，算法决定了智能系统的学习能力、泛化能力、推理能力和决策能力。优秀的算法是人工智能发展的基础，它决定了技术的能力和效果。

本书适合讲授或学习"算法设计与分析"相关课程的师生，也适合想全面学习算法的人员阅读。本书算法理论描述浅显易懂，深入浅出，佐以实践和习题，包含大量竞赛真题及详细解析和带有详尽注解的代码，这对计算机类就业笔试、面试和研究生入学考试有参考价值。此外，本书也可以作为计算机从业人员的参考书籍。书中不仅包含经典问题及程序设计竞赛试题，而且包含真题的详细解析。2023 年，全国参加某程序设计竞赛的学生高达 14 万人，参加中国研究生数学建模竞赛的人数达 6 万之多。本书也是 ACM-ICPC（国际大学生程序设计竞赛）、CCPC（中国大学生程序设计竞赛）、蓝桥杯全国软件和信息技术专业人才大赛、团体程序设计天梯赛、NOI（全国青少年信息学奥林匹克竞赛）、大学生数学建模竞赛、研究生数学建模竞赛等诸多与算法或程序设计相关竞赛的参赛大学生、研究生和中学生的推荐书籍。

算法类课程是计算机及软件工程等专业的核心课程，通过学习本课程中一些常见的、经典的算法来提高学生的抽象思维、问题建模以及编程等方面的能力，可为将来独立从事算法设计及其复杂度分析的工作打下坚实的基础。为满足初学者对算法的学习需求，本书编者结合多年讲授算法相关课程的教学经验以及指导学生参加数学建模及程序设计等专业赛事的经验，编写了此书。

本书内容

全书共分 9 章。

第 1 章首先介绍算法求解具体的基本范式及其概念，并对算法的计算复杂度和算法的描述进行了简要阐述。然后围绕算法设计常用的基本策略以及智能计算中常用的启发式算法组织了第 2~8 章的内容。

第 2 章介绍递归算法与分治法，该算法是一种常见的求解策略，具有形式简单、容易进行准确性证明等特点。

第 3 章介绍动态规划算法，以具体实例详述动态规划算法的设计思想、适用性。该算法对于满足特定性质的问题具有较高的解题效率。

第 4 章介绍贪心算法，该算法是一种求解最优化问题的通用策略，其思想与初学者求解问题的粗略思维方法非常接近，容易理解。对于某些问题，该算法能更高效地求解最优解，但某些情况下不能保证所求问题的全局最优解。

第 5 章介绍搜索算法，该算法属于通用解题方法，它以特定的搜索顺序遍历解空间，以搜索组合优化空间中的最优解。该算法能保证搜索到待求解问题的最优解。

第 6 章介绍网络流算法，全面介绍网络流概念、最大流问题和 Dinic 算法，并着重介绍基于 Dinic 算法求解数学建模竞赛阅卷中的问题。

第 7 章介绍随机化算法，如舍伍德算法和蒙特卡罗算法等。

第 8 章介绍群体智能优化算法，以粒子群优化算法和蚁群优化算法为范例，介绍了其搜索策略和寻优机制。

第 9 章介绍算法竞赛真题自测与解析。

本书特点

1．本书内容详尽、结构清晰，尤其适用于初学者。本书各章的论述中，仅针对有代表性问题，综合运用图、表、代码等多种方式详细阐述算法的设计思想和设计过程。在掌握具体问题的求解算法思想后，从时间复杂度等方面分析算法的复杂度。本书内容在一定程度上弱化了编程语言的特性，主要采用面向过程的 C 语言描述算法，尽量使代码简单、清晰。

2．本书给出了大量的实践题，帮助学生进一步提升编程实践能力。第 2～7 章均设有实践小节，包含一些经典的、有趣的编程题，加上第 9 章的自测题，共 52 题，每题都给出了参考解析和实现代码。

3．本书在部分内容设置上仍然借鉴了经典问题来讲解具体的算法思想，如矩阵连乘、0-1 背包问题等，因为这些问题非常有代表性，现实生活、生产中的具体问题可以通过模型转换与之等价。为了体现算法的广泛应用性，部分内容也与实际的科学研究存在交叉，如第 8 章。

4．为了提高读者的建模及编程实践等能力，本书也适当汲取了 ACM-ICPC 训练的经验，并在章节内容安排上有所体现，如各章的实践部分和第 9 章。

5．本书第 1～8 章均附有习题，以供课内外作业的布置。

6．本书提供了教学手册，包含教师如何克隆公开课堂等平台操作介绍、习题参考解答、各章 PPT 教学课件、实例源代码等电子资源。各校可根据学时需要，灵活使用本书内容。若学时充分，可以使用全部内容；若学时有限，后面的章节可以让学生自学。

7．本书大部分题目都汇聚在"算法设计与实践"公开课堂中，任课教师可以直接使用，可以让学生直接在公开课堂中刷题。头歌刷题网址汇总在 Word 文档中，读者可通过 QQ 群下载后查看。教师可以克隆该公开课堂为私有课堂，按需发布相应实践题作为课程的编程作业。

8．在公开课堂中还灵活制定了在线考试、数据统计、视频直播等各种方便教学的功能。公开课堂中的题目也无须教师批阅，系统会自动评判给分。这些教学功能既可以帮助教师节省时间、提高效率，又能帮助学生高效地完成作业和实验等环节。后续，还会有实践题的讲解视频发布在该公开课堂中。

9．读者可以通过头歌网址链接或者扫描下方公开课堂的二维码进入该公开课堂。网址为

https://www.educoder.net/paths/qf4vzgnw（课堂码为 L527W）。读者需要在头歌实践教学平台注册账号后，在首页的"教学课堂"栏目中点击"加入课堂"，即可进入该公开课堂学习，进行算法的编程训练。

"算法设计与实践"公开课堂

本书由华东交通大学李雄教授、周娟副教授任主编，由华南师范大学谢承旺教授、华东交通大学胡林峰讲师、李小芳讲师及湖南大学陈浩文副教授任副主编。另外，华东交通大学的王英华讲师也负责了部分编写工作。本书具体分工是：李雄负责编写第 3 章和第 4 章，周娟负责编写第 6、7、9 章，胡林峰负责编写第 5 章前 7 节，李小芳负责编写第 2 章和第 5.8 节，谢承旺、陈浩文和王英华负责编写第 1 章和第 8 章。另外，华东交通大学硕士研究生刘泓苇、李捷、华裔、陶睿阳等同学参与了书中部分插图的制作、程序代码的调试等工作。

本书得到了江西省自然科学基金（No.20232BAB202022、20232BAB202025 和 20204BCJL23035）、江西省高等学校省级教学改革研究课题（JXJG-23-5-7）、华东交通大学创新创业教育教学改革项目（1600223042）和华东交通大学教材基金的资助，在此表示感谢。

在本书的编写过程中，我们也得到了华东交通大学软件学院及华东交通大学 ACM 训练基地的支持。中国水利水电出版社负责本书编辑出版工作的同志为本书付出了大量的劳动，他们严格细致、一丝不苟的工作精神，使得本书的质量得以进一步提升。头歌实践教学平台为本书丰富的课堂资源提供了载体。在此，谨向每一位关心本书编写工作的各界人士表示由衷的谢意。尽管我们认真编写，力求完美，但书中难免存在不足，恳请广大读者和专家批评指正。

读者可通过 QQ 群 710332808 与我们取得联系，教师也可以通过该群获取本书的教学资源。

编　者

目　　录

第1章 算法概述

1.1 问题求解流程

算法（algorithm）可以借助计算机自动化且高效地解决生活中和工作中遇到的问题，设计算法是计算机专业学生的必备技能。设计算法求解问题的基本流程如图 1.1 所示。

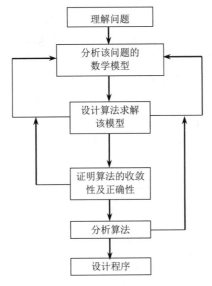

图 1.1 设计算法求解问题的基本流程

在遇到特定问题时，第 1 步是理解问题。该过程借助数学建模等方法提取问题的基本规律或特性。例如，给定 n 个物品和 1 个容量为 C 的背包，每个物品有对应的价值和重量且物品不能拆分，要求选择最大的价值组合装入背包且不超过背包的容量。该问题可以建立如下数学模型：

$$\max \sum_{i=1}^{n} v_i x_i$$

$$\text{s.t.} \begin{cases} \sum_{i=1}^{n} w_i x_i \leqslant C \\ x_i \in \{0,1\}, 1 \leqslant i \leqslant n \end{cases}$$

其中，物品 i 的重量是 w_i，其价值为 v_i；x_i 取 0 表示第 i 个物品不装入背包，取 1 表示装入背包。

第 2 步是分析该问题的数学模型，以判断是否能求得全局最优解或近似最优解。该问题的组合空间随着物品数量 n 的增加，呈指数级增长，即 $O(2^n)$。因此，当 n 较小时，可以在较短的时间内搜索到全局最优解；但是当 n 较大时，则需要消耗大量的计算时间，因此可以考虑求近似解。

第 3 步是设计算法求解该模型。例如，如果求全局最优解，那么可以采用回溯法或动态规划算法求解；如果求近似解，那么可以设计贪心算法求解。

第 4 步是利用数学方法证明算法的收敛性及正确性等。

第 5 步是分析该算法的计算效率能否满足客户的需求，如果不能满足，则回第 3 步。

第 6 步是设计程序，也是最后一步，即运用特定的程序设计语言将算法加以实现。

1.2　算法的概念

算法在各行各业中发挥着重要的作用，尤其是在大型软件系统的开发中，设计出高效的算法尤为关键，如谷歌搜索引擎的开发、亚马逊个性化推荐系统的设计等。那么，算法是什么呢？简单地说，算法是解决问题的方法或过程。严格地讲，算法是针对特定问题的求解步骤，是一系列指令的集合。事实上，简单的算法概念难以描述算法的重要属性，算法还应满足以下性质。

（1）输入（input）：算法应需要 0 个或多个由外部提供的量作为算法的输入（算法可以没有输入），这些输入通常取自与待解决问题相关的对象集合。

（2）输出（output）：算法产生 1 个或多个输出（算法必须要有输出）。通常，算法的输出和输入之间存在着特定的关系。

（3）有穷性（finiteness）：算法指令的条数是有穷的，而且每条指令的执行时间也是有穷的。也就是说，算法要能在执行一段时间后结束，而不能无休止地进行下去。

（4）确定性（determinism）：算法中每条指令的含义必须是确切的、无歧义的，算法对于相同的输入必须具有相同的输出。

（5）可行性（feasibility）：算法中的每个步骤都可以通过已实现的基本操作与执行有限的次数来完成。

算法概念的示意图如图 1.2 所示。

图 1.2　算法概念的示意图

算法必须同时满足上述 5 个性质，缺一不可。理解算法的这些性质有助于人们厘清算法与程序（program）之间的区别和联系。程序是算法用某种程序设计语言的具体实现，程序可以不满足算法的有穷性。例如，操作系统本质上是一个包含无限循环的程序，而不是算法。操作系统中不同的任务可以视为一些单独的问题，可以通过特定的算法来解决这些问题。

1.3　算法的复杂度

算法是问题的解决方案，而不是答案。现实中的问题千奇百怪，解决方法各异，而且即便是相同的问题，不同的人基于不同的背景和视角往往会给出不同的解决方案。那么，应该如何客观评判一个算法的优劣呢？这个问题的回答将有助于指导相关从业者选择和设计算法。

算法在计算机上执行时需要占用计算机资源。一般地，把算法占用的时间资源（处理器）的多少称为算法的时间复杂度，而把算法占用的空间资源（存储器）的多少称为算法的空间复杂度。通常，算法占用的资源越多，算法的复杂度就越高；反之，算法占用的资源越少，算法的复杂度就越低。显然，在正确解决待求解问题的前提下，人们会选择复杂度较低的算法。因此，专业人员在设计算法时，应尽力设计出复杂度低的算法。

正确、合理地设计和选择算法的前提是客观地分析算法的复杂度，并且希望能将算法的复杂度进行科学量化，以反映算法的效率。这就涉及如何对算法的时间复杂度和空间复杂度进行量化的问题。需要指出的是，本书将主要关注算法的时间复杂度，空间复杂度的分析方法不在本书的介绍范围之内，其原因如下：

（1）随着微电子技术的迅猛发展，计算机存储器的容量越来越大，价格也更便宜。在这种背景下，算法的选择和设计在一定程度上忽视了存储空间的消耗，那些对空间资源有特别要求的算法除外。

（2）分析空间复杂度的方法与分析时间复杂度的方法类似，甚至分析空间复杂度的方法更为简单。因此，如果读者能熟练分析算法的时间复杂度，通常在分析空间复杂度时就不会存在困难。

由编程实践经验可知，同样的算法使用不同的编程语言和编译系统，运行在不同的机器上，所消耗的运行时间可能是不一样的。这个事实说明，在对算法进行时间复杂度分析时需要屏蔽计算机硬件、编程语言和编译器等因素的影响，即应考虑将算法置于一台抽象的计算机上运行，这台抽象的计算机能够提供算法运行所需的一些基本操作，除此之外，并无其他的功能。

一般地，算法时间复杂度是问题输入规模 n 的函数，记为 $T(n)$。通常，$T(n)$ 是一个求和函数，即通过累计算法中不同基本操作的执行次数来表示时间复杂度的函数表达式。理论上，假设一台抽象的计算机能提供 k 种基本操作，可分别记为 $O_1, O_2, ..., O_k$，如果算法 A 在运行过程中执行 e_i 次基本操作 O_i，而执行一次 O_i 操作所需的时间为 $t_i (1 \leqslant i \leqslant k)$，则时间复杂度函数可表示为

$$T(n) = \sum_{i=1}^{k} e_i t_i$$

式中，基本操作 O_i 的执行次数 e_i 与问题的规模（输入集合的大小）以及具体的输入实例相关。但必须指出，对于一个输入规模为 n 的问题，不太可能精确地统计每一种合法输入对应的 e_i（$1 \leqslant i \leqslant k$），因为这样做既费时又无必要。为了简化时间复杂度函数的表达，比较现实的做法是考虑算法在几种具有代表性数据实例的情况下的算法时间复杂度，如算法在最好情况、最坏情况和平均情况下的时间复杂度。

下面以顺序查找算法为例，说明该算法在输入 3 种不同待查数据（3 种不同数据实例）时

的时间复杂度。

题目描述： 在一个大小为 n 的无序数组 A 中查找数据 k 是否在其中，一旦找到，则输出数据 k 所在的下标；否则，返回失败的标记（−1）。该问题可以用顺序查找算法求解，其实现代码如算法 1.1 所示。

算法 1.1

```
int  SeqSearch (int A[ ], int n, int k)   //在大小为 n 的无序数组 A 中查找数据 k
{
    for (int i = 0; i < n; i++)
        if  (A[i]== k)
            return i;                      //查找成功，返回下标值
        return -1;                         //查找失败，返回失败标记-1
}
```

顺序查找算法最坏的情况是待查数据 k 位于数组 A 的最末位置或不在数组 A 中。因为在这两种情况下算法都需要执行 n 次比较操作（比较判断 $A[i]$ 是否等于 k）。

顺序查找算法最好的情况是待查数据 k 在数组 A 的第 1 个位置，这样算法只需执行 1 次比较操作即可。

顺序查找算法平均情况下的时间复杂度与待查数据 k 在数组 A 中的分布有关。一种简单的处理方式是：假设查找成功的概率为 p（$0 \leqslant p \leqslant 1$），而且待查数据 k 在数组 A 中各位置出现的概率相同，即 $\dfrac{p}{n}$，因此，需要执行 $\left(\dfrac{p}{n} + 2\dfrac{p}{n} + ... + n\dfrac{p}{n}\right) + n(1-p)$ 次比较操作。

需要指出，最好情况通常不能作为算法性能的代表，因为它将条件考虑得过于乐观，而一般情况下它发生的概率较小，除非最好情况发生的概率很大，才会分析最好情况下的时间复杂度；而平均情况需要已知输入数据的分布，也就是考虑各种输入发生的概率，这种衡量算法效率的方法看似公平、合理，但并不具有可操作性，因为一般很难获得输入数据的概率分布，一种折中的做法是假设输入数据为等概率分布，这也是在没有其他信息的情况下的一种自然假设。最坏情况可以知道算法的运行时间最坏能坏到什么程度，由于它具有较高的可操作性和实际价值，因此在实践中得到了广泛的运用。

1.4   算法的渐近分析

在互联网和大数据时代，须利用计算机解决的问题越来越复杂，规模也越来越大。因此，考查算法随着待解问题规模不断增长的情况下其时间复杂度的变化趋势，不仅十分必要，而且颇具意义。

实际上，精确地表示算法的时间复杂度函数存在困难，有时即便能够给出函数的表达式，也可能由于表达式复杂而难以求解。考虑到分析算法复杂度的目的在于比较求解同一个问题的不同算法的效率，为了简化时间复杂度分析，可以用算法中基本语句（basic statement）的执行次数来衡量算法的时间复杂度。

所谓基本语句，是指执行次数与整个算法的执行时间成正比的语句。基本语句对算法运行时间的贡献最大，是算法中最重要的操作。例如，在一段带循环语句的程序中，循环体最内层语句的执行次数对算法运行时间的影响至关重要，它们被视为基本语句。

需要说明的是，这种衡量算法效率的方法得到的并不是算法运行的时间量，而是对运行时间增长趋势的一种度量。也就是说，当要比较两个算法的时间复杂度时，只要考虑当问题的规模 $n \to \infty$ 时算法中基本语句的执行次数在渐近意义下的阶，就可以判定出算法效率的高低。换句话说，算法在渐近意义下的复杂度只需关注时间函数中的阶，而不必关心该函数中的常数因子等。这种处理方法进一步简化了时间复杂度分析，其依据是把算法中不同的基本语句执行一次所需的时间均假定为一个单位时间。

为了与简化的复杂度分析方法相配套，这里引入 3 个渐近意义下的符号：O、Ω 和 θ。

1. 大 O 符号

定义 1.1　设 $f(n)$ 和 $g(n)$ 是定义在整数集上的正函数，如果存在两个正的常数 c 和 n_0，对于任意的 $n \geq n_0$，都有 $f(n) \leq c\,g(n)$，则称函数 $f(n)$ 当 n 充分大时上有界，且 $g(n)$ 是它的一个上界，记为 $f(n) = O(g(n))$。这时还可以说 $f(n)$ 的阶不高于 $g(n)$ 的阶。

按照符号 O 的定义，下面运算规则成立。

（1）$O(f) + O(g) = O(\max(f, g))$。

（2）$O(f) + O(g) = O(f + g)$。

（3）$O(f) \cdot O(g) = O(fg)$。

（4）如果 $g(n) = O(f(n))$，$O(f) + O(g) = O(f)$。

（5）$O(cf(n)) = O(f(n))$，其中 c 是一个正的常数。

（6）$f = O(f)$。

以上规则（2）的证明：设 $F(n) = O(f)$，根据大 O 的定义，存在正的常数 c_1 和自然数 n_1，使得对于所有的 $n \geq n_1$，有 $F(n) \leq c_1 f(n)$。

类似地，设 $G(n) = O(g)$，则存在正的常数 c_2 和 n_2，使得对于所有的 $n \geq n_2$，有 $G(n) \leq c_2 g(n)$。

假设 $c_3 = \max\{c_1, c_2\}$，$n_3 = \max\{n_1, n_2\}$，$h(n) = O(f + g)$，则对所有的 $n \geq n_3$，有

$$F(n) \leq c_1 f(n) \leq c_1 h(n) \leq c_3 h(n)$$

同理，有

$$G(n) \leq c_2 g(n) \leq c_2 h(n) \leq c_3 h(n)$$

因此，

$$
\begin{aligned}
O(f) + O(g) &= F(n) + G(n) \\
&\leq c_1 f(n) + c_2 g(n) \\
&\leq c_3 h(n) + c_3 h(n) \\
&= 2c_3 h(n) \\
&= h(n) \\
&= O(f + g)
\end{aligned}
$$

其余规则的证明类似，此处不再讲解，留作读者练习之用。

大 O 符号用来描述运行时间增长率的上界，它表示 $f(n)$ 的增长至多如 $g(n)$ 增长得那样快，即当输入规模为 n 时算法所消耗时间的最大值。一般地，上界的阶越低，度量的结果就越有价值。图 1.3 给出了大 O 符号含义的示意图，这里将问题规模 n 拓展为实数。

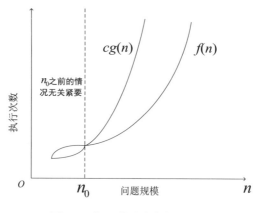

图 1.3　大 O 符号含义的示意图

应该注意，定义 1.1 给出了很大的自由空间来选择正常数 c 和自然数 n_0 的特定取值。例如，下面的推导都是合理的。

当 $c = 201$，$n = 10$ 时，有 $200n + 10 \leqslant 200n + n$（当 $n \geqslant 10$）$= 201n = O(n)$。

当 $c = 210$，$n = 1$ 时，有 $200n + 10 \leqslant 200n + 10n$（当 $n \geqslant 1$）$= 210n = O(n)$。

2．Ω 符号

定义 1.2　设 $f(n)$ 和 $g(n)$ 是定义在整数集上的正函数，如果存在两个正的常数 c 和 n_0，对于任意的 $n \geqslant n_0$，都有 $f(n) \geqslant c\, g(n)$，则称函数 $f(n)$ 当 n 充分大时下有界，且 $g(n)$ 是它的一个下界，记为 $f(n) = \Omega(g(n))$。这时还可以说 $f(n)$ 的阶不低于 $g(n)$ 的阶。

Ω 符号用来描述运行时间增长率的下界，也就是说，当输入规模为 n 时算法消耗时间的最小值。与大 O 符号对称，这个下界的阶越高，度量的结果就越有价值。图 1.4 给出了 Ω 符号含义的示意图。

Ω 符号常用来分析某个问题或每类算法的时间复杂度的下界。例如，矩阵乘法问题的时间下界为 $\Omega(n^2)$，表示任何两个 $n \times n$ 矩阵相乘的算法的时间复杂度不会小于 n^2。显然，由于矩阵乘法的这个时间下界的阶过小而失去了意义，它只是一个平凡下界而已。此外，基于比较的排序算法已经被证明其时间下界为 $\Omega(n\log_2 n)$，表示该问题的求解至少需要比较 $n\log_2 n$ 次。

Ω 符号常常与大 O 符号配合以证明某问题的一个特定算法是该问题的最优算法，或是该问题中的某类算法中的最优算法。如果所求问题的计算时间下界为 $\Omega(f(n))$，则时间复杂度为 $O(f(n))$ 的算法是该问题的最优算法。

例如，基于比较的排序问题的计算时间下界为 $\Omega(n\log n)$，即求解该问题至少需要比较 $n\log n$ 次，则时间复杂度为 $O(n\log n)$ 的排序算法是求解该问题的最优算法，如快速排序、合并排序及堆排序算法是基于比较的排序问题的最优算法。

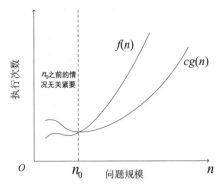

图 1.4 Ω 符号含义的示意图

3. θ 符号

定义 1.3 设 $f(n)$ 和 $g(n)$ 是定义在整数集上的正函数，如果存在正的常数 c_1、c_2 和自然数 n_0，使得对于任意 $n \geqslant n_0$，都有 $c_1 g(n) \leqslant f(n) \leqslant c_2 g(n)$，则称函数 $f(n) = \theta(g(n))$。

符号 θ 意味着 $f(n)$ 与 $g(n)$ 同阶，可用来表示算法的精确阶。图 1.5 给出了 θ 符号含义的示意图。

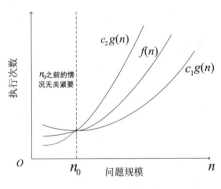

图 1.5 θ 符号含义的示意图

下面通过两个例子来说明大 O、Ω 和 θ 3 种渐近符号的使用。

例 1.1 $f(n) = 2n - 1$

解答：

当 $n \geqslant 1$ 时，$2n - 1 \leqslant 2n = O(n)$（放大）

当 $n \geqslant 1$ 时，$2n - 1 \geqslant 2n - n = n = \Omega(n)$（缩小）

当 $n \geqslant 1$ 时，$2n \geqslant 2n - 1 = n + n - 1 \geqslant n$，则 $2n - 1 = \theta(n)$

例 1.2 $f(n) = 3n^2 + 4n + 1$

解答：

当 $n \geqslant 1$ 时，$3n^2 + 4n + 1 \leqslant 3n^2 + 4n + n = 3n^2 + 5n \leqslant 3n^2 + 5n^2 = 8n^2 = O(n^2)$

当 $n \geqslant 1$ 时，$3n^2 + 4n + 1 \geqslant 3n^2 = \Omega(n^2)$

当 $n \geqslant 1$ 时，$8n^2 \geqslant 3n^2 + 4n + 1 \geqslant 3n^2$，则 $3n^2 + 4n + 1 = \theta(n^2)$

1.5　算法的描述方法

算法的设计者在构思和设计出一个算法之后，需要将算法的求解步骤记录下来，即描述算法。目前，常用的算法描述方式包括自然语言、程序流程图、程序设计语言以及伪代码（pseudo-code）等。

1．利用自然语言描述算法

利用自然语言描述算法的优点是非常直接、容易书写、容易理解，但是，由于自然语言的描述容易产生歧义，而且抽象的层次较高，不便转换为计算机程序，因此自然语言通常只适合较粗略地描述算法的思想。

2．利用程序流程图描述算法

利用程序流程图描述算法是采用一组规定的图形符号表示算法的流程。利用程序流程图描述算法的优点是直观易懂、易于表示算法的控制流程，缺点是严密性不如程序设计语言、灵活性不如自然语言。程序流程图只适合描述一些非常简单的算法，如描述程序设计语言的基本语法等，但面对复杂算法的描述，使用程序流程图的方法会显得力不从心。

3．利用程序设计语言描述算法

利用程序设计语言描述的算法可直接由计算机执行，其缺点是抽象性差、不便于交流，而且算法的设计者往往过多地关注算法的具体细节，而忽视了算法正确逻辑的重要性。另外，利用程序设计语言描述算法，还要求算法的设计者掌握程序设计语言和编程的环境。

4．利用伪代码描述算法

伪代码是介于自然语言和程序设计语言之间的一种算法描述方法，它既采用程序设计语言的指令定义了算法的逻辑框架，又用自然语言描述了算法的具体步骤。一般来说，伪代码中自然语言所占的比例与算法的抽象级别息息相关。例如，抽象级别高的伪代码中的自然语言所占的比例会高一些。伪代码并不是一种实际的编程语言，但其在表达能力上类似于编程语言，同时又能在最大限度上减少算法描述的细节，因此，其具有较好的应用性。

由于 C 语言具有简洁紧凑、灵活方便、运算符和数据结构丰富以及生成的代码质量高、程序执行效率高等特点，并且大多数读者学习过 C 语言，因此本书中的大部分算法都采用 C 语言实现。

1.6 课 后 习 题

1. 如果 $T_1(n) = O(f(n))$，$T_2(n) = O(g(n))$，解答下列问题。

（1）证明加法定理：$T_1(n) + T_2(n) = \max\{O(f(n)), O(g(n))\}$。

（2）证明乘法定理：$T_1(n) \cdot T_2(n) = O(f(n)) \cdot O(g(n))$。

2. 分析下列程序段的时间复杂度。

（1）{ ++x; s = 0;}

（2）for (i = 1; $i <= n$; ++i) { ++x; s+ = x; }

（3）for (j =1; j <= n; ++j)

　　　　for (k =1; k <= n; ++k)

　　　　　{ ++x; s+= x; }

（4）for (i =0; i < n; ++i)

　　　　for (j =0; j< n; ++j)

　　　　{　　c[i][j] =0;

　　　　　for (k=0; k <n; ++k)

　　　　　　c[i][j]+= a[i][k] *b[k][j];

　　　　}

第 2 章　递归算法与分治法

东汉时期，孙权送给曹操一头大象，曹操想知道这头大象的体重，便询问他的部下，但他们都说不出称象的办法。曹冲说："把大象放到大船上，在水面所达到的地方做上记号，再让船装载若干小石块以达到相同的吃水深度，然后分别称一下这些石块的重量再求和，就能知道大象的体重了。"曹冲称象的典故就是古人运用分治法求解复杂问题的典型案例，当时没有计量工具可以直接称量大象的体重（难以直接求解的大问题），曹冲先是巧妙地将问题加以转换，即将大象的体重转换为吃水深度，然后将大象的体重等价转换为若干小石块的重量之和（可直接求解的小问题），这些石块的重量之和即为大象的体重（原问题），如图 2.1 所示。

图 2.1　曹冲称象

软件工程中面向过程的开发方法本质上也是分治法：将大型、复杂的软件系统抽象地分解为独立的模块，然后对模块分别求解、实现及测试后，再组装为目标软件系统。这样的开发方法不仅能提高工程实施效率，也有助于提高软件质量。

总而言之，掌握分治法将有助于高效地解决生活、工作中所遇到的实际问题。

2.1　基　本　概　念

分治法（divide & conquer）的核心思想是将一个难以直接解决的复杂问题分割成一些规模较小的简单问题，以便逐个击破，分而治之。分治法求解某一具体问题时，通常包含 3 个步骤：分解（divide）、求解（conquer）及合并（merge）。分解是指将原问题划分为若干个规模较小、相互独立且与原问题形式相似的子问题；求解是指构造这些子问题的解；合并是指将各个子问题的解组装起来以还原为原问题的解，如图 2.2 所示。

设直接解决一个规模为 n 的问题的时间复杂度为 $T(n)=n^3$。现采用分治法求解，首先按照一定的策略将原问题划分为两个规模为原问题一半的子问题，然后分别对两个子问题进行求解，最后将两个子问题的结果加以合并，从而得到原问题的解。

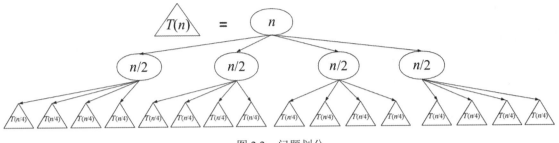

图 2.2　问题划分

当 $n \geqslant 1$ 时，$T(n) = n^3 > 2\left(\dfrac{n}{2}\right)^3$。该式表明直接解决原问题的时间复杂度大于求解阶段对两个子问题进行求解的时间复杂度之和。通常子问题的规模越小，求解阶段消耗的时间复杂度就越小。那么是否将原问题划分得越小越好？事实上，读者应注意：分治法的时间消耗由 3 个部分组成，分解操作的时间复杂度为 T_d，求解每个子问题的时间复杂度为 T_c，合并操作的时间复杂度为 T_m。因此，判断所设计的分治法是否优于直接求解，还需要综合考虑 T_d 和 T_m。通常，将原问题划分得越小，分解及合并过程消耗的成本也在增加。因此，并不是将原问题划分得越小越好。

直接或间接调用自身的算法称为递归（recursion）算法。递归算法需要具备两个基本条件：一个是必须设置递归出口；另一个则是子问题必须与原问题本质相同且更为简单。递归算法一般用于解决 3 类问题。

（1）问题本身是递归定义的，如斐波那契（Fibonacci）函数等。

（2）问题解法按递归算法实现。这类问题虽然本身没有明显的递归结构，但用递归求解比用迭代求解更简单，如汉诺塔（Hanoi）问题等。求解这类问题时，通常与分治法联系紧密，首先利用分治法将原问题划分为相似的子问题，那么在求解原问题的函数中会调用自身求解子问题，从而表现为递归形式。

（3）数据结构是按递归定义的，如二叉树、广义表等。由于数据结构本身固有的递归特性，因此处理该数据结构的操作可递归地描述。

概括而言，递归与分治联系紧密，分治是指将难以直接求解的问题分解为若干个小的子问题，而递归是指当子问题与原问题具有相似结构时，对子问题的求解采用与原问题相同的求解方法，从而形成递归调用。

2.2　递　归　算　法

2.2.1　阶乘函数

阶乘函数在数学中的传统表示为 $n!$，它被定义为 $1 \sim n$ 的所有整数的连乘积。针对该迭代定义，可采用迭代（iteration）算法求解，如算法 2.1 所示，其时间复杂度为 $O(n)$。

算法 2.1

```
long factorial_iteration(int n)
{
  long value=1;
  for(int i=1;i<=n;i++)
    value=value*i;
  return value;
}
```

阶乘函数也可以采用递归形式加以定义，如：

$$n! = \begin{cases} 1, & n = 0 \\ n(n-1)!, & n > 0 \end{cases}$$

式中，第 1 行即为递归出口，采用非递归形式定义；第 2 行定义式中左右都采用了"!"，左边为原问题 $n!$，右边则为较小问题 $(n-1)!$，即将原问题利用较小的、类似的问题加以定义。这种形式的递归定义可以直接转换为递归算法（算法 2.2）。

算法 2.2

```
long factorial_recursion(int n)
{
  if (n==1) return 1;                //递归出口
  return n*factorial_recursion(n-1); //递归公式
}
```

$T(n)$ 表示原问题的时间复杂度，$T(n-1)$ 则表示子问题的时间复杂度，那么有以下递归方程：

$$T(n) = T(n-1) + 1$$

求解该递归方程，则时间复杂度为 $T(n)=O(n)$。

2.2.2 斐波那契数列

无穷数列 1,2,3,5,8,13,21,34,55,…，称为斐波那契数列（Fibonacci sequence）。斐波那契数列由 1,2 开始，后续每个数字都等于前两个数字相加之和，以此类推，从而产生无限数字系列，这是斐波那契数列的迭代定义。根据该迭代定义可实现迭代算法 2.3，以求解数列中的前 n 个值，时间复杂度为 $O(n)$。

算法 2.3

```
void fibonacci_iteration(int n, long*arr)
{
  arr[0] =1; arr[1] = 2;
  for (int i = 2; i <=n; i++)
   {arr[i] = arr[i - 1] + arr[i - 2];}   //数列中的第i个值,等于i-1和i-2位置上值之和
}
```

也可以采用如下形式递归定义斐波那契数列：

$$F(n) = \begin{cases} 1, & n = 1 \\ 2, & n = 2 \\ F(n-1) + F(n-2), & n > 2 \end{cases}$$

这是一个递归表达式，前两行是采用非递归形式定义的递归出口，第 3 行则表现为利用较小问题定义较大问题的递归形式。利用该递归表达式可以得到递归算法 2.4。

算法 2.4

```
int fibonacci_recursion(int n)
{
  if (n==1) return 1;
  if (n==2) return 2;
  return fibonacci_recursion(n-1)+fibonacci_recursion(n-2);
}
```

算法 2.4 的时间复杂度的递归方程如下：

$$T(n) = T(n-1) + T(n-2) + 1$$

式中，"+1"表示两个数值相加所消耗的计算时间，对该递归方程求解会发现该算法的时间复杂度为 $O(2^n)$。那么，可以发现采用直接递归算法求解斐波那契数列的时间复杂度远高于迭代算法 2.3。这是因为直接递归的求解过程中产生了大量的重复子问题，而该递归算法对所有重复的子问题将不做任何辨别地求解。在本章实践例题中，将介绍一种改进的递归方法（备忘录方法）来规避重复计算，使递归算法的时间复杂度降至 $O(n)$。

2.2.3　全排列问题

全排列问题要求列举出一组给定元素的所有可能的排列方式且不重复。图 2.3 展示了 3 个元素 $\{1,2,3\}$ 可能的所有排列组合。除分治法与递归算法以外，通常采用遍历图 2.3 所示的排列树的方式求解。

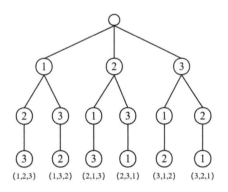

图 2.3　3 个元素的排列树

设 $R=\{r_1, r_2, \ldots, r_n\}$ 是 n 个待排元素，对 R 进行全排列可以标记为 $\mathrm{Perm}(R)$。R_i 表示从 R 中剔除第 i 个元素后剩余元素的集合，即 $R_i = R - \{r_i\}$，那么 $(r_i)\mathrm{Perm}(R_i)$ 表示在剩余子集 R_i 的全排列

Perm(R_i)之前加上前缀 r_i 得到的排列。

R 的全排列可递归定义如下：

（1）当 $n=1$ 时，Perm(R)=(r)，其中 r 是集合 R 中唯一的元素。

（2）当 $n>1$ 时，Perm(R)由(r_1)Perm(R_1),(r_2)Perm(R_2),…,(r_n)Perm(R_n)构成。

以仅包含 3 个元素的简单集合为例，即 $R=\{A,B,C\}$，分解过程如下：

$$\text{Perm}(R)=(A)\text{Perm}\{B,C\} \cup (B)\text{Perm}\{A,C\} \cup (C)\text{Perm}\{A,B\}$$

式中，Perm$\{B,C\}$等子问题仍然难以直接求解，则将其继续进行分解，直到递归出口 $n=1$，分解过程如下：

$$\text{Perm}\{B,C\}=(B)\text{Perm}\{C\} \cup (C)\text{Perm}\{B\}$$

根据递归出口可知：Perm$\{C\}$=(C)，以此类推。

算法 2.5 的实现策略是将元素数组中的所有元素分别与第 1 个元素交换，从而保证总是将待处理的 $n-1$ 子问题放在数组后端，以便保证递归调用形式一致。算法 2.5 递归地产生 list 数组中第 k 个到第 m 个元素的全排列，如果要求 list 数组中所有元素全排列，则传递实参调用 Perm(list,0,n)即可。

算法 2.5

```
void Perm(Char list[], int k, int m)
{                                    //产生 list 数组中第 k 至 m 位置上元素的全排列
   if(k==m)
   {                                 //只剩下一个元素，即 n==1 对应的递归出口
      for (int i=0;i<=m;i++)  cout<<list[i];//输出当前数组中的所有元素
      cout<<endl;
   }
   else                             //当 n>1 时，递归产生剩余子集的全排列
     for (int i=k; i<=m; i++)
      {
        swap(list[k],list[i]);       //将第 i 个元素与第 1 个元素交换
        Perm(list,k+1,m);            //求解规模为 n-1 的子问题
        swap(list[k],list[i]);
      }
}
```

算法 2.5 的时间复杂度可以表示为以下递归方程：

$$T(n) = n \cdot T(n-1)$$

求解该递归方程可以发现，其时间复杂度为 $O(n!)$。

2.2.4　整数划分问题

整数划分问题是一个组合数学问题，即将正整数 n 表示成一系列正整数之和。

$$n = n_1 + n_2 + ... + n_k \quad （其中 n_i 为正整数，1 \leq n_i \leq n）$$

正整数 n 的这种表示称为正整数 n 的划分，而正整数 n 的不同的划分数目称为划分数 $p(n)$。

例如，当 $n=4$ 时，共有 5 种划分：{4}、{3,1}、{2,2}、{2,1,1}、{1,1,1,1}。注意：4=1+3 和 4=3+1 被认为是同一种划分。

在正整数 n 的划分中，将最大加数不大于 m 的划分数表示为 $q(n,m)$。根据 m 的不同取值，$q(n,m)$ 可以分为以下几种情况。

（1）$q(n,1)=1$，$n \geq 1$。这种情况表示在正整数 n 的所有划分中，最大加数不大于 1 的划分数。可以发现，在这种情况下，只有一种划分组合，即 $n=1+1+...+1$。

（2）$q(n,m)=q(n,n)$，$n<m$。由于 n 表示为一系列正整数的相加之和，那么任意加数不能大于 n，因此，$q(1,m)=q(1,1)=1$。

（3）$q(n,m)=1+q(n,n-1)$，$n=m$。正整数 n 的划分由最大加数等于 n 和最大加数不大于 $n-1$ 两种情况组成。最大加数等于 n 的情况只有一种，即 {n}，而最大加数不大于 $n-1$ 的划分数可以递归地表示为子问题 $q(n,n-1)$。

（4）$q(n,m)=q(n,m-1)+q(n-m,m)$，$n>m>1$。正整数 n 的最大加数不大于 m 的划分由最大加数等于 m 和最大加数不大于 $m-1$ 两种情况组成。当最大加数等于 m 时，划分数可以递归地表示为 $q(n-m,m)$；而最大加数不大于 $m-1$ 时，划分数可表示为 $q(n,m-1)$。

概括以上情况，可得 $q(n,m)$ 的递归公式如下：

$$q(n,m) = \begin{cases} 1, & n=1 \text{或} m=1 \\ q(n,n), & n<m \\ 1+q(n,n-1), & n=m \\ q(n,m-1)+q(n-m,m), & n>m>1 \end{cases}$$

式中，第 1 行是该递归公式的出口，其他 3 行是分解问题的递归公式，利用该递归公式可以设计递归算法 2.6。正整数 n 的划分数 $p(n)=q(n,n)$。

算法 2.6

```
int IntegerDivision(int n,int m)
{
    if(n==1||m==1)  return 1;
    if(n<m)  return IntegerDivision(n,n);
    if(n==m)  return 1+IntegerDivision(n,n-1);
    return IntegerDivision(n,m-1)+IntegerDivision(n-m,m);
}
```

2.2.5 汉诺塔问题

设有 A、B、C 3 根柱子，初始时 A 柱子上有 n 个圆盘（编号为 1,2,3,...,n）自上向下，由小到大排列，如图 2.4 所示。现要求把 A 柱子上的 n 个圆盘移动到 C 柱子上，并从小到大排列，移动过程中遵守以下规则。

（1）每次只能移动一个圆盘。

（2）任何时候都不允许大的圆盘压住小的圆盘。

（3）在满足规则（1）和规则（2）的情况下，可将圆盘移动到 A、B、C 任何一根柱子上。

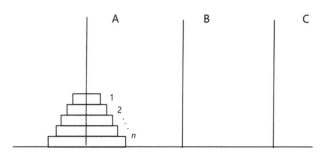

图 2.4　汉诺塔

按照以上 3 个规则移动 n 个圆盘，可分解为相似的子问题，从而形成递归定义。

（1）将 $n-1$ 个较小的圆盘从 A 柱子移至 B 柱子。

（2）将 A 柱子上剩余的最大圆盘移至 C 柱子。

（3）将 B 柱子上的 $n-1$ 个圆盘移至 B 柱子。

从以上定义可见，原 n 个圆盘的移动问题分解为两次 $n-1$ 个圆盘对应的子问题求解以及一个圆盘的移动。读者在学习过程中会有疑问：移动规则中是每次仅能移动一个圆盘，为什么第 1 步和第 3 步中一次移动了 $n-1$ 个圆盘？这是因为此处采用了递归与分治的思想，受限于移动规则，显然这 $n-1$ 个圆盘的移动是难以直接求解的子问题，因此该子问题会进一步采用与求原问题类似的方式进一步分解并递归求解。该递归定义可直接转换为递归算法 2.7。

算法 2.7

```
void Hanoi(int n, char A, char B, char C)
{
   Hanoi(n - 1,A, C, B);       //将 n-1 个较小的圆盘借助 C 柱子，从 A 柱子移至 B 柱子
   Move(A, C);                 //将 A 柱子最顶层的圆盘移至 C 柱子
   Hanoi(n - 1,B,A, C);        //借助 A 柱子，将 B 柱子上的 n-1 个圆盘移至 C 柱子
}
```

算法 2.7 的时间复杂度 $T(n)$ 可表示为

$$T(n) = 2 \times T(n-1) + 1$$

求解该递归方程发现，算法 2.7 的时间复杂度为 $O(2^n)$。

2.2.6　递归算法与栈

递归算法（如算法 2.2 和算法 2.4 等）能使程序的结构更清晰、更简洁，有助于从宏观上理解程序的整体结构，并且可以用数学归纳法证明算法的正确性。但是，在递归调用过程中将消耗一些额外的系统开销以维护工作栈。

栈（stack）是现代计算机程序中极为重要的概念之一，没有栈就没有函数，也就没有局部变量。在数据结构中，栈是一个后进先出的数据容器，它有两种基本操作：压入（push）和弹出（pop）。在计算机系统中，栈则是一段连续动态存储区域，该区域中数据的存取需要满足后进先出的操作约束，可分为系统栈和用户栈。

系统栈（又称核心栈、内核栈）是内存中属于操作系统使用的一块区域，其主要用途如下：

（1）保存中断现场。当发生嵌套中断时，操作系统将被中断程序的现场信息依次压入系统栈，当中断返回时逆序弹出。

（2）保存操作系统子程序之间相互调用的参数、返回值、返回地址，以及子程序（函数）的局部变量。

用户栈是存在用户进程空间中的一块区域，用于保存用户进程的子程序之间相互调用的参数、返回值、返回地址，以及子程序（函数）的局部变量等信息。

栈在程序运行中具有举足轻重的作用，当程序运行中发生了函数调用时，栈将保存函数调用所需的维护信息，该信息被称为堆栈帧或者活动记录，如图 2.5（a）所示。一般包含以下几个内容。

（1）函数的返回地址和参数。

（2）临时变量，包括函数的非静态局部变量以及编译器自动生成的临时变量。

（3）上下文（context），即函数调用前后需要维护的寄存器状态。

图 2.5　递归算法的系统开销

在递归算法中，反复调用自身将导致系统对栈的不断存取、维护，该嵌套调用按照后调用先返回的原则执行。在递归算法运行过程中，每发生一次自身算法调用，都将在栈顶（Top），开辟一块存储区以维护活动记录，而每退出一层递归调用就释放栈顶的存储区，如图 2.5（b）所示。注意：当前运行的子程序对应的数据一定在栈顶。

以上讨论的栈在每个程序中都存在，但它不需要程序员编写代码去维护，而是由编译器所产生的程序代码加以维护。尽管这些中间代码不是由程序员编写产生的，但确实是因为递归算法而引入的，因此这些中间代码给程序带来了额外的开销。当然，程序员可以模拟该编译器行为，自行编写针对性更强、效率更高的非递归算法。

2.3　分　治　法

2.3.1　分治法简介

分治法所能解决的问题一般具有以下几个特征。

（1）该问题的规模缩小到一定的程度就可以容易地被解决。

（2）该问题可以分解为若干个规模较小的相同子问题，即该问题具有子结构性质。

（3）该问题分解出的子问题的解合并后可以还原为该问题的解。

（4）该问题分解出的各个子问题是相互独立的，即子问题之间不包含公共的子问题。

第 1 个特征给出了分治法的边界。第 2 个特征有助于将分治法所产生的子问题利用递归算法求解。第 3 个特征保证了问题求解的一致性。第 4 个特征与分治法的效率密切相关，如果子问题之间不独立，则合并操作将消耗更多的时间；如果子问题之间大量重复，则需要重复地解公共的子问题，此时也可以采用分治法，但是一般采用动态规划算法（见第 3 章）较好。

分治法将一个规模为 n 的问题分解为 k 个规模较小的子问题，这些子问题应尽可能满足子问题平衡原则，即每个子问题的规模应大致相同。通常情况下，这种子问题平衡的效果比非平衡的效果要好。划分了子问题之后，采用求解操作逐个解决这些子问题，最后将每个子问题的解合并，以最终求得原问题的解。分治法的基本框架如算法 2.8 所示。

算法 2.8

```
divide_and_conquer(P)
{
  Divide P into smaller pieces P₁,P₂,...,Pₖ;    //分解操作的时间复杂度为 Td
  for i=1:k
    yi=Conquer(Pi);                             //求解每个子问题的时间复杂度为 Tc
  Merge(y₁,y₂,...,yₖ);                          //合并操作的时间复杂度为 Tm
}
```

在算法 2.8 中，Divide 操作将原问题划分为 k 个规模较小的子问题；Conquer 操作则是对子问题进行求解；Merge($y_1,y_2,...,y_k$)表示收集各部分子问题的解，以还原得到原问题的解。算法 2.8 的时间复杂度可以表示为

$$T(n) = T_d + kT_c + T_m$$

当子问题与原问题的结构相似时，即满足以上第 2 个特征，算法 2.8 中的 Conquer 操作可采用递归算法求解，则进一步表示为算法 2.9。

算法 2.9

```
divide_and_conquer(P)
{
  if (|P|<=t) adhoc(P);                         //直接求解简单问题消耗的单位时间
  Divide P into smaller pieces P₁,P₂,...,Pₖ;    //分解操作的时间复杂度为 Td
  for i=1:k
    yi=divide_and_conquer(Pi);                  //求解每个子问题的时间复杂度为 Tc
  Merge(y₁,y₂,...,yₖ);                          //合并操作的时间复杂度为 Tm
}
```

在算法 2.9 中，|P|表示问题 P 的规模，t 为问题规模的阈值，如果|P|大于该阈值，则表示当前问题仍然较为复杂，需要进一步分解，否则 P 为简单问题，可以直接求解。adhoc(P)表示问题 P 的规模足够小，因此可以对问题 P 进行"点对点"的非递归求解。

接下来，用递归方程分析算法 2.9 的计算效率。设用 $T(n)$ 表示算法 2.9 求解规模为 n 的原问

题所消耗的时间复杂度。分治法将规模为 n 的问题分成 k 个规模为 n/m 的子问题，那么递归处理每个子问题的计算时间为 $T(n/m)$。可将分解操作和合并操作总共消耗的时间复杂度表示为以问题规模为自变量的正函数 $f(n)$。因此，$T(n)$ 可表示为如下递归方程：

$$T(n) = \begin{cases} 1, & n \leqslant t \\ kT(n/m) + f(n), & n > t \end{cases}$$

式中，t 是一个大于或等于 1 的正整数，$k>0$ 且 $m>0$，这是分治法的时间复杂度的一般表示形式。利用迭代法求解该递归方程，可得

$$
\begin{aligned}
T(n) &= kT(n/m) + f(n) \\
&= k(kT(n/m^2)) + f(n/m) + f(n) \\
&= k^2 T(n/m^2) + kf(n/m) + f(n) \\
&= k^3 T(n/m^3) + k^2 T(n/m^2) + kf(n/m) + f(n) \\
&\quad \cdots \\
&= k^{\log_m n} T(1) + \sum_{i=0}^{\log_m n - 1} k^i f(n/m^i) \\
&= n^{\log_m k} T(1) + \sum_{i=0}^{\log_m n - 1} k^i f(n/m^i), \ (k^{\log_m n} = n^{\log_m k}) \\
&= n^{\log_m k} + \sum_{i=0}^{\log_m n - 1} k^i f(n/m^i), \ (T(1) = 1, n \leqslant t)
\end{aligned}
$$

注意，以上递归方程的解对应的是当 n 等于 m 的方幂时 $T(n)$ 的值，但如果 $T(n)$ 足够平滑，则 $T(n)$ 可以近似估计 $T(n)$ 的增长速度。通常假定 $T(n)$ 是单调上升的，从而当 $m^i \leqslant n < m^i + 1$ 时，$T(m^i)$ $\leqslant T(n) < T(m^i + 1)$。

结合渐近上界符号 O 的性质 $O(f(n)) + O(g(n)) = O(\max\{f(n), g(n)\})$，可以总结出以下 3 种情形。

（1）当 $f(n)$ 为次项时（分解操作和合并操作消耗代价低），以上方程等式右边第 1 项起着主导地位（主项）。

（2）当上述求和中的每一项与其他项成比例时，$T(n)$ 表征为 $f(n)$ 的一个对数因子的倍数。

（3）当等式右边第 1 项小于第 2 项时，上式求和是 $f(n)$ 作为起始项的一个递减几何级数项的求和，那么 $T(n)$ 与 $f(n)$ 成正比。

下面概括给出递归方程 $T(n) = kT(n/m) + f(n)$ 的一般性结论。

$$T(n) = \begin{cases} O(n^{\log_m k}), & O(n^{\log_m k}) > O(f(n)) \\ O(f(n) \times \log n), & O(n^{\log_m k}) == O(f(n)) \\ O(f(n)), & O(n^{\log_m k}) < O(f(n)) \end{cases}$$

当 $f(n) = 1$ 时，即分解操作和合并操作消耗单位时间时，递归方程如下：

$$T(n) = \begin{cases} O(n^{\log_m k}), & k \neq 1 \\ O(\log n), & k == 1 \end{cases}$$

该结论的指导作用在于：当运用分治法求解具体问题时，为降低时间复杂度，通常有两种策略，一种是增大 m，即待求解的子问题规模更小；另一种是减小 k，即待求解的子问题数量更少。但应该注意到，对于特定问题，不能无限制地划分，因为随着划分的子问题越来越小，T_d 和 T_m 需要消耗的时间更多。

2.3.2　找假币问题——轻重有度，分而治之

假设 80 枚硬币中有一枚是假币（较轻），那么用一架没有砝码的天平，设计算法找出假币，算法的效率如何？

方法一：将 80 枚硬币分为两份（$m=2$），每份分别包含 40 枚硬币，然后将两份硬币分别置于天平两端，那么假币肯定位于升高的那一份中（图 2.6），接下来只需按照相同的策略继续求解规模为 40 的子问题。该过程的时间复杂度可以用递归方程 $T(n)=T(n/2)+1$ 表示，其中，1 表示观察一次天平消耗的时间。求解该方程，时间复杂度为 $O(\log_2 n)$。

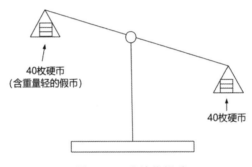

图 2.6　二分法找假币

方法二：将 80 枚硬币分为 3 份（$m=3$），每份分别包含 28、26 和 26 枚硬币，然后将包含 26 枚硬币的两份分别置于天平两端，如果天平保持平衡，那么假币肯定在 28 枚硬币那一份中；如果天平升高，那么假币肯定位于升高的那一份中（图 2.7），接下来只需按照相同的策略继续求解规模为 $n/3$ 的子问题。该过程的时间复杂度大致可以用递归方程 $T(n)=T(n/3)+1$ 表示，其中，1 表示观察一次天平消耗的时间。求解该方程，时间复杂度为 $O(\log_3 n)$。该方法优于方法一，那么是否可以继续增大 m，以进一步降低时间复杂度呢？

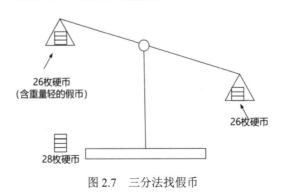

图 2.7　三分法找假币

答案是不可以。随着问题的不断划分，如将 80 枚硬币分为 4 份，仅靠一次比较操作难以确定假币在哪个子问题中。因此，T_d 和 T_m 需要消耗的时间将超过 kT_c，从而成为主项。

2.3.3　折半查找算法

查找问题：从给定有序的 n 个元素 $a[0:n-1]$ 中找出特定元素 x，如果该元素存在，则返回其下标；否则返回特殊标记。

最直观的策略是顺序查找法，将 x 与 n 个元素逐个比较，直到找出 x 或查找完毕发现 x 不在其中。在平均情况下，顺序查找算法的时间复杂度为 $O(n)$。随着元素数量的增加，消耗的时间代价呈线性增长。当数据量超过一定规模时，该算法的响应时间过长。可以发现，该算法没有充分利用 n 个元素有序这一条件。

折半查找是一种典型的分治法，它充分利用了元素之间的大小关系，在最坏情况下，比较 $O(\log n)$ 次就可以完成查找任务。折半查找算法（算法 2.10）的基本思想是，将 n 个元素分成个数大致相等的两半，取 $a[n/2]$ 与待查找的 x 作比较，如果 $x=a[n/2]$，则找到 x，算法终止；如果 $x<a[n/2]$，则只需在数组 a 的左半部分继续查找 x（这里假设数组元素呈升序排列）；如果 $x>a[n/2]$，则只需在数组 a 的右半部分继续查找 x。

算法 2.10

```
int BinarySearch(int a[], const int & x, int l, int r)
{
    //数组 a 中的元素已按升序排列
    int left=0; int right=n-1;
    while (right>= left){
        int mid = (left+right)/2;
        if (x == a[mid]) return mid;
        if (x < a[mid]) right = mid-1;
        else left = mid+1;
    }
    return -1;//查找失败
}
```

分析发现，算法 2.10 每执行一次 while 循环，待查找数组的大小缩减一半，因此其时间复杂度就是 while 循环的次数，即 $O(\log_2 n)$。注意，使用折半查找算法有两个前提：①必须采用顺序存储结构；②元素须按大小有序排列。

算法 2.10 将原问题划分为规模大致相等的两个子问题，然后采用迭代算法求解子问题。此外，也可采用递归算法求解子问题，如算法 2.11 所示。

算法 2.11

```
int BinarySearch(int a[],int left,int right,const int & x)
{
    if (left>right) return -1;
    int mid=(left+right)/2;
```

```
    if (a[mid]==x) return mid;
    if (a[mid]<x) return BinarySearch(a,left,mid-1,x);
    else return BinarySearch(a,mid+1,right,x);
}
```

算法 2.11 的递归方程为 $T(n)=T(n/2)+1$，其中，1 表示分解操作消耗的单位时间，利用递归方程的一般性结论发现，$n^{\log_m k}==1$，那么该算法的时间复杂度为 $O(\log n)$。

2.3.4 大整数乘法

通常，整数的硬件乘法在寄存器中直接完成，而大整数不能被寄存器直接存储。若用浮点数表示，则只能近似地表示它的大小，计算结果中的有效数字也受到限制。若要精确地求解大整数相乘的结果，就必须采用软件的方法来实现大整数运算。大整数乘法在数据加密等研究领域中常有涉及。

设 X 和 Y 都是 n 位二进制整数，一种简单的策略是模拟小学所学的逐位相乘进位法。该方法将大整数当作字符串进行处理，也就是将大整数用二进制字符数组表示，然后模拟手工"竖式计算"的过程得到乘法的结果，并用字符数组存储结果。这种逐位相乘进位法需要 $O(n^2)$ 次运算才能求得乘积。可见，该计算过程的效率较低。

以下将采用两种不同的分治策略求解大整数相乘问题，并讨论子问题数量、分解操作和合并操作对于分治法时间复杂度的影响。

第 1 种分治策略：将 n 位二进制整数 X 和 Y 分为两段，每段长度为 $n/2$ 位（假设 n 是 2 的幂，如果不是，则用 0 填充），如图 2.8 所示。

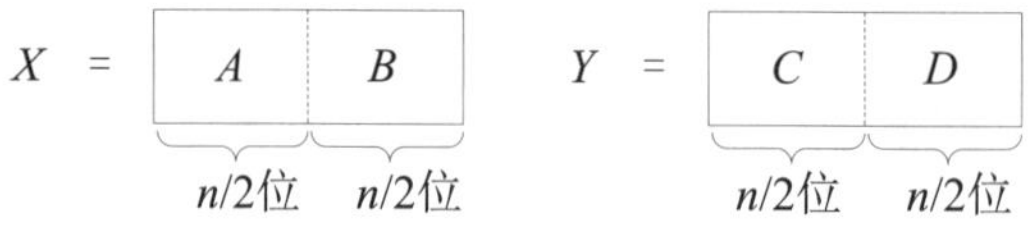

图 2.8 X 和 Y 的分解

因此，$X=A\times 2^{n/2}+B$，$Y=C\times 2^{n/2}+D$。这样，X 和 Y 的乘积表示为

$$X\times Y=(A\times 2^{n/2}+B)(C\times 2^{n/2}+D)=A\times C2^n+(A\times D+B\times C)2^{n/2}+B\times D$$

按照以上等式计算 $X\times Y$，则需求解 4 次规模为 $n/2$ 的子问题（$A\times C$、$A\times D$、$B\times C$ 和 $B\times D$），以及 3 次不超过 $2\times n$ 位的整数加法，时间复杂度为 $O(n)$。此外，还有两次移位操作（式中的 2^n 和 $2^{n/2}$），时间复杂度为 $O(n)$。其中，加法和移位操作共消耗了 $O(n)$ 步运算，即在 $O(n)$ 时间内合并所有子问题的解。当子问题的位数为 1 时，可直接求解，即递归出口。设 $T(n)$ 表示两个 n 位整数相乘所需的运算量，则有

$$T(n)=\begin{cases} O(1), & n=1 \\ 4T(n/2)+O(n), & n>1 \end{cases}$$

发现，$n^{\log_m k}=n^2$ 属于递归方程一般性结论中的情形（1），即在 2.3.1 小节最后总结的 3 种情形中的情形（1），那么该算法的时间复杂度为 $O(n^2)$。因此，直接用此式计算 X 和 Y 乘积的效率并不比逐位相乘进位法的高。结合以上递归方程的一般性结论，发现要想改进算法的计算复

杂度，可减少待求解子问题的数量，此时可以设计第 2 种分治策略，如以下 $X \times Y$ 的另一种形式：

$$X \times Y = A \times C \times 2^n + ((A-B)(D-C) + A \times C + B \times D)2^{n/2} + B \times D$$

此式似乎更复杂，但它仅包含 3 个规模为 $n/2$ 的子问题（整数乘法），即 $A \times C$、$B \times D$ 和 $(A-B)$ $(D-C)$。合并这些子问题需要 6 次加减法和两次移位，时间复杂度为 $O(n)$。因此，时间复杂度的递归方程为

$$T(n) = \begin{cases} O(1), & n = 1 \\ 3T(n/2) + O(n), & n > 1 \end{cases}$$

发现，$n^{\log_m k} = n^{\log_2 3} > n$，属于递归方程一般性结论中的情形（1），那么该算法的时间复杂度为 $T(n) = O(n^{\log_2 3}) = O(n^{1.59})$。该分治策略的实现如算法 2.12 所示。

算法 2.12

```
BigIntegerMultiply(X,Y,n)
{
  A=left half of X;                    //Divide
  B=right half of X;
  C=left half of Y;
  D=right half of Y;
  m1=BigIntegerMultiply(A,C,n/2);      //Conquer
  m2=BigIntegerMultiply(A-B,D-C,n/2);
  m3=BigIntegerMultiply(B,D,n/2);
  S=m1*2ⁿ+(m1+m2+m3)*2^(n/2)+m3;       //Merge
  return S;
}
```

当分解操作和合并操作消耗的计算复杂度不超过求解子问题消耗的时间之和时，减少子问题数量将提高分治法效率。此外，快速傅里叶变换方法通过设计更为复杂的子问题划分方法，效果将逼近 $O(n\log n)$。

2.3.5　Strassen 矩阵乘法

矩阵乘法是线性代数中最基本的运算之一，在深度学习、数值计算中应用广泛。设 A 和 B 是两个 $n \times n$ 的矩阵，它们的乘积将得到一个同样是 $n \times n$ 的矩阵 C。根据矩阵乘法的定义，矩阵 C 中的元素 c_{ij} 定义为

$$c_{ij} = \sum_{k=1}^{n} a_{ik}b_{ij} = a_{i1} \times a_{1j} + a_{i2} \times a_{2j} + \ldots + a_{in} \times a_{nj}$$

若依照该定义来计算矩阵 C 中的元素，则求每个元素的计算复杂度为 $O(n)$。矩阵 C 中共有 n^2 个元素，因此，计算矩阵乘积的时间复杂度为 $O(n^3)$。算法 2.13 是该定义的迭代算法。

算法 2.13

```
struct mat{
   int n, m;
```

```
  double data[MAXN][MAXN];
};
int MatrixMultiply(mat& c, const mat& a, const mat& b){
  int i, j, k;
  if (a.m != b.n)  return 0;
  c.n = a.n;  c.m = b.m;
  for (i = 0; i < c.n; i++)
    for (j = 0; j < c.m; j++)
      for (c.data[i][j] = k = 0; k < a.m; k++)
        c.data[i][j] += a.data[i][k] * b.data[k][j];
  return 1;
}
```

一些特殊应用场景（如社交网络研究中用户之间关系的运算）中就需要用到矩阵乘法，但是此时 n 值可能非常大（n 表示用户数量），因此该迭代算法的计算效率较低。再比如，深度学习模型训练过程中也涉及大矩阵的乘法，尤其是当神经元数量非常庞大时。因此，大矩阵乘法的研究仍然具有理论和应用意义。1969 年，德国数学家 Strassen 利用分治策略求解矩阵乘法，使时间复杂度降至 $O(n^{\log 7})=O(n^{2.81})$，当 n 较大时，其计算效率显著提升。

首先，仍然假设 n 是 2 的整数次幂。将矩阵 A、B 和 C 切分成 4 个大小相等的子矩阵，每个子矩阵是 $(n/2) \times (n/2)$ 的方阵，如图 2.9 所示。

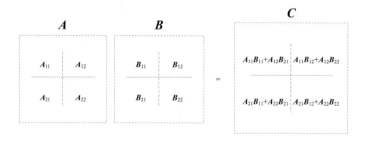

图 2.9   将矩阵进行切分

由此，可将等式 $A \times B = C$ 重写为

$$C_{11}=A_{11}B_{11}+A_{12}B_{21}$$

$$C_{12}=A_{11}B_{12}+A_{12}B_{22}$$

$$C_{21}=A_{21}B_{11}+A_{22}B_{21}$$

$$C_{22}=A_{21}B_{12}+A_{22}B_{22}$$

如果 $n=2$，则两个二阶方阵的乘积可以直接用以上等式计算，共需要 8 次乘法和 4 次加法。当矩阵阶 n 大于 2 时，以此算法，n 阶方阵的乘积转化为求解 8 个 $n/2$ 阶方阵乘积的子问题，4 个 $n/2$ 阶方阵的加法。两个 $(n/2) \times (n/2)$ 矩阵的加法可以在 $O(n^2)$ 时间内完成。那么，该分治策略的时间复杂度 $T(n)$ 的递归方程为

$$T(n)=\begin{cases}1, & n=2 \\ 8T(n/2)+O(n^2), & n>2\end{cases}$$

可得，$n^{\log_m k} = n^{\log_2 8} > n^2$，属于递归方程一般性结论中的情形（1），故 $T(n)=O(n^3)$。该方法从渐近意义上来看，并不比传统定义法更有效。原因在于，解决子问题的时间耗费比分解及合并操作的耗费要大得多，并且需要递归求解子问题的数量较多（8 个子问题），从而效率没有得到提升。因此，要想提升效率，须想办法减少待求解子问题的数量。那么，是否存在其他分治策略，能够使所需求解子问题的数量少于 8？

Strassen 提出了一种计算两个二阶方阵的乘积的算法，该算法仅需要求解 7 个类似的子问题，算法如下：

$$M_1=A_{11}(B_{12}-B_{22})$$
$$M_2=(A_{11}+A_{12})B_{22}$$
$$M_3=(A_{21}+A_{22})B_{11}$$
$$M_4=A_{22}(B_{21}-B_{11})$$
$$M_5=(A_{11}+A_{22})(B_{11}+B_{22})$$
$$M_6=(A_{12}-A_{22})(B_{21}+B_{22})$$
$$M_7=(A_{11}-A_{21})(B_{11}+B_{12})$$

求解了以上 7 个规模为 $n/2$ 的子问题后，再利用以下若干个合并操作，使其还原为原问题的解：

$$C_{11}=M_5+M_4-M_2+M_6$$
$$C_{12}=M_1+M_2$$
$$C_{21}=M_3+M_4$$
$$C_{22}=M_5+M_1-M_3-M_7$$

容易验证以上计算过程的正确性。例如：

$C_{22}=M_5+M_1-M_3-M_7$
$=(A_{11}+A_{22})(B_{11}+B_{22})+A_{11}(B_{12}-B_{22})-(A_{21}+A_{22})B_{11}-(A_{11}-A_{21})(B_{11}+B_{12})$
$=A_{11}B_{11}+A_{11}B_{22}+A_{22}B_{11}+A_{22}B_{22}+A_{11}B_{12}-A_{11}B_{22}-A_{21}B_{11}-A_{22}B_{11}-A_{11}B_{11}-A_{11}B_{12}+A_{21}B_{11}+A_{21}B_{12}$
$=A_{21}B_{12}+A_{22}B_{22}$

在以上算法的每次递归求解中，共有 7 个子问题求解及 18 次复杂度为 $O(n^2)$ 的矩阵加减法。该递归求解的计算复杂度可用以下递归方程表示：

$$T(n)=\begin{cases}1, & n=2 \\ 7T(n/2)+O(n^2), & n>2\end{cases}$$

代入递归方程一般性结论中得 $T(n)=O(n^{\log 7})<O(n^3)$。当矩阵的规模较大时，随着 n 的变大，如当 $n \gg 100$ 时，Strassen 算法的效率显著优于通用矩阵相乘算法 2.13，如图 2.10 所示。Strassen 算法的代码见算法 2.14。

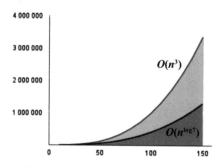

图 2.10 $O(n^{\log 7})$ 与 $O(n^3)$ 函数曲线

算法 2.14

```
Strassen(n,A,B,C);
{
  if n=2 MatrixMultiply(A, B, C)
  else
  {
    Divide A into A11,A12,A21,A22;
    Divide B into B11,B12,B21,B22;
    Strassen(n/2,A11,B12-B22,M1);
    Strassen(n/2,A11+A12,B22,M2);
    Strassen(n/2,A21+A22,B11,M3);
    Strassen(n/2,A22,B21-B11,M4);
    Strassen(n/2,A11+A22,B11+B22,M5);
    Strassen(n/2,A12-A22,B21+B22,M6);
    Strassen(n/2,A11-A21,B11+B12,M7);
    C11=M5+M4-M2+M6
    C12=M1+M2
    C21=M3+M4
    C22=M5+M1-M3-M7
  }
}
```

有学者曾列举了计算两个二阶矩阵乘法的 36 种不同方法，但所有的方法都至少要进行 7 次乘法运算。按上述思路，除非能找到一种计算二阶方阵乘积的算法，使其求解的子问题数量少于 7，才有可能进一步改进矩阵乘积的计算时间上界。但是美国的计算机科学家 Hopcroft 和 Kerr（1971）已经证明，计算两个 2×2 矩阵的乘积，进行 7 次乘法运算是必要的。因此，要想进一步降低矩阵乘法的时间复杂度，就不能再寄希望于减少计算 2×2 矩阵的乘法次数，或许应当研究 3×3 或 5×5 矩阵的更好算法。在 Strassen 之后又有许多算法改进了矩阵乘法的计算时间复杂度，目前最好算法的计算时间上界是 $O(n^{2.367})$。但是，目前所知道的矩阵乘法的最好下界仍是它的下界 $\Omega(n^2)$。因此，到目前为止，还无法确定该问题的最优算法，这一研究课题仍处于发展中。

2.3.6 排序问题

人们在生活中遇到过很多类似"排序"的问题，也可能了解过一些排序算法，如冒泡排序、插入排序等。这些排序算法各有利弊，并不存在所有场景下都表现最好的排序算法。例如，插入排序算法对于"几乎"有序的序列插入排序相当有效，但是在平均情况下，其时间复杂度为 $O(n^2)$。常见的排序算法如下。

（1）冒泡排序（bubble sort）：冒泡排序不断地比较相邻的元素并交换它们，直到整个数组按照指定的顺序排列。冒泡排序的时间复杂度为 $O(n^2)$，其中 n 是元素的数量。

（2）选择排序（selection sort）：选择排序遍历数组并选择最小（或最大）的元素，然后将其放置在正确的位置。选择排序的时间复杂度为 $O(n^2)$。

（3）插入排序（insertion sort）：插入排序是一种稳定的排序算法，它逐步构建排序结果，通过将每个元素插入到已排序的部分数组中来实现。插入排序的时间复杂度为 $O(n^2)$，但对于小型数组或部分有序的数组效率较高。

（4）快速排序（quick sort）：快速排序是一种高效的分治排序算法，它通过选择一个基准元素，将数组分为两个子数组，然后递归地对子数组进行排序。快速排序的平均时间复杂度为 $O(n\log(n))$。

（5）合并排序（归并排序）（merge sort）：合并排序也是一种分治排序算法，它将数组分成两个子数组，递归地对子数组进行排序，然后将它们合并起来。合并排序的时间复杂度为 $O(n\log(n))$，具有稳定性。

（6）堆排序（heap sort）：堆排序利用数据结构二叉堆来进行排序，它首先将数组构建成一个最大堆（或最小堆），然后反复取出堆顶元素，直到排序完成。堆排序的时间复杂度为 $O(n\log(n))$。

（7）计数排序（counting sort）：计数排序适用于整数范围有限的情况，它统计每个元素出现的次数，然后按照计数的顺序重建数组。计数排序的时间复杂度为 $O(n+k)$，其中 k 是整数的范围。

（8）基数排序（radix sort）：基数排序适用于将整数按照位数进行排序的情况，它多次使用计数排序或桶排序来对每个位数进行排序。基数排序的时间复杂度为 $O(nk)$，其中 k 是位数。

各种排序算法的相关信息见表 2.1。

表 2.1 各种排序算法的相关信息

排序算法	平均时间复杂度	最好情况	最坏情况	排序方式	稳定性
冒泡排序	$O(n^2)$	$O(n)$	$O(n^2)$	in-place	稳定
选择排序	$O(n^2)$	$O(n^2)$	$O(n^2)$	in-place	不稳定
插入排序	$O(n^2)$	$O(n)$	$O(n^2)$	in-place	稳定
快速排序	$O(n\log n)$	$O(n\log n)$	$O(n^2)$	in-place	不稳定
合并排序	$O(n\log n)$	$O(n\log n)$	$O(n\log n)$	out-place	稳定
堆排序	$O(n\log n)$	$O(n\log n)$	$O(n\log n)$	in-place	不稳定
计数排序	$O(n+k)$	$O(n+k)$	$O(n+k)$	out-place	稳定
基数排序	$O(nk)$	$O(nk)$	$O(nk)$	out-place	稳定

in-place（原地）操作：是指在执行算法时，不需要额外的内存空间来存储结果，算法会直接在输入数组中覆盖原始值。这可以降低算法的空间复杂度，但也可能会破坏原始数据。因此，在使用 in-place 操作时需要小心，确保不会丢失重要的原始数据。

out-place（非原地）操作：是指在执行算法时，需要额外的内存空间来存储结果，而不会修改原始数据。这种方式通常更安全，因为原始数据不会被改变，但可能需要消耗更多的存储空间。

以下着重介绍分治策略应用于排序问题所产生的快速排序及合并排序算法。注意，尽管它们都属于分治策略，但是在问题分解、求解子问题及合并等步骤中存在差别。

1. 快速排序

快速排序是当前在实际应用中最好的选择之一。它的基本思想是选择一个基准元素，然后利用该基准元素将数组分成两个子数组，一个子数组仅包含比基准元素小的元素，另一个子数组仅包含比基准元素大的元素。接着，递归地对这两个子数组进行排序，直到整个数组有序。虽然最坏情况下快速排序算法的时间复杂度为 $O(n^2)$，但是可以通过随机化算法避免最坏情况的发生，使快速排序算法在应用中呈现平均时间复杂度 $O(n\log n)$，并且其隐含的常数因子较小，因此效率较高。下面分别介绍快速排序的分解、求解以及合并 3 个操作。

（1）分解：初始时，原问题要求对 $a[p:r]$ 元素进行排序。分解操作以 $x=a[p]$ 作为划分的基准，将 $a[p:r]$ 划分为两个待排序的子数组：$a[p:q-1]$ 及 $a[q+1:r]$。此时，对于升序排序，$a[p:q-1]$ 中的所有元素小于等于 $a[p]$，而 $a[q+1:r]$ 中的所有元素都大于等于 $a[p]$。因此，$x=a[p]$ 的位置已经最终确定下来，但 $a[p:q-1]$ 及 $a[q+1:r]$ 子数组内部不一定有序。接下来的求解操作将对剩余未求解的子问题逐个求解（算法 2.15）。

算法 2.15

```
int Partition(int a[], int p, int r)
{
  int i=p,j=r+1;
  int x=a[p];
  while(true)              //将小于 x 的元素放在左边区域，将大于 x 的元素放在右边区域
  {
    while(a[++i]<x&&i<r);
    while(a[--j]>x);
    if(i>=j) break;
    Swap(a[i],a[j]);
  }
  a[p]=a[j];
  a[j]=x;
  q=j;
  return q;
}
```

在算法 2.15 中，以 $a[p]$ 为基准元素将 $a[p:r]$ 划分为 3 段：$a[p:q-1]$、$a[q]$ 和 $a[q+1:r]$，下标 q 在划分过程中确定。初始时，$i=p$ 且 $j=r+1$。在 while 循环体中，下标 j 逐渐减小，i 逐渐增大，

直到 $a[i] \geqslant x \geqslant a[j]$。如果这两个不等式是严格的，则 $a[i]$不会是左边数组中的元素，$a[j]$不会是右边数组中的元素。此时如果 $i<j$，就应将 $a[i]$和 $a[j]$进行交换，以扩展左右两个子数组。while 循环重复至 $i \geqslant j$ 时结束。这时，$a[p:r]$已被划分为 3 段：$a[p:q-1]$、$a[q]$和 $a[q+1:r]$，并且满足 $a[p:q-1]$中的所有元素小于等于 $a[p]$，而 $a[q+1:r]$中的所有元素都大于等于 $a[p]$，然后将 $q=j$ 返回。容易得出：Partition 函数的计算复杂度为 $O(r-p-1)$。

（2）求解：对于以上操作所产生的两个待排序的子问题，将在这个步骤中得到处理。由于子问题与原问题相似，可通过递归调用来求解子问题，实现如算法 2.16 所示。

算法 2.16

```
void QuickSort(int a[], int p, int r){
    if(p < r){
        int q = partition(a, p, r);    //分解较大问题为两个子问题
        QuickSort(a, p, q - 1);        //求解第 1 个子问题
        QuickSort(a, q + 1, r);        //求解第 2 个子问题
    }
}
```

（3）合并：经过以上分析发现，每一次递归调用都将划分基准 x 的最终位置确定下来，并且 $a[p:q-1]$中的所有元素小于等于 x，而 $a[q+1:r]$中的所有元素都大于等于 x。因此，不需要进行额外的合并操作。可以发现，快速排序运行过程中不需要使用临时数组来存储，而是直接在原来的数组上排序，所以它属于原址排序。

分治法的效率一定程度上取决于子问题的均衡性，因此，快速排序的效率就与待排序子数组中元素的数量是否均衡有关。最坏情况下，Partition 函数所划分的两个子数组分别包含 $n-1$ 个元素和 0 个元素。如果每次递归调用 Partition 函数都出现这种不对称划分，那么排序算法的递归方程可表示为

$$T(n) = \begin{cases} O(1), & n \leqslant 1 \\ T(n-1)+O(n), & n>1 \end{cases}$$

式中，$O(n)$表示分解过程 Partition 的时间复杂度；$T(n-1)$表示进一步递归求解包含 $n-1$ 个元素的子问题所消耗的时间复杂度。利用迭代法求该递归方程可得 $T(n)=O(n^2)$。

根据均衡性原则，假设每次划分都将原问题划分为两个规模大约为 $n/2$ 的子问题，那么排序算法的时间复杂度可表示为以下递归方程：

$$T(n) = \begin{cases} O(1), & n \leqslant 1 \\ 2T(n/2)+O(n), & n>1 \end{cases}$$

$n^{\log_m k} = O(n)$，因此属于递归方程一般性结论中的情形（2），那么在最好情况下，其时间复杂度表示为 $O(f(n) \times \log n) = O(n\log n)$。可以证明，快速排序算法在平均情况下的时间复杂度也是 $O(n\log n)$，趋近于基于比较的排序问题的时间复杂度下界，快速算法因此得名。

综上所述，快速排序算法依赖于分解操作结果的对称性。通过修改 Partition 函数，可以设计出基于随机选择策略的快速排序算法。在对每个子问题进行求解时，不再是选择子问题中的第 1 个元素作为划分基准，而是随机地从子问题数组中选择一个元素作为划分基准，从

而可以期望划分是较对称的。随机化的划分算法只需将算法 2.15 中的 Partition 函数替换为 RandomizedPartition 函数即可，如算法 2.17 所示。

算法 2.17

```
int RandomizedPartition(int a[], int p, int r)
{
    int i=Random(p,r);          //在 p 和 r 中随机选择一个元素
    Swap(a[i],a[p]);            //将该元素与第 1 个元素进行交换
    i=p;                        //以下代码与原 Partition 函数一样
    int j=r+1;
    int x=a[p];
    while(true)                 //将小于 x 的元素放在左边区域，将大于 x 的元素放在右边区域
    {
        while(a[++i]<x&&i<r);
        while(a[--j]>x);
        if(i>=j) break;
        Swap(a[i],a[j]);
    }
    a[p]=a[j];
    a[j]=x;
    q=j;
    return q;
}
```

Random(p, r)产生 p 和 r 之间的一个随机整数，且不同整数出现的概率相同，以期望取得较为均衡的子问题。

2. 合并排序

合并排序也是采用分治策略实现的排序算法，其基本思想是：将待排序元素分成大小大致相同的两个子数组，然后分别对子数组进行排序，最终将排好序的子数组合并，从而得到原问题的解。合并排序所包含的分解、求解及合并操作如下。

（1）分解：与快速排序算法不同，合并排序算法直接以待排序数组 a[left:right]的中间位置为切分点，即 mid=(left+right)/2，将原问题分解为两个规模相同的子问题，即 a[left:mid]及 a[mid+1:right]。

（2）求解：对子问题 a[left:mid]及 a[mid+1:right]采用递归算法求解，求解后两个子数组中的元素都已有序，但是子数组之间仍需要排序。

（3）合并：Merge 函数（算法 2.18）将两个已有序的子数组进行合并，合并后将使所有元素有序，该函数的时间复杂度为 $O(n)$。

算法 2.18

```
void Merge(int *a,int *b int left,int mid,int right)
{
    int i,j,k=0;
    i=left;
```

```
    j=mid+1;
    while(i<=mid&&j<=right)        //将两个序列中较小的元素输入到临时数组 b
    {
        if(a[i]<a[j]) b[k++]=a[i++];
        else b[k++]=a[j++];
    }
    while(i<=mid)                  //将剩余元素依次输入到临时数组 b
        b[k++]=a[i++];
    while(j<=right)  b[k++]=a[j++];
}
```

因此，以上基于分治策略的合并排序算法可递归地描述为算法 2.19。

算法 2.19

```
void MergeSort(int *a,int left,int right)
{
    int mid;
    if(left<right)                 //至少有两个元素
    {
        mid=(left+right)/2;
        MergeSort(a,left,mid);
        MergeSort(a,mid+1,right);
        int b[N]={0};              //创建临时数组 b
        Merge(a,b,left,mid,right);
        Copy(a,b,left,right);      //将数组 b 中有序的元素复制回数组 a
    }
}
```

算法 2.19 的时间复杂度可用以下递归方程描述：

$$T(n) = \begin{cases} O(1), & n \leqslant 1 \\ 2T(n/2)+O(n), & n>1 \end{cases}$$

解此递归方程可得 $T(n)=O(n\log n)$。由于基于比较的排序算法的下界为 $\Omega(n\log n)$，因此合并排序算法也是一个渐近最优算法。

对于以上基于递归算法实现的合并排序，可以从多个方面对它进行改进。例如，消除算法中的递归，以降低系统开销。事实上，算法 MergeSort 的递归过程只是将待排序集合一分为二，直至待排序集合只剩下一个元素为止，然后不断合并两个排好序的子数组。同样地，可以首先将数组中的相邻元素两两配对，用 Merge 函数将它们排序，构成 $n/2$ 个长度为 2 的有序子数组，然后将它们排序成长度为 4 的排好序的子数组段，如此下去，直至整个数组排好序。显然，这种迭代算法可以消除递归调用。

按此思想，基于迭代算法的合并排序如算法 2.20 所示。

算法 2.20

```
void MergeSort_iteration(int a[],int n)
{
    int*b=new int[n];
```

```
int s=1;                        //子数组段长度
while(s<n)
{
    MergePass(a,b,s,n);         //合并长度为 s 的子数组段，置于 b 中
    s+=s;
    MergePass(b,a,s,n);         //合并长度为 s 的子数组段，置于 a 中
    s+=s;
}
}
```

以上 MergeSort_iteration 算法的时间复杂度为 $O(n\log n)$。在上述合并排序算法中，第 1 步是合并相邻长度为 1 的子数组段，这是因为长度为 1 的子数组段已经有序。事实上，对于初始给定的数组 a，通常存在多个长度大于 1 的已自然有序的子数组段。例如，如果数组 a 中的元素为{4,8,3,7,1,5,6,2}，则自然有序的子数组段有{4,8}{3,7}{1,5,6}和{2}。对数组 a 线性扫描一次就足以找出所有这些排好序的子数组段，然后将相邻的子数组两两合并，构成更大的有序子数组段。在该例中，经过一次相邻子数组段合并可得到{3,4,7,8}和{1,2,5,6}两个更大的子数组段。接下来继续合并相邻子数组段，直到所有元素有序。这就是自然合并排序算法的基本思想，它是上述合并排序算法 MergeSort_iteration 的一个变形。通常情况下，按此方式进行合并排序所需的合并次数较少。对于已经有序的极端情况，自然合并排序算法只需扫描一次就可以确定，无须执行合并步骤，因此时间复杂度为 $O(n)$。

在算法 2.20 中，MergePass 函数（算法 2.21）用于合并排好序的相邻子数组。具体的合并操作由 Merge 函数（算法 2.18）完成。

算法 2.21

```
void MergePass(int x[],int y[],int s,int n)
{
    //合并 x 中大小为 s 的相邻两个子数组段，置于 y 中
    int i=0;
    //待合并的元素个数大于等于 2s
    while(i<=n-2*s)
    {
        Merge(x,y,i,i+s-1,i+2*s-1);
        i=i+2*s;
    }
    //待合并的元素个数小于 2s
    if(i+s<n) Merge(x,y,i,i+s-1,n-1)
    else for(int j=i;j<=n-1;j++)  y[j]=x[j];
}
```

2.3.7　线性时间选择

元素选择问题的一般提法是：给定线性序集中 n 个元素和一个整数 k，$1 \leqslant k \leqslant n$，要求找出这 n 个元素中第 k 小的元素。当 $k=1$ 时，就是找最小元素；当 $k=n$ 时，就是找最大元素；当 $k=(n+1)/2$ 时，就是找中位数。线性时间选择（linear time selection）是指在线性时间复杂度内从未排序的

数组或列表中找到第 k 小元素。Hoare's 选择算法是最著名的线性时间选择算法之一，又称快速选择（quick select），它由英国著名的计算机科学家 Tony Hoare（快速排序算法的发明者之一）提出。

一般的选择问题，特别是中位数的选择问题似乎要比找最小元素难。但是事实上，从渐近阶的意义上看，它们是一样的。一般的选择问题也可以在 $O(n)$ 时间内求解。线性时间选择随机划分法 RandomizedSelect 用于模仿随机化快速排序算法，其基本思想是选择一个基准元素将原数组分成两部分，左侧子数组中的元素小于基准元素，右侧子数组中的元素大于基准元素。然后，根据 k 与基准元素位置序号的相对关系，决定继续在左侧或右侧的子数组中查找第 k 小元素。与快速排序不同的是，它只对划分出的子数组之一进行递归处理。

算法 RandomizedSelect 用到随机快速排序算法中讨论过的随机划分函数 RandomizedPartition（算法 2.17）。因为划分是随机产生的，所以算法 RandomizedSelect 也是一个随机化算法。要找数组 $a[0{:}n{-}1]$ 中的第 k 小元素，只需调用 RandomizedSelect($a,0,n{-}1,k$)即可。具体算法描述如算法 2.22 所示。

算法 2.22

```
int RandomizedSelect(int a[],int p,int r,int k)
{
    if (p==r) return a[p];
    int i=RandomizedPartition(a,p,r);//随机划分
    j=i-p+1;
    if (k<=j) return RandomizedSelect(a,p,i,k);
    else return RandomizedSelect(a,i+1,r,k-j);
}
```

利用随机函数产生划分基准，将数组 $a[p{:}r]$ 划分成两个子数组：$a[p{:}i]$ 和 $a[i{+}1{:}r]$，使 $a[p{:}i]$ 中的每个元素都不大于 $a[i{+}1{:}r]$ 中的每个元素。接着用 j=i-p+1 语句计算 $a[p{:}i]$ 中的元素个数 j。如果 $k{\leqslant}j$，则第 k 小元素在子数组 $a[p{:}i]$ 中；如果 $k{>}j$，则第 k 小元素在子数组 $a[i{+}1{:}r]$ 中。注意，由于已知子数组 $a[p{:}i]$ 中的元素均小于要找的第 k 小元素，因此，要找的 $a[p{:}r]$ 中的第 k 小元素是 $a[i{+}1{:}r]$ 中的第 $k{-}j$ 小元素。

在最坏情况下，如在查找最小元素时，总是在最大元素处划分，求解以下递归方程可以发现，算法 RandomizedSelect 的时间复杂度为 $O(n^2)$。

$$T(n)=T(n-1)+O(n)$$

尽管如此，由于随机划分函数 RandomizedPartition 使用了一个随机数产生函数 Random，它能随机地产生 p 和 r 之间的一个随机整数，因此，RandomizedPartition 产生的划分基准是随机的。在此条件下，可以证明 RandomizedSelect 的平均时间复杂度为 $O(n)$，平均性能很好，其递归方程如下：

$$T(n)=T(n/2)+O(n)$$

$n^{\log_m k}<O(n)$，属于递归方程一般性结论中的情形（3），因此时间复杂度为 $O(n)$。

接下来，讨论一个即使在最坏情况下，时间复杂度也为 $O(n)$ 的线性时间选择算法 BFPR，它由 Blum、Floyd、Pratt 和 Rivest 4 位美国学者于 1987 年提出。

　　如果能在线性时间内找到一个划分基准，使得按这个基准所划分出的两个子数组的长度都至少为原数组长度的 ε 倍（$0<\varepsilon<1$），就可以在最坏情况下用 $O(n)$ 时间完成选择任务。例如，当 $\varepsilon=9/10$ 时，算法递归调用所产生的子数组的长度至少缩短 $1/10$。因此，在最坏情况下，算法所需的计算时间 $T(n)$ 满足递归式 $T(n)\leqslant T(9n/10)+O(n)$。由此可得 $T(n)=O(n)$。

　　按照以下步骤可以找到满足要求的划分基准。

　　（1）将 n 个输入元素划分成 $\lceil n/5 \rceil$ 个组，每组 5 个元素，仅可能有一个组不是 5 个元素。用任意一种排序算法，将每组中的元素排好序，并取出每组的中位数，共 $\lceil n/5 \rceil$ 个。

　　（2）递归调用 BFPR 来找出这 $\lceil n/5 \rceil$ 个元素的中位数。如果 $\lceil n/5 \rceil$ 是偶数，就找它的两个中位数中较大的一个，然后以这个元素作为划分基准。

　　图 2.11 是上述划分策略的示意图。其中，n 个元素用小圆点来表示；空心小圆点为每组元素的中位数；x 是中位数的中位数；箭头是由较大元素指向较小元素。只要等于基准的元素不太多，利用这个基准来划分的两个子数组的大小就不会差太远，即较为均衡。

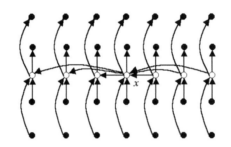

图 2.11　选择划分基准

　　假设所有元素互不相同，则找出的基准 x 至少比 $3\lfloor (n-5)/10 \rfloor$ 个元素大，因为在每一组中有两个元素小于本组的中位数，而 $\lfloor n/5 \rfloor$ 个中位数中又有 $\lfloor (n-5)/10 \rfloor$ 个小于基准 x。同理，基准 x 也至少比 $3\lfloor (n-5)/10 \rfloor$ 个元素小。而当 $n\geqslant 75$ 时，$3\lfloor (n-5)/10 \rfloor \geqslant n/4$。因此，按此基准划分所得的两个子数组的长度都至少缩短 $1/4$。算法 BFPR 如算法 2.23 所示。

算法 2.23

```
int BFPR(int a[], int p, int r, int k)
{
    if (r-p<75)
    {
        //用某个简单排序算法对数组 a[p:r]排序
        return a[p+k-1];
    };
//每 5 个元素划分为一组，分别排序，然后分别找出小组内的中位数
//并将所有中位数置于数组最左侧，便于后续查找中位数的中位数
    for (int i = 0; i<=(r-p-4)/5; i++)
//将 a[p+5*i]至 a[p+5*i+4]的第 3 小元素与 a[p+i]交换位置
//在数组的最左侧找中位数的中位数，r-p-4 即上面所说的 n-5
    int x = BFPR(a, p, p+(r-p-4)/5, (r-p-4)/10);
```

```
    int i=Partition(a,p,r,x)        //以 x 为划分基准对数组 a 进行划分
    j=i-p+1;
    if (k<=j) return BFPR(a,p,i,k);
    else return BFPR(a,i+1,r,k-j);
}
```

为了分析算法 BFPR 的计算复杂度，设 $n=r-p+1$，n 为输入元素的数量。算法的递归调用只有在 $n \geqslant 75$ 时才执行。因此，当 $n<75$ 时，算法 BFPR 所用的计算时间不超过一个常数 C。找到中位数的中位数 x 后，算法 BFPR 以 x 为划分基准调用 Partition 函数对数组 $a[p:r]$ 进行划分，这需要 $O(n)$ 时间。算法 BFPR 的 for 循环共执行 $n/5$ 次，每一次需要常数时间。因此，执行 for 循环共需 $O(n)$ 时间。

设对 n 个元素的数组调用算法 BFPR 需要 $T(n)$ 时间，那么找中位数的中位数 x 至多需要 $T(n/5)$ 时间。现已证明，按照算法所选的基准 x 进行划分所得到的两个子数组分别至多有 $3n/4$ 个元素，即无论对哪个子数组调用算法 BFPR 都至多需要 $T(3n/4)$ 时间。因此，$T(n)$ 的递归方程可表示为

$$T(n) \leqslant \begin{cases} C, & n < 75 \\ O(n)+T(n/5)+T(3n/4), & n \geqslant 75 \end{cases}$$

利用递归方程的一般性结论，解此递归式可得 $T(n)=O(n)$。

上述算法将每一组的大小定为 5，并选取 75 作为是否进行递归调用的分界点。这两点保证了 $T(n)$ 的递归式中两个自变量之和 $n/5+3n/4=19n/20=\varepsilon n$，$0<\varepsilon<1$。这是使 $T(n)=O(n)$ 的关键之处。当然，除了 5 和 75 之外，还有其他选择。

在算法 BFPR 中，假设所有元素互不相等，这是为了保证在以 x 为划分基准调用函数 Partition 对数组 $a[p:r]$ 进行划分之后，所得到的两个子数组的长度都不超过原数组长度的 3/4。当元素可能相等时，需要对算法 BFPR 进行适当改造。

2.4　递归算法与分治法实践

2.4.1　求斐波那契数列——探秘数学之美

【题目描述】

令 $f_0 = 0$，$f_1 = 1$，之后的数都是由前两个数相加，求 f_n。

【输入格式】

输入一个整数 n。

【输出格式】

输出一个整数。

【输入/输出样例】

输入样例	输出样例
3	2

【提示】

$1 \leq n \leq 30$。

【参考解答】

斐波那契数列是一个非常经典且有趣的数学数列，它的定义如下：斐波那契数列的第 1 项和第 2 项分别为 0 和 1，随后的每一项都是前两项的和。由此可以得出递归式 fibonacci(n) = fibonacci(n-1)+fibonacci(n-2)。

```cpp
#include<iostream>
using namespace std;
const int MAX_N = 31;           //定义斐波那契数列的最大项数
int memo[MAX_N];                //用于存储已计算的斐波那契数值的备忘录数组
int fibonacci(int n) {
    if (n <= 1) {
        return n;               //斐波那契数列的前两项是 0 和 1，n=0 时返回 0，n=1 时返回 1
    }
    if (memo[n] != -1) {
        return memo[n];         //如果已经计算过斐波那契数列的第 n 项，直接返回结果
    }

    //递归计算斐波那契数列的第 n 项，并将结果存储在备忘录中
    memo[n] = fibonacci(n - 1) + fibonacci(n - 2);
    return memo[n];
}
int main() {
    int n;
    cin >> n;                   //输入要计算的斐波那契数列的项数 n
    for (int i = 0; i <= n; i++) {
        memo[i] = -1;           //初始化备忘录，-1 表示尚未计算
    }
    int result = fibonacci(n);  //调用递归函数计算斐波那契数列的第 n 项
    cout << result << endl;     //输出计算结果
    return 0;
}
```

该代码的时间复杂度为 $O(n)$。与算法 2.4 不同，该算法利用备忘录的方法避免了子问题的重复运算。

2.4.2   最小素数拆分——数字的小魔术师

【题目描述】

给定一个正整数 n，求 n 最少可以表示成多少个素数的和。

【输入格式】

输入一个正整数。

【输出格式】

输出一个正整数。

【输入/输出样例】

输入样例	输出样例
3	1

【提示】

素数是指在大于 1 的自然数中，除了 1 和它本身以外不再有其他因数的自然数。

【参考解答】

（1）如果整数本身是素数，结果就是 1。

（2）根据哥德巴赫猜想，每一个大于 2 的偶数都可以表示为两个素数的和，结果就是 2。

（3）若整数大于 2，且不是素数的奇数，可以让它去和一个素数做减法，所得结果便是一个偶数，偶数又可以拆分成两个素数，该奇数则由 3 个素数组成，结果为 3。

```cpp
#include<bits/stdc++.h>
using namespace std;
bool isPrime(int n){          //判断一个数是否为素数
    for(int i=2;i<n;i++)
      if(n%i==0)
      return false;
    return true;
}
int main(){
    int m;
    cin>>m;
    if(isPrime(m))            //依次判断属于哪种结果
        cout<<1;
    else{
        if(m%2!=0)
            cout<<3;
        else
            cout<<2;
     }
    return 0;
}
```

该代码的时间复杂度为 $O(n)$。

2.4.3　求 $f(x,n)$——一层又一层，递归剥开来

【题目描述】

已知

$$f(x,n)=\sqrt{n+\sqrt{(n-1)+\sqrt{(n-2)+\sqrt{\dots+2+\sqrt{1+x}}}}}$$

求 f 的值。

【输入格式】

输入 x 和 n。

【输出格式】

输出函数值，保留两位小数。

【输入/输出样例】

输入样例	输出样例
4.2 10	3.68

【提示】

观察表达式，用递归函数写出表达式，注意每层表达式之间的关系。

【参考解答】

所给公式符合递归的特性，可以用递归方式来编写程序求解。

（1）采用非递归方式。

```cpp
#include<bits/stdc++.h>
using namespace std;
double func(double x, int n)
{                                    //从最里面逐层向外计算
    int i=1;
    double s=sqrt(i+x);
    while(i!=n){
        i++;
        s=sqrt(i+s);
    }
    return s;
}
int main()
{
    double x;
    int n;
    cin >> x >> n;
    printf("%.2f", func(x, n));      //保留两位小数
}
```

该代码的时间复杂度为 $O(n)$。

（2）采用递归方式。

```cpp
#include<bits/stdc++.h>
using namespace std;
double func(double x, int n)
{
    if (n == 1)
        return sqrt(n + x);          //设置出口
    return sqrt(n + func(x, n - 1));
}
```

```
int main()
{
    double x;
    int n;
    cin >> x >> n;
    printf("%.2f", func(x, n));          //保留两位小数
}
```

该代码的时间复杂度为 $O(2^n)$。

2.4.4　汉诺塔问题——巧思变换攻克难关

【题目描述】

给定 a、b、c 3 根足够长的柱子，在 a 柱子上放有 $2n$ 个中间有孔的圆盘，共有 n 个不同的尺寸，每个尺寸都有两个相同的圆盘，注意这两个圆盘是不加区分的。现要将这些圆盘移到 c 柱子上，在移动过程中可放在 b 柱子上暂存。要求：

（1）每次只能移动一个圆盘。

（2）a、b、c 3 根柱子上的圆盘都要保持上小下大的顺序。

任务：设 A_n 为 $2n$ 个圆盘完成上述任务所需的最少移动次数，对于输入的 n，输出 A_n。

【输入格式】

输入一个正整数 n，表示在 a 柱子上有 $2n$ 个圆盘。

【输出格式】

输出仅一行，包含一个正整数，为完成上述任务所需的最少移动次数 A_n。

【输入/输入样例】

输入样例	输出样例
1	2

【提示】

先不考虑有相同圆盘的情况，即 n 个不同的圆盘。

【参考解答】

假设先考虑 n 个不同的圆盘，那么需要把 $n-1$ 个圆盘从 a 柱子移到 b 柱子，然后把 a 柱子上剩余的一个圆盘从 a 柱子移到 c 柱子，最后把 b 柱子上的 $n-1$ 个圆盘从 b 柱子移到 c 柱子。分为 3 个步骤，如下所示：

（1）把 $n-1$ 个圆盘从 a 柱子移到 b 柱子。

（2）把一个圆盘从 a 柱子移到 c 柱子。

（3）把 $n-1$ 个圆盘从 b 柱子移到 c 柱子。

上面步骤（2）的运算次数记为 A_n-1，步骤（3）和步骤（1）类似，步骤（2）只执行一次移动操作。

A_n 表示把 n 个圆盘从 a 柱子移到 b 柱子的步骤数，于是有 $A_n=A_{(n-1)}\times2+1$，进行数学变换，$A_n=A_{(n-1)}\times2+2-1$，$A_n+1=A_{(n-1)}\times2+2$，$A_n+1=2(A_{(n-1)}+1)$，令 $B_n=(A_n+1)$，则 B_n 是一个等比数列。A_1 表示把一个圆盘从 a 柱子移到 c 柱子，移动次数为 1。$B_1=A_1+1=2$，所以 $B_n=2^n$，$A_n=2^n-1$。现在有 $2n$ 个圆盘，$A_{2n}=2^{2n}-1$。a 柱子上有两个相同的圆盘，全都移到 c 柱子，只需多移动一次，每个圆盘都要多移动一次。

```cpp
#include <cstdio>
#include<iostream>
using namespace std;
int n, a[1000] = {0};                    //数组 a 用来存高精度的各个位上的数字
void input_data()
{
    cin>>n;
}
void get_answer()
{
    a[0] = 1;
    a[1] = 1;//2^0 == 1;
    for (int i = 1; i <= n + 1; i++)      //乘上 n+1 个 2
    {
        int x = 0;
        for (int j = 1; j <= a[0]; j++)   //把每一位都乘上 2
        {
            a[j] = a[j] * 2 + x;          //边乘边进位
            x = a[j] / 10;
            a[j] = a[j] % 10;
        }
        while (x > 0)                     //可能要扩展位数
        {
            a[0]++;
            a[a[0]] = x % 10;
            x = x / 10;
        }
    }
    a[1] -= 2;                            //直接减去 2 就好，不会出现要退位的情况
    //因为 2 的 x 次方除了 2 的 0 次方之外，其他的个位数字上的数字都大于等于 2
}
void output_answer()
{
    for (int i = a[0]; i >= 1; i--)       //倒序输出所有位上的数字
        cout<<a[i];
}
int main()
{
    input_data();
    get_answer();
    output_answer();
```

```
    return 0;
}
```

该代码的时间复杂度为 $O(n^2)$。

2.4.5　饮料换购——不允许赊账

【题目描述】

花羊羊饮料厂正在举办一次优惠促销活动。对于花羊羊 A 型饮料,凭 3 个瓶盖可以再兑换一瓶 A 型饮料,可以一直循环下去,但不允许赊账。

小华想要参加这次活动,请计算一下,如果不浪费瓶盖,尽量多次参加活动,那么对于小华初始买入的 n 瓶饮料,最后他一共能得到多少瓶饮料。

【输入格式】

输入一个整数 n,表示开始购买的饮料数($0<n<10000$)。

【输出格式】

输出一个整数,表示实际得到的饮料数。

【输入/输出样例】

输入样例	输出样例
100	149

【提示】

用现在拥有的饮料数 $n/3$ 可以得到本次能够兑换到的饮料数。可能还有一瓶或两瓶饮料不满足 3 而兑换不到饮料,剩下兑换不到的饮料数就是 $n\%3$。当拥有的饮料数≥3 时,就一直兑换。

【参考解答】

首先读入饮料数 n,3 个瓶盖可兑换一瓶饮料,那么 n 个瓶盖首先可以兑换 $n/3$(整除)瓶饮料,n 整除 3 后可能还剩余一瓶或两瓶,即 $n\%3$(取余)瓶将继续和 $n/3$ 凑在一起成为新的 n,继续计算 n 瓶能兑换多少瓶饮料。设置兑换的饮料数初值 rest 为 0,那么有:

```
rest=rest+(n/3);          //兑换的饮料数
n=(n/3)+(n%3);            //本轮兑换的饮料数+剩余饮料数为新的饮料数
```

此时,只要 $n≥3$,就继续执行上面两步。因此,使用循环迭代即可。

```cpp
#include<iostream>
using namespace std;
int main(){
    int n;
    cin>>n;                      //读入数据
    int sum=n;
    int rest=0;
    while(n>=3){
        rest=rest+(n/3);          //兑换的饮料数累加
        n=(n/3)+(n%3);           //求剩余瓶盖数
```

```
    }
    cout<<rest+sum;                    //加上初始的饮料数
    return 0;
}
```

该代码的时间复杂度为 $O(n)$。

2.4.6   递归输出字符——字母游戏中的神奇探险

【题目描述】

学习并利用递归函数调用方式，将所输入的字符以相反顺序输出。

【输入格式】

输入一个整数。

【输出格式】

输出一个整数。

【输入/输出样例】

输入样例	输出样例
13	31

【提示】

利用字符串切片进行递归，不断获取前 $n-1$ 个字符。

【参考解答】

使用递归函数 func 反向输出输入的字符串，检查当前字符索引 n 是否等于字符串长度减 1。如果是，表示算法已经处理到了字符串的最后一个字符；否则就调用 func 函数本身，递归地处理下一个字符，将 n 增加 1，目的是递归地处理字符串中的下一个字符。

递归返回之后，再次输出当前字符 $a[n]$。这样就可以实现反向输出，因为每次递归返回后，都会输出当前字符。最终以相反的顺序将字符输出。

```cpp
#include<bits/stdc++.h>
using namespace std;
int func(string a,int n,int len)
{
    if(n==len-1)
    {
        cout<<a[n];
        return 1;
    }
    func(a,n+1,a.length());
    cout<<a[n];
    return 0;
}
int main()
```

```
{
    string a;
    cin>>a;
    func(a,0,a.length());
}
```

该代码的时间复杂度为 $O(n)$。

2.4.7　x 的平方根——开平方，发现宇宙中的数字魔法

【题目描述】

给出一个非负整数 x，计算并返回 x 的平方根。由于返回类型是整数，结果只保留整数部分，小数部分将被舍去。

【输入格式】

输入一个整数。

【输出格式】

输出一个整数。

【输入/输出样例】

输入样例	输出样例
8	2

【提示】

不允许使用任何内置指数函数和运算符，如 pow(x, 0.5)或者 $x**0.5$。

【参考解答】

首先读取一个整数，存储到变量 x 中。设置一个变量 ans，接着对 ans 进行 while 循环，判断 ans 的平方是否大于 x，直到找到不满足条件 ans * ans≤x，然后输出 ans-1 作为变量 x 的平方根的整数部分。

（1）采用暴力求解方法。

```
#include<bits/stdc++.h>
using namespace std;
int main(){
    int x;
    scanf("%d",&x);
    int ans = 1;
    while(ans*ans <= x)ans++;
    printf("%d",ans-1);
    return 0;
}
```

该代码的时间复杂度为 $O(n)$。

（2）采用递归方法。

```cpp
#include<iostream>
#include<cmath>
#include<cstdio>
using namespace std;
double f(int n, double a)          //求出递归函数的值
{
    if (n == 0)return 1;
    return 0.5 * (f(n - 1, a) + a / f(n - 1, a));
}
int main()
{
    double a;
    int n = 1;
    double result = 0;
    cin >> a;
    //两次迭代出的 f(n) 的差的绝对值小于等于 0.00001 方可终止
    while (fabs(f(n, a)-f(n-1, a)) >0.00001)
    {
        ++n;
    }
    result = f(n, a);
    int b = (int)result;             //类型转换为整数
    printf("%d", b);
    return 0;
}
```

该代码的时间复杂度为 $O(n)$。

2.4.8　猜对的次数——猜猜乐

【题目描述】

小华和小宝在玩猜数字游戏。小宝每次从 1、2、3 中随机选择一个，小华每次也从 1、2、3 中选择一个来猜。他们一共进行 3 次这个游戏，请问小华猜对了几次？

输入的 guess 数组为小华每次的猜测，answer 数组为小宝每次的选择。guess 和 answer 的长度都等于 3。

【输入格式】

第 1 行有 3 个整数，表示小华每次的猜测，每个整数用一个空格隔开。

第 2 行有 3 个整数，表示小宝每次的选择，每个整数用一个空格隔开。

【输出格式】

输出一个整数，表示小华猜对的次数。

【输入/输出样例】

输入样例	输出样例
1 2 3 1 2 3	1

【提示】

guess 的长度= 3。

answer 的长度= 3。

guess 的元素取值为{1, 2, 3}之一。

answer 的元素取值为{1, 2, 3}之一。

【参考解答】

g 是一个整数数组，用于存储小华的猜测（猜测的答案），而 *a* 是一个整数，用于记录小宝的选择。用 for 循环记录小华的猜测并存入数组 *g* 中，用另一个 for 循环将小宝的选择直接与小华的猜测进行比较。符合一次，num 便加 1，最后输出 num 的计数次数。

```cpp
#include<iostream>
using namespace std;
int main()
{
    int g[3],a;
    int num=0;                          //计数
    for(int i=1;i<=3;i++) cin>>g[i]; //存储小华的猜测
    for(int i=1;i<=3;i++)
    {
        cin>>a;
        //如果相等，就将计数变量 num 增加 1，表示成功匹配一次
        if(a==g[i]) num++;
    }
    cout<<num;                          //输出计数次数
    return 0;
}
```

该代码的时间复杂度为 $O(n)$。

2.4.9　振兴中华——了解递归的妙用

【题目描述】

小明参加了学校的趣味运动会，其中的一个项目是：跳格子。

比赛时，小明先站在左上角的写着"从"字的格子里，然后可以横向或纵向跳到相邻的格子里，但不能跳到对角的格子里。格子中写的字如下：

从	我	做	起	振
我	做	起	振	兴
做	起	振	兴	中
起	振	兴	中	华

要求跳过的路线刚好构成"从我做起振兴中华"这句话。请帮助小明算一算他一共有多少种可能的跳跃路线。

【输入格式】

无。

【输出格式】

输出一个整数。

【输入/输出样例】

输入样例	输出样例
	35

【提示】

$f(x-1,y)+f(x,y-1)$。

【参考解答】

仔细观察表格，发现表格并非杂乱无章。除了第 1 个字"从"，每一个字的前一个字都出现两次，一次是在上方，一次是在左侧。例如，"华"字的前一个字是"中"，"中"在"华"的上方有出现，在左侧也有出现。

反过来，以"华"为起点，追溯到第 1 个字"从"，把"从"作为出口，有多少条路可以到达出口，就有多少条路线。根据提示，定义 $f(x,y)$ 为站在 (x,y) 处，到达出口 $(1,1)$ 的路线条数。"华"在 $(4,5)$ 位置，所以 $f(4,5)$ 就是所求解答，公式如下：

$$f(x,y)=f(x-1,y)+f(x,y-1)$$

此式可解释为，(x,y) 可从 $(x-1,y)$ 和 $(x,y-1)$ 两处跳来，那么到 (x,y) 的路线数量，就是跳到这两处的路线数量之和。递归求解即可，找到出口时，返回 1。

```
#include<bits/stdc++.h>
using namespace std;
int fun(int a,int b)
{
    if(a==1||b==1) return 1;              //找到出口
    else return fun(a-1,b)+fun(a,b-1);   //递归公式，每一处有两种跳跃来源
}
int main(void)
{
    printf("%d",fun(4,5));               //这里一共 4 行 5 列
}
```

该代码的时间复杂度为 $O(2^{a+b})$。

2.4.10　小鱼的航程——轻松游历

【题目描述】

一条小鱼平日每天游 250 千米，周末休息（实行双休日），假设从周 x（$1 \leqslant x \leqslant 7$）开始算起，过了 n（$n \leqslant 10^6$）天以后，小鱼累计游了多少千米。

【输入格式】

输入两个整数 x 和 n（表示从周 x 算起，经过 n 天）。

【输出格式】

输出一个整数，表示小鱼累计游了多少千米。

【输入/输出样例】

输入样例	输出样例
3　10	2000

【参考解答】

由于周六和周日是休息日，可以对 7 取余，如果结果为 0 或 6，则判定当前日期为周六或周日，且定为无效日期，里程不累加。因此可以定义一个循环，从第 1 天开始到第 n 天结束，随后判断当前日期是否为周六或周日，如果不是，则里程加 250 千米，并计入到变量 KM 中。

```
#include<bits/stdc++.h>
using namespace std;
int main(){
    int x,n;
    int KM=0;
    cin>>x>>n;
    for(int i=1;i<=n;i++)          //从第 1 天到第 n 天
    {
        if(x%7==0 || x%7==6)       //判断当前日期是否为周六或周日，如果是，则里程不累加
            KM+=0;
        else                       //如果当前日期是周一到周五，则里程每天加 250 千米
            KM+=250;
        x++;
    }
    cout<<KM;
    return 0;
}
```

该代码的时间复杂度为 $O(n)$。

2.4.11　课后习题

1．利用递归方程的一般性结论表示以下方程。

（1）$T(n) = 2T(n/2) + \log n$。

（2）$T(n) = 8T(n/2) + n^2$。

（3）$T(n) = 16T(n/2) + (n\log n)^4$。

（4）$T(n) = 7T(n/3) + n$。

2．利用分治法计算二进制表示的 10110011×10111010，说明计算过程。

3．设 n 个不同的整数排序后存于 $T[0:n-1]$ 中。例如，存在一个下标 i（$0 \leqslant i < n$），使得 $T[i] = i$，设计一个有效算法找到这个下标。要求算法在最坏情况下的计算时间为 $O(\log n)$。

4．在执行随机化快速排序时，在最坏情况下调用 Random 多少次？在最好情况下调用 Random 多少次？

5．编程实现 2.4.3 小节中的求 $f(x,n)$，并给出更多输入/输出样例。

第 3 章　动态规划算法

动态规划（dynamic programming，DP）算法与第 2 章的分治法类似，其基本思想是将待求解问题分解成若干个子问题，先求解子问题，然后将这些子问题的解合并得到原问题的解。与分治法不同的是，适用于动态规划算法求解的问题，经分解得到的子问题往往不是相互独立的。用分治法来求解这类问题时，因为分解得到的子问题存在重叠，导致所求解的子问题数量过多，使得算法的时间复杂度呈现指数级增长（如 2.2.2 小节的斐波那契数列问题）。然而，这类问题中不同子问题的数量却只是多项式量级。在用分治法求解时，子问题的重复计算问题可以通过记录子问题答案加以避免，从而保证在多项式时间复杂度之内求解。为了达到此目的，可以用一个表格来记录所有已解决的子问题的答案。不管该子问题将来是否会被访问，只要被计算过，就将其答案记录。如果将来遇到同样的子问题，就可以直接访问表格中对应的位置，取出子问题的答案，从而避免重复计算，这就是动态规划算法的基本思想。具体的动态规划算法多种多样，但它们具有相同的填表格式。

动态规划算法适用于求解最优化问题，它通常有以下 4 个步骤。

（1）找出最优解的性质。

（2）递归求解子问题。

（3）计算最优值。

（4）构造最优解。

步骤（1）和（2）是动态规划算法的基本步骤。在只需求出最优值的情形下，步骤（4）可以省略。若需要求出问题的最优解，则必须执行步骤（4）。此时，在步骤（3）中计算最优值时，通常需要记录更多的信息，以便在步骤（4）中根据所记录的信息快速构造出一个最优解。

本章将利用具体的实例来讲解动态规划算法的基本过程，并结合其自底向上的填表过程来讲解其是如何避免重复子问题的计算的。

3.1　矩阵连乘问题

矩阵连乘问题：给定 n 个矩阵 $A_1, A_2, ..., A_n$（其中，矩阵 A_i 的维数为 $p_{i-1} \times p_i$，且 A_i 与 A_{i+1} 是可乘的，$i=1,2,...,n-1$），需要确定计算矩阵连乘的最优计算次序，使得以此次序计算矩阵连乘需要的数乘次数最少。

由于矩阵乘法满足结合律，因此计算矩阵的连乘可以有许多不同的计算次序。矩阵连乘的计算次序可以用加括号的方式来确定。若 n 个矩阵的连乘的计算次序完全确定，即矩阵连乘已完全加括号，则可以以此次序反复调用两个矩阵相乘的标准算法来计算出矩阵连乘积。

完全加括号的矩阵连乘可递归地定义为：

（1）单个矩阵是完全加括号的。

（2）矩阵连乘 A 是完全加括号的，则 A 可表示为两个完全加括号的矩阵连乘 B 和 C 的乘积，并在其乘积外再加括号，即 $A=(BC)$。

例如，矩阵 A_1、A_2、A_3、A_4 相乘，共有 5 种不同的完全加括号形式。

$$(A_1(A_2(A_3A_4)))$$
$$(A_1((A_2A_3)A_4))$$
$$((A_1A_2)(A_3A_4))$$
$$((A_1(A_2A_3))A_4)$$
$$(((A_1A_2)A_3)A_4)$$

每一种完全加括号形式对应于一种矩阵连乘的计算次序，而矩阵连乘的计算次序与其计算量密切相关。

首先考虑计算两个矩阵乘积所需的计算量。根据矩阵乘法定义所实现的传统算法如算法 3.1 所示。其中，p、q 分别为矩阵 A 的行、列维度；q、r 分别为矩阵 B 的行、列维度，可见两者相乘共需要计算 $p \times q \times r$ 次数乘运算。运算后，矩阵 C 的行、列维数分别为 p 和 r。

算法 3.1

```
void MatrixMultiply(int a[][MAXN], int b[][MAXN], int p, int q, int r)
{
    int sum[MAXN][MAXN];
    memset(sum, 0, sizeof(sum));
    for (int k = 0; k < p; k++)
        for (int j = 0; j < r; j++)
            for (int i = 0; i < q; i++)
            {
                sum[k][j] += a[k][i] * b[i][j];
            }
}
```

为了说明在计算矩阵连乘时加括号形式对于计算量的影响，以上述 4 个矩阵 A_1、A_2、A_3、A_4 相乘为例，假设它们的维数分别为 $A = 50 \times 10$、$B = 10 \times 40$、$C = 40 \times 30$ 以及 $D = 30 \times 5$，那么，对应的 5 种计算量分别为 10500、16000、36000、34500 和 87500，其中第 1 种计算次序的计算量与最后一种计算次序的运算量相差数倍。由此可见，加括号形式对矩阵连乘的计算量影响非常大。因此，有学者提出了矩阵连乘最优计算量次序问题。

矩阵连乘问题的最优值是指最少的计算次数，如该示例的 10500 即为其最优值，而最优值对应的完全加括号形式 $(A_1(A_2(A_3A_4)))$ 即为最优解。

3.1.1　穷举法

穷举法是最容易想到的办法，它将所有可能的计算次序罗列出来，并计算出每一种计算次序需要的计算量，再从中找出具有最少计算量的计算次序。但是，这种做法本身所消耗的计算量非常大。事实上，对于 n 个矩阵的连乘，设 $P(n)$ 表示所有可能的连乘计算次序数。可在第 k 个和第 $k+1$ 个矩阵之间将原矩阵连乘序列分为两个矩阵连乘子序列，这两个子序列的长度分别是 k 和 $n-k(k=1,2,...,n-1)$；然后分别递归地对这两个矩阵子序列完全加括号；最后对得到的结果加括号，进而得到原矩阵连乘序列的一种完全加括号形式。由此，可以将 $P(n)$ 用以下递归式表示：

$$P(n)=\begin{cases}1, & n-1 \\ \sum_{k=1}^{n-1}P(k)P(n-k), & n>1\end{cases}$$

解此递归方程可得，$P(n)$ 实际上是卡特兰数，即 $P(n)=C(n-1)$，式中：

$$C(n)=\frac{1}{n+1}\binom{2n}{n}=\Omega\left(\frac{4^n}{n^{\frac{3}{2}}}\right)$$

可见，$P(n)$ 随 n 呈指数级增长。

3.1.2　最优子结构性质

为便于描述动态规划算法的求解过程，将矩阵连乘一般化处理，即任一子问题 $A_iA_{i+1}...A_j$ 可简记为 $A[i:j]$，这里 $i\leqslant j$。当选择在第 k 个和第 $k+1$ 个矩阵之间将矩阵链断开时，$i\leqslant k<j$，那么子问题 $A_iA_{i+1}...A_j$ 分解为两个子链（子问题）：$A_iA_{i+1}...A_k$ 和 $A_{k+1}...A_j$，其相应的完全加括号形式为

$$((A_i...A_k)(A_{k+1}...A_j))$$

那么，该计算次序的最优计算量等于 $A[i:k]$ 的计算量加上 $A[k+1:j]$ 的计算量，再加上子问题 $A[i:k]$ 和 $A[k+1:j]$ 相乘的计算量。

可以证明，假设 $A[i:j]$ 的最优计算次序是在矩阵链上第 k 个矩阵位置上断开成两个子问题 $A[i:k]$ 和 $A[k+1:j]$，分别计算两个子问题再相乘得到，那么两个子问题所对应的加括号形式也必然都是最优的。

反证法证明：假设其中某个子问题的加括号形式不是最优的，则说明该子问题有更好的计算次序，可以使原问题的计算量更小。那么用加括号形式替换原来子问题的计算次序，可以得到原问题其他计算量更小的计算次序，从而导致矛盾。因此，一旦选择将原问题在 k 处断开分解为子问题后，子问题 $A[i:k]$ 和 $A[k+1:j]$ 的求解就会相互独立，并且要使原问题最优，子问题的计算量也必然最优。这种原问题的最优解必然包含子问题最优解的性质，被称为最优子结构性质。该性质是动态规划算法的重要前提。

3.1.3　递归定义

由于求原问题的最优解与子问题的最优解求解问题类似，因此可以采用递归形式求解该问题。为避免子问题的重复运算，动态规划算法需要主动存储所求解子问题的最优值。例如，将

矩阵连乘 $A_iA_{i+1}...A_j$ 所需的最少计算量存储在二维数组 m 的第 i 行、第 j 列中，即 $m[i][j]$。利用一个一维数组 p 存储所有矩阵的行、列维数。例如，矩阵 A_i 的行、列维数分别存储在 $p[i-1]$ 和 $p[i]$ 中，图 3.1 展示了一个存储矩阵维度的数组 p。

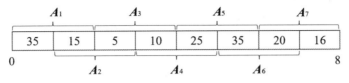

图 3.1　存储矩阵维度的数组 p

矩阵 $A_2 \times A_3$ 需要的计算量为 $p_1 \times p_2 \times p_3$，而矩阵 $A_2 \times A_3 \times A_4$ 连乘后的矩阵行、列维度分别是 p_1 和 p_4。因此，矩阵 $(A_i... A_k)(A_{k+1}... A_j)$ 所得计算量为 $p_{i-1} \times p_k \times p_j$。

根据 i 和 j 的关系，矩阵连乘 $A_iA_{i+1}...A_j$ 可以分为两种情况。

（1）当 $i=j$ 时，表明矩阵链中只有一个矩阵，该矩阵链的连乘无须计算，计算结果就是该矩阵自身。因此，$m[i][i]=0$，$i=\{1,2,...,n\}$。

（2）当 $i<j$ 时，假设选择某一个具体位置 k（$i \leqslant k < j$），将原问题断开为两个子问题（$A[i:k]$ 和 $A[k+1:j]$），这两个子问题相乘得到原问题的计算量可以表示为

$$m[i][j] = m[i][k] + m[k+1][j] + p_{i-1}p_kp_j$$

式中，$m[i][k]$ 表示矩阵子问题 $A[i:k]$ 连乘对应的计算量；$m[k+1][j]$ 表示矩阵子问题 $A[k+1:j]$ 连乘对应的计算量；$p_{i-1}p_kp_j$ 则表示 $A[i:k]$ 与 $A[k+1:j]$ 相乘所需要的计算量，这是因为矩阵子问题 $A[i:k]$ 相乘后所得矩阵的行、列维数为 $p=p[i-1]$ 和 $q=p[k]$，而矩阵子问题 $A[k+1:j]$ 相乘后所得矩阵的行、列维数为 $q=p[k]$ 和 $r=p[j]$，利用传统矩阵相乘的计算算法，这两个矩阵相乘的计算量为 $p_{i-1}p_kp_j$。

根据最优子结构性质，要想找出原问题的最优解，那么必须保证对应子问题的解也是最优的，并且所选择的断开位置 k 应该能保证原问题的计算量最小，$k \in [i, j)$，因此 k 共有 $j-i$ 种取值。接下来，需要利用迭代算法比较 k 的不同取值对应的计算量，从中找出具有最小计算量的断开位置。因此，可以递归定义 $m[i][j]$ 为

$$m[i][j] = \begin{cases} 0, & i = j \\ \min_{i \leqslant k < j} \{m[i][k] + m[k+1][j] + p_{i-1}p_kp_j\}, & i < j \end{cases}$$

利用一个二维数组 $s[i][j]$ 存储矩阵链 $A[i:j]$ 的最佳断开位置 k，通过该记录信息，可以还原出待求解问题的最优解。因此，n 个矩阵 $A_1, A_2, ..., A_n$ 的最少计算量将存储在 $m[1][n]$ 中。

3.1.4　递归算法求解

根据以上递归式，可以直接使用递归算法求解，如算法 3.2 所示。

算法 3.2

```
int MatrixChain_Recursion(int i, int j)
{
    if (i == j) return 0;
    //k 首先取值为 i，即选择在 i 处断开
    int u = MatrixChain_Recursion(i,i) + MatrixChain_Recursion(i+1,j) + p[i-1] *
            p[i]*p[j];
    s[i][j] = i;
    //比较 k 的不同取值，从中选出具有最小计算量的断开位置
    for (int k = i+1; k < j; k++)
    {
        int t = MatrixChain_Recursion(i,k)+MatrixChain_Recursion(k+1,j)+p[i-1] *
                p[k]*p[j];
        if (t < u) { u = t; s[i][j] = k;}
    }
    return u;
}
```

算法 3.2 的时间复杂度可以表示为以下递归方程。

$$T(n) = \begin{cases} 1,\, n=1 \\ \sum\limits_{k=1}^{n-1} (T(k)+T(n-k)+1),\, n>1 \end{cases}$$

式中，$T(k)$表示求解 $A[1{:}k]$子问题最优计算量的时间复杂度；$T(n{-}k)$表示求解 $A[k{+}1{:}n]$子问题最优计算量的时间复杂度；1 表示 $p[i{-}1]{\times}p[k]{\times}p[j]$的计算量。可以发现，$T(n)=\Omega(2^n)$，因此利用简单的递归算法求解该问题的时间复杂度为指数级。下面以 4 个矩阵相乘（$A_1A_2A_3A_4$）为例，分析递归算法产生的递归树（图 3.2）。

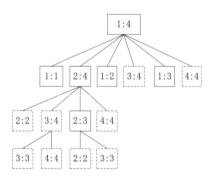

图 3.2　递归算法产生的递归树

图 3.2 中虚线框所对应的矩阵子问题在递归树中多次出现，每出现一次就代表将要被重复计算一次。接下来，讲解在矩阵连乘问题中具体有多少个不同的矩阵子问题。以 n 个矩阵相乘（$A_1A_2{\dots}A_n$）为例，$A[i{:}j]$表示一个子问题（$A_iA_{i+1}{\dots}A_j$），那么 i 的取值可以是 1 到 n，而 j 的取值则是 i 到 n，因此(i,j)取值的组合数（不同子问题的个数）有 $O(n^2)$ 个。假设每个子问题的最优值采用表格存储，以保证每个不同子问题仅求解一次。分析以上递归式发现，每个子问题需

要通过遍历找出一个最优的断开位置 k，该遍历过程的时间复杂度为 $O(n)$。那么理论上，矩阵连乘问题的时间复杂度应该可以降至 $O(n) \times O(n^2) = O(n^3)$。

3.1.5　动态规划算法求解

正如 3.1.4 小节所讲，避免子问题的重复运算的关键在于将子问题的解有效地存储起来，将来遇到同样的子问题时，直接从表中的对应位置取出最优值。动态规划算法就是一种记录子问题的解的算法，接下来介绍该算法的求解过程。

利用动态规划算法求解最优解问题时，按照自底向上的方式进行：首先将长度最短的矩阵子问题（最小规模子问题）求解并存储，然后逐渐增加子问题长度（扩大子问题规模），依次递增，直到增长至为原问题。利用动态规划算法求解矩阵连乘问题的具体实现如算法 3.3 所示。

算法 3.3

```
void MatrixChain_DP(int *p, int n, int **m, int **s)
{ //二维数组 m 存放子问题的最优值，二维数组 s 存放断开位置 k
  //矩阵链中矩阵 Aᵢ 的行、列维数存放在 p[i-1]和 p[i]中
  //矩阵链长为 1 时，矩阵连乘消耗 0 次数乘
  for (int i = 1; i <= n; i++) m[i][i] = 0;
  for (int r = 2; r <= n; r++)                    //r 表示矩阵链长，即子问题的规模
    for (int i = 1; i <= n - r+1; i++)
    {                                             //i 表示矩阵链的起始位置
        int j=i+r-1;                              //j 表示矩阵链为 r 时的终止位置
        m[i][j] = m[i+1][j]+ p[i-1]*p[i]*p[j];    //i、j 分别对应矩阵链的首尾
        s[i][j] = i;
        for (int k = i+1; k < j; k++)
        {                                         //递归定义中的 min 函数
            int t = m[i][k] + m[k+1][j] + p[i-1]*p[k]*p[j];
            if (t < m[i][j]) {m[i][j] = t; s[i][j] = k;
        }
      }
    }
}
```

算法 MatrixChain_DP 的时间复杂度取决于三层嵌套循环，循环总数为 $O(n^3)$，循环内为简单的顺序语句块，因此算法的时间复杂度为 $O(n^3)$，比递归算法 3.2 有效得多。

以下从子问题的计算次序及构造最优解等方面补充说明以上算法。以计算 6 个矩阵连乘 $A_1 A_2 A_3 A_4 A_5 A_6$ 的最优计算次序为例，矩阵对应维数如图 3.3 所示。

A_1	A_2	A_3	A_4	A_5	A_6
30×35	35×15	15×5	5×10	10×20	20×25

图 3.3　矩阵对应维数

那么数组 p 中存放的值如图 3.4 所示。

$p[0]$	$p[1]$	$p[2]$	$p[3]$	$p[4]$	$p[5]$	$p[6]$
30	35	15	5	10	20	25

图 3.4　数组 p 中存放的值

1．子问题的计算次序

动态规划算法自底向上的计算次序是指子问题（矩阵子链）按照长度从小到大依次计算，直至规模扩展至与原问题一样。

（1）长度为 1（$r=1$）的子问题。

$m[1][1]=0$；$m[2][2]=0$；$m[3][3]=0$；$m[4][4]=0$；$m[5][5]=0$；$m[6][6]=0$。

动态规划算法将每个子问题的最优值存储在二维数组 m 中，如图 3.5 所示。

0					
	0				
		0			
			0		
				0	
					0

图 3.5　将每个子问题的最优值存储在二维数组 m 中

（2）长度为 2（$r=2$）的子问题，k 能选择的位置只有一个。

$m[1][2]=m[1:1]+m[2:2]+p[0]\times p[1]\times p[2]=0+0+30\times35\times15=15750, k=1$

$m[2][3]=m[2:2]+m[3:3]+p[1]\times p[2]\times p[3]=0+0+35\times15\times5=2625, k=2$

$m[3][4]=m[3:3]+m[4:4]+p[2]\times p[3]\times p[4]=0+0+15\times5\times10=750, k=3$

$m[4][5]=m[4:4]+m[5:5]+p[3]\times p[4]\times p[5]=0+0+5\times10\times20=1000, k=4$

$m[5][6]=m[5:5]+m[6:6]+p[4]\times p[5]\times p[6]=0+0+10\times20\times25=5000, k=5$

将计算的最优值存储在数组 m 中的对应位置，如图 3.6 所示。

0	15750				
	0	2625			
		0	750		
			0	1000	
				0	5000
					0

图 3.6　将计算的最优值存储在数组 m 中的对应位置

（3）长度为 3（$r=3$）的子问题，k 能选择的位置有两个。

$$m[1][3] = \min \begin{cases} m[1][1] + m[2:3] + p[0]\times p[1] \times p[3] = 0 + 2625 + 30\times 35\times 5 = 7875, k=1 \\ m[1][2] + m[3:3] + p[0]\times p[2] \times p[3] = 15170 + 0 + 30\times 15\times 5 = 17420, k=2 \end{cases}$$

$$= 7875, k=1$$

$m[2][4]=4375, k=3$

$m[3][5]=2500, k=3$

$m[4][6]=3500, k=5$

将计算的最优值存储在数组 m 中的对应位置，如图 3.7 所示。

0	15750	7875			
	0	2625	4375		
		0	750	2500	
			0	1000	3500
				0	5000
					0

图 3.7　将计算的最优值存储在数组 m 中的对应位置

（4）长度为 4（$r=4$）的子问题，k 能选择的位置有 3 个。

$m[1:4]=...=9375, k=3$

$$m[2][5] = \min \begin{cases} m[2][2] + m[3][5] + p[1] \times p[2] \times p[5] = 0 + 2500 + 35 \times 15 \times 20 = 13000, \ k = 2 \\ m[2][3] + m[4][5] + p[1] \times p[3] \times p[5] = 2625 + 1000 + 35 \times 5 \times 20 = 7125, \ k = 3 \\ m[2][4] + m[5][5] + p[1] \times p[4] \times p[5] = 4375 + 0 + 35 \times 10 \times 20 = 11375, \ k = 4 \end{cases}$$
$$= 7125, \ k = 3$$

$m[3][6]=...=5375, k = 3$

将计算的最优值存储在数组 m 中的对应位置，如图 3.8 所示。

0	15750	7875	9375		
	0	2625	4375	7125	
		0	750	2500	5375
			0	1000	3500
				0	5000
					0

图 3.8　将计算的最优值存储在数组 m 中的对应位置

（5）长度为 5（$r=5$）的子问题，k 能选择的位置有 4 个。

$m[1][5]=...=11875, k=3$

$m[2][6]=...=10500, k=3$

将计算的最优值存储在数组 m 中的对应位置，如图 3.9 所示。

0	15750	7875	9375	11875	
	0	2625	4375	7125	10500
		0	750	2500	5375
			0	1000	3500
				0	5000
					0

图 3.9　将计算的最优值存储在数组 m 中的对应位置

（6）长度为 6（$r=6$）的子问题，k 能选择的位置有 5 个。

$$m[1][6]=\begin{cases} m[1][1]+m[2][6]+p[0]\times p[1]\times p[6]=0+10500+30\times35\times25=36750,\ k=1 \\ m[1][2]+m[3][6]+p[0]\times p[2]\times p[6]=15750+5375+30\times15\times25=32375,\ k=2 \\ m[1][3]+m[4][6]+p[0]\times p[3]\times p[6]=7875+3500+30\times5\times25=15125,\ k=3 \\ m[1][4]+m[5][6]+p[0]\times p[4]\times p[6]=9375+5000+30\times10\times25=21875,\ k=4 \\ m[1][5]+m[6][6]+p[0]\times p[5]\times p[6]=11875+0+30\times20\times25=26875,\ k=5 \end{cases}$$

$$=15125,\ k=3$$

将计算的最优值存储在数组 m 中的对应位置，如图 3.10 所示。

0	15750	7875	9375	11875	15125
	0	2625	4375	7125	10500
		0	750	2500	5375
			0	1000	3500
				0	5000
					0

图 3.10   将计算的最优值存储在数组 m 中的对应位置

算法运行过程中，数组 s 同样是依次填入，运行后数组 s 中的内容如图 3.11 所示。

0	1	1	3	3	3
	0	2	3	3	3
		0	3	3	3
			0	4	5
				0	5
					0

图 3.11   运行后数组 s 中的内容

由于在以上算法运行过程中需要维护两个规模为 n^2 的表格，因此算法的空间复杂度为 $O(n^2)$。算法 MatrixChain_DP 运行结束后，原问题的最优值存放于 $m[1][6]$。最优解的构造仍未直接给出，也就是说，尽管知道矩阵连乘的最少次数，但是具体的计算次序（最优解）还需要进一步处理。

2．构造最优解

由于数组 s 中给出了保证最优值的断开位置，因此接下来就需要利用数组 s 的信息逐步还原计算次序。例如，$s[1][6]=3$ 表明计算矩阵链 $A[1:6]$ 的最佳断开位置是 A_3 和 A_{4+1} 处，那么最佳的加括号形式为 $(A[1:3])(A[4:6])$。接下来，$s[1][3]=1$ 表明 $A[1:3]$ 的最佳断开位置是 A_1 和 A_2 处；$s[4][6]=5$ 表明 $A[4:6]$ 最佳的断开位置是 A_5 和 A_6 处；以此类推，最终确定完整的加括号形式，如算法 3.4 所示。

算法 3.4

```
void Traceback(int i,int j,int **s)
{
   if(i==j) cout<<"Ai";
   else
    {
      cout<<"(";
      Traceback(i,s[i][j],s);
      Traceback(s[i][j]+1,j,s);
      cout<<")";
    }
}
```

为了方便读者理解，仍然用递归树（图 3.12）形式表示矩阵连乘的计算次序。

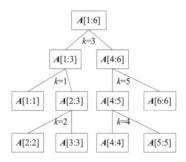

图 3.12　最优解构造过程的递归树

图 3.12 的递归树中最先计算的是最后一层的叶子结点，最后一层计算完毕，再往上层逐层计算，即首先计算 A_2 和 A_3 或者 A_4 和 A_5 的乘法，然后将 A_1 与 A_2 和 A_3 的计算结果相乘。因此，所表现的加括号形式为 $((A_1(A_2A_3))((A_4A_5)A_6))$。

3．动态规划算法的基本要素

从以上矩阵连乘问题可以发现，矩阵连乘满足两个重要的特性：最优子结构性质和子问题重叠性质。最优子结构性质是指原问题的最优解必然包含子问题的最优解，动态规划算法利用此性质，从最小规模的子问题着手，逐步增加子问题的规模，以自底向上的方式求原问题的最优解。子问题重叠性质是指在将较大规模问题分解时产生的子问题可能并不是新问题，而是可能已经被计算过，那么重复计算必然导致效率降低。动态规划算法将子问题的答案存储起来，避免重复计算，从而提高求解效率。

因此，通常而言，如果待求解的问题具有这两个性质，那么动态规划算法将是一种效率较高的算法。

3.1.6　备忘录方法求解

继续观察图 3.2 中的递归树，该递归树中存在大量的重复子问题，从而导致递归算法时间复杂度呈指数级增长。结合动态规划算法的思想，是否可以在递归求解过程中也采用记录子问题解的方式来避免子问题重复计算呢？事实上，备忘录方法就是将递归算法和记录子问题相结合的算法，它是一种自上而下的计算方法。备忘录方法的代码如算法 3.5 所示。

算法 3.5

```
int MemoizedMatrixChain(int n,int **m,int **s,int *p)
{   //输入参数的定义与前文相同
    for(int i=1; i<=n; i++)
        for(int j=1; j<=n; j++)
        //二维数组初始化，置特殊标记 0，表示子问题未求解
        { m[i][j]=0; }
    return LookupChain(1,n,m,s,p);
}
int LookupChain(int i,int j,int **m,int **s,int *p)
{
    if(m[i][j]>0) { return m[i][j];}        //该子问题已经求解过
    if(i==j)   { return 0; }
    int u = LookupChain(i,i,m,s,p) + LookupChain(i+1,j,m,s,p)+p[i-1]*p[i]*p[j];
    s[i][j]=i;
    for(int k=i+1; k<j; k++)                //选择最优的断开位置 k
    {
        int t = LookupChain(i,k,m,s,p) + LookupChain(k+1,j,m,s,p) +
p[i-1]*p[k]*p[j];
        if(t<u)
        { u=t;s[i][j] = k; }
    }
    m[i][j] = u;
    return u;
}
```

在函数 LookupChain 中每次递归调用时，都首先查看对应的子问题以前是否求解过，如果已求解，那么数组 m 中的对应位置上将是一个大于 0 的数，直接将该值返回；否则，表示该子问题没有被求解，接下来继续采用递归算法求解该子问题。

MemoizedMatrixChain 函数的时间复杂度主要来源于 LookupChain 函数，而 LookupChain 函数的核心功能是对不同子问题的最优值进行求解，不同子问题的数量为 $O(n^2)$，而每个子问题求解需要循环比较，从而选择最佳的断开位置 k，该过程的时间复杂度为 $O(n)$，因此备忘录方法的时间复杂度仍然为 $O(n^3)$。

可以发现，备忘录方法与动态规划算法有以下两个区别。

（1）备忘录方法是一种自上而下的计算方法，而动态规划算法的计算次序是自底向上的。因此，不同的计算次序在求解某些问题时，可能存在效率的差异。例如，动态规划算法主动地将所有的子问题都计算了一遍，但是一些子问题的解在将来构造更大规模子问题最优解时并没有被使用，从而造成计算浪费。

（2）备忘录方法的代码更为简洁、易懂，也容易证明其具有较高的准确性，但递归算法的系统开销较大。

3.2 最长公共子序列

最长公共子序列（longest common subsequence，LCS）：给定两个序列 $X=\{x_1,x_2,...,x_m\}$ 和 $Y=\{y_1,y_2,...,y_n\}$，找出 X 和 Y 的一个最长公共子序列。

一个给定序列的子序列是指删去该序列若干元素后得到的序列。确切地说，子序列应满足两点：①子序列中元素在原序列中出现；②出现的位置必须呈递增顺序。例如，序列 $Z=\{B,C,D,B\}$ 是序列 $X=\{A,B,C,B,D,A,B\}$ 的子序列，相应的递增下标序列为 $\{2,3,5,7\}$。给定两个序列 X 和 Y，当另一个序列 Z 既是 X 的子序列又是 Y 的子序列时，称 Z 是序列 X 和 Y 的公共子序列。例如，$X=\{A,B,C,B,D,A,B\}$ 和 $Y=\{B,D,C,A,B,A\}$，则序列 $\{B,C,A\}$ 是序列 X 和 Y 的一个公共子序列，序列 $\{B,C,B,A\}$ 也是序列 X 和 Y 的一个公共子序列，而且后者是序列 X 和 Y 的一个最长公共子序列，因为序列 X 和 Y 没有长度大于 4 的公共子序列。

3.2.1 穷举法

设序列 X 的长度为 m，序列 Y 的长度为 n，且 $m<n$。利用穷举法选择其中一个短的序列 X，然后列出其所有可能的子序列，从长度最大的子序列开始，依次判断子序列是否存在于序列 Y 中。该过程的时间复杂度为：子序列的数量为 $O(2^m)$，判断子序列是否存在于序列 Y 中的时间复杂度为 $O(n)$，因此总的时间复杂度为 $O(n2^m)$，可见穷举法是指数级算法，时间效率低。

3.2.2 LCS 问题性质

1. 最优子结构性质

设序列 $X_m=\{x_1, x_2, ..., x_m\}$ 和 $Y_n=\{y_1, y_2, ..., y_n\}$ 的最长公共子序列为 $Z_k=\{z_1, z_2, ..., z_k\}$，则简记为 $Z_k=LCS(X_m,Y_n)$，有以下推论。

（1）若 $x_m==y_n$，则 $z_k==x_m==y_n$，且 Z_{k-1} 是 X_{m-1} 和 Y_{n-1} 的最长公共子序列，即 $Z_{k-1}=LCS(X_{m-1}, Y_{n-1})$，其中 X_{m-1} 是指从序列 X_m 中取前 $m-1$ 个元素，即前缀，Y_{n-1} 类似。

反证法：

1）若 $z_k \neq x_m$，则 $\{z_1, z_2, ..., z_k, x_m\}$ 是长度为 $k+1$ 的序列 X 与 Y 的最长公共子序列。因此，与假设矛盾，必有 $z_k==x_m==y_n$。

2）若存在长度大于 $k-1$ 的最长公共子序列 W，则新的公共子序列 $\{W, x_m\}$ 的长度大于 k，与假设矛盾。因此，$Z_{k-1}=LCS(X_{m-1}, Y_{n-1})$。

假设用二维数组 $c[m][n]$ 记录 X_m 和 Y_n 的最长公共子序列的最优值。其中，$X_m=\{x_1, x_2, ..., x_m\}$；$Y_n=\{y_1, y_2, ..., y_n\}$，即 $c[m][n]=|LCS(X_m, Y_n)|$，其中 "$|\cdots|$" 表示求序列长度的函数。

由 $z_k==x_m==y_n$，且 Z_{k-1} 是 X_{m-1} 和 Y_{n-1} 的最长公共子序列，可以得出递归关系：

$$LCS(X_m,Y_n)=LCS(X_{m-1},Y_{n-1})+x_m$$

$$\Rightarrow |LCS(X_m, Y_n)| = |LCS(X_{m-1}, Y_{n-1})| + 1$$
$$\Rightarrow c[m][n] = c[m-1][n-1] + 1$$

（2）若 $x_m \neq y_n$ 且 $z_k \neq x_m$，则 Z 是 X_{m-1} 和 Y_n 的最长公共子序列。

反证法：若 X_{m-1} 和 Y_n 存在一个公共序列 W 比 Z 更长，则 W 也是序列 X 与 Y 的最长公共子序列，其长度大于 k，与假设矛盾。

因此有递归关系：

$$LCS(X_m, Y_n) = LCS(X_{m-1}, Y_n)$$
$$\Rightarrow |LCS(X_m, Y_n)| = |LCS(X_{m-1}, Y_n)|$$
$$\Rightarrow c[m][n] = |LCS(X_m, Y_n)| = |LCS(X_{m-1}, Y_n)| = c[m-1][n]$$

（3）若 $x_m \neq y_n$ 且 $z_k \neq y_n$，则 Z 是 X_m 和 Y_{n-1} 的最长公共子序列。

因此有递归关系：

$$LCS(X_m, Y_n) = LCS(X_m, Y_{n-1})$$
$$\Rightarrow |LCS(X_m, Y_n)| = |LCS(X_m, Y_{n-1})|$$
$$\Rightarrow c[m][n] = |LCS(X_m, Y_n)| = |LCS(X_m, Y_{n-1})| = c[m][n-1]$$

由以上结论可见，两个序列的最长公共子序列包含了这两个序列前缀的最长公共子序列。因此，最长公共子序列问题具有最优子结构性质。

2．子问题递归结构

$c[i][j]$ 用于记录序列之间的最长公共子序列的长度，其中，$X_i = \{x_1, x_2, \ldots, x_i\}$，$Y_j = \{y_1, y_2, \ldots, y_j\}$。当 $i=0$ 或 $j=0$ 时，空序列是 X_i 和 Y_j 的最长公共子序列，即 $c[i][j]=0$。因此，根据最优子结构性质可建立如下递归关系：

$$c[i][j] = \begin{cases} 0, & i=0, j=0 \\ c[i-1][j-1]+1, & i, j > 0; x_i = y_j \\ \max\{c[i][j-1], c[i-1][j]\}, & i, j > 0; x_i \neq y_j \end{cases}$$

3.2.3　递归算法求解

以上递归定义可以直接转变为递归算法 3.6。

算法 3.6

```
int LCS(int i,int j)
{
    if(i==0|| j==0)
        return 0;
    if(X[i]==Y[j])
        return 1+LCS(i-1,j-1);
    else
        return LCS(i-1,j)>LCS(i,j-1)? LCS(i-1,j):LCS(i,j-1);
}
```

递归算法求解 LCS 问题的代码非常简洁。但是深入分析发现，该算法的时间复杂度是随输入长度呈指数级增长的。

3.2.4　动态规划算法求解

数组 $c[i][j]$ 用来记录子问题 X_i 和 Y_j 之间最长公共子序列的长度，而数组 $b[i][j]$ 用来指示 $c[i][j]$ 的值来自 3.2.2 小节中的递归方程的哪种情况，该二维数组 b 将在求 LCS 问题的最优解时使用。最后，原问题 X_m 和 Y_n 的最长公共子序列的长度记录于 $c[m,n]$ 中。具体实现如算法 3.7 所示。

算法 3.7

```
void LCS_DP(char* X,char* Y,int** c,char**b);
{
  m=sizeof(X); n=sizeof(Y);  int i, j;
  for (i = 1; i <= m; i++) c[i][0] = 0;
  for (i = 1; i <= n; i++) c[0][i] = 0;
  for (i = 1; i <= m; i++)
    for (j = 1; j <= n; j++)
    {
      if (x[i]==y[j])
        { c[i][j]=c[i-1][j-1]+1; b[i][j]='\';}
      else if (c[i-1][j]>=c[i][j-1])
        {c[i][j]=c[i-1][j]; b[i][j]='↑';}
      else { c[i][j]=c[i][j-1]; b[i][j]='←';}
    }
}
```

1. 子问题的计算次序

LCS 子问题的计算次序如图 3.13 所示。

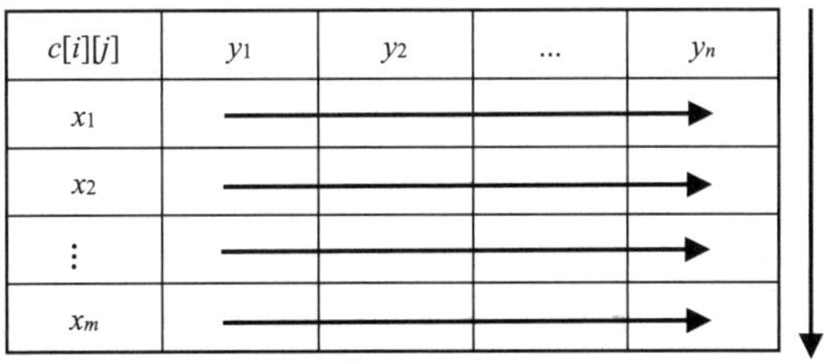

图 3.13　LCS 子问题的计算次序

在图 3.13 中，位于同一行的子问题，自左向右计算；从第 1 行开始，每计算完一行，转向计算下一行。原问题的最优解存储于表格中最右下角的位置。例如，$X=\{A,B,C,B,D,A,B\}$ 和 $Y=\{B,D,C,A,B,A\}$ 的最长公共子序列问题，数组 c 的运行结果如图 3.14 所示。

$c[i][j]$		B	D	C	A	B	A
	0	0	0	0	0	0	0
A	0	0	0	0	1	1	1
B	0	1	1	1	1	2	2
C	0	1	1	2	2	2	2
B	0	1	1	2	2	3	3
D	0	1	2	2	2	3	3
A	0	1	2	2	3	3	4
B	0	1	2	2	3	4	4

图 3.14　数组 c 的运行结果

算法 3.7 中的 LCS_DP 函数计算得到的数组 b 可用于快速构造序列 X_m 和 Y_n 的最长公共子序列的最优解。首先从 $b[i][j]$ 开始，沿着其中箭头所指的方向在数组 b 中搜索。

（1）当 $b[i][j]$ 中遇到 "↖" 时（意味着 $x_i=y_j$，那么 x_i 是最优解的一个元素），表示 X_i 与 Y_j 的最长公共子序列是由 X_{i-1} 与 Y_{j-1} 的最长公共子序列在尾部加上 x_i 构成的。

（2）当 $b[i][j]$ 中遇到 "↑" 时，表示 LCS(X_i,Y_j) 和 LCS(X_{i-1},Y_j) 的解相同。

（3）当 $b[i][j]$ 中遇到 "←" 时，表示 LCS(X_i,Y_j) 和 LCS(X_i,Y_{j-1}) 的解相同。

数组 b 的运行结果如图 3.15 所示。

$b[i][j]$		B	D	C	A	B	A
	0	0	0	0	0	0	0
A	0	↑	↑	↑	↖	←	↖
B	0	↖	←	←	↑	↖	←
C	0	↑	↑	↖	←	↑	↑
B	0	↖	↑	↑	↑	↖	←
D	0	↑	↖	↑	↑	↑	↑
A	0	↑	↑	↑	↖	↑	↖
B	0	↖	↑	↑	↑	↖	↑

图 3.15　数组 b 的运行结果

2．时间复杂度

从算法 3.7 可以看出，LCS_DP 函数主要由两个嵌套的循环构成，而循环次数为 $O(mn)$，即该算法的时间复杂度为 $O(mn)$。也可以从子问题数量角度分析该算法的时间复杂度，二维数组 c 用于存储所有子问题的最优值，那么二维数组中元素的个数与子问题的个数等阶，因此子问题数量为 $O(mn)$。由子问题的递归定义可以看出，每个子问题的求解就是简单数值计算和条件比较，因此其时间复杂度为 $O(1)$，总的时间复杂度为 $O(mn)$。

3．构造 LCS 最优解

在算法 3.8 中，LCS(m,n,X,b) 函数根据数组 b 的内容输出 X_i 与 Y_j 的最长公共子序列。注意，该函数调用只需传入 X，不需要传入 Y。

算法 3.8

```
void LCS(int i, int j, char *x, int **b)
{
    if (i ==0 || j==0) return;
    if (b[i][j]== '\'){ LCS(i-1,j-1,x,b); cout<<x[i];}
    else if (b[i][j]== '↑') LCS(i-1,j,x,b);
    else LCS(i,j-1,x,b);
}
```

每一次递归调用 LCS 使 i 或者 j 减 1，因此其时间复杂度为 $O(m+n)$。原问题最优解的搜索过程如图 3.16 所示。

$b[i][j]$		⑧	D	©	A	⑧	④
	0	0	0	0	0	0	0
A	0	↑	↑	↑	↖	←	↖
⑧	0	⊘	⊖	←	↑	↖	←
©	0	↑	↑	⊘	⊖	↑	↑
⑧	0	↖	↑	↑	↑	⊘	←
D	0	↑	↖	↑	↑	①	↑
④	0	↑	↑	↑	↖	↑	⊘
B	0	↖	↑	↑	↑	↖	①

图 3.16　原问题最优解的搜索过程

在图 3.16 中，第 1 列或第 1 行中带圈的字符表示最终构成公共子序列的元素，即 $\{B, C, B, A\}$；带圈的箭头表示所选择的最长公共子序列的构造方向。由于原问题的解存放在右下角，因此构造过程便从右下角开始，即 $b[7][6]$。在这一过程中，遇到"↖"就输出对应字符，遇到其他箭头，则跳入箭头所指向的格子，继续判断箭头形状，直到某一个序列的长度等于 0，则退出。

3.3　0-1 背包问题

0-1 背包问题（knapsack problem）：给定 n 个物品和一个背包。物品 i 的重量是 w_i，其价值为 v_i，背包的容量为 C。选择一个物品子集，使得装入背包中物品的重量之和不超过背包的容量，且物品的总价值最大。

此问题的形式化描述是：给定 $C > 0$，$w_i > 0$，$v_i > 0$，要找出一个 n 元 0-1 向量 $(x_1, x_2, ..., x_n)$，$x_i \in \{0,1\}$，$1 \leqslant i \leqslant n$，在满足 $\sum_{i=1}^{n} w_i x_i \leqslant C$ 的条件下，使得 $\sum_{i=1}^{n} v_i x_i$ 最大。该问题的数学模型如下：

$$\max \sum_{i=1}^{n} v_i x_i$$

$$\text{s.t.} \begin{cases} \sum_{i=1}^{n} w_i x_i \leqslant C \\ x_i \in \{0,1\}, \ 1 \leqslant i \leqslant n \end{cases}$$

x_i 的取值要么是 0（不装入背包），要么是 1（装入背包），而不能选择部分装入背包，因此称为 0-1 背包问题。

3.3.1 最优子结构性质

设 $(y_1, y_2, \ldots, y_n)$ 是原问题的一个最优解，那么可以证明 $(y_2, \ldots, y_n)$ 是以下相应子问题的一个最优解。

$$\max \sum_{i=2}^{n} v_i x_i$$

$$\text{s.t.} \begin{cases} \sum_{i=2}^{n} w_i x_i \leqslant C - w_1 y_1 \\ x_i \in \{0,1\}, \ 2 \leqslant i \leqslant n \end{cases}$$

反证法证明：设 $(z_2, z_3, \ldots, z_n)$ 是上述子问题的一个更优解，那么该解对应的背包内物品的价值大于 $(y_2, y_3, \ldots, y_n)$ 解，因此有：

$$\sum_{i=2}^{n} v_i y_i < \sum_{i=2}^{n} v_i z_i$$

并且背包内物品的重量之和满足：

$$\sum_{i=2}^{n} w_i z_i \leqslant C - w_1 y_1$$

将不等式右边的第 2 项移至左边：

$$\sum_{i=2}^{n} w_i z_i + w_1 y_1 \leqslant C$$

这说明可以构造一个解 $(y_1, z_2, z_3, \ldots, z_n)$，它满足问题的约束，并且满足：

$$\sum_{i=1}^{n} v_i y_i = \sum_{i=2}^{n} v_i y_i + v_1 y_1 < \sum_{i=2}^{n} v_i z_i + v_1 y_1$$

上式表明 $(y_1, z_2, z_3, \ldots, z_n)$ 是 0-1 背包问题的一个更优解，从而与 $(y_1, y_2, \ldots, y_n)$ 是 0-1 背包问题的最优解相矛盾。

3.3.2 递归算法求解

设当前还未加入背包的物品有 $i, i+1, \ldots, n$，且当前剩余的背包容量为 j，那么该子问题可以形式化描述为

$$\max \sum_{k=i}^{n} v_k x_k$$

$$\text{s.t.} \begin{cases} \sum_{k=i}^{n} w_k x_k \leqslant j \\ x_k \in \{0,1\}, \ i \leqslant k \leqslant n \end{cases}$$

利用动态规划算法求解该问题,则需要设计一个二维数组 m 存储所有不同子问题的最优值,那么该子问题的最优值存放于数组 $m[i][j]$ 中。接下来分两种情况考虑。

（1）物品 i 的重量小于等于 j,即 $w_i \leqslant j$,那么需要比较一下装入与不装入这两种选择,看哪种将导致更优解。

1）如果选择物品 i 不装入背包,那么背包的容量自然不会发生改变,背包里物品的价值也不会发生改变,即 $m[i][j]=m[i+1][j]$。

2）如果选择物品 i 装入背包,那么背包的容量将减少 w_i,背包里物品的价值将增加 v_i,即 $m[i][j]=m[i+1][j-w_i]+v_i$。

由于最优子结构性质,因此必然需要在这两种情况中作出更优选择。

$$m[i][j]=\max\{m[i+1][j], m[i+1][j-w_i]+v_i\}$$

（2）物品 i 的重量大于 j,即 $w_i > j$,那么只能选择放弃该物品,即 $m[i][j]=m[i+1][j]$。

综上所述,可以列如下递归方程:

$$m[i][j]=\begin{cases} \max\{m[i+1][j], m[i+1][j-w_i]+v_i\}, & j \geqslant w_i \\ m[i+1][j], & 0 \leqslant j < w_i \end{cases}$$

递归出口：当子问题只包含一个物品 n 时（最小子问题）,如果背包能装下,那么必然要将其装入；否则只能放弃。因此有:

$$m[n][j]=\begin{cases} v_n, & j \geqslant w_n \\ 0, & 0 \leqslant j < w_n \end{cases}$$

根据此递归方程,可实现递归算法 3.9。

算法 3.9

```
int Knapsack_recursion(int i, int j,int*w,int*v)
{
  if (i == n) return (j < w[n]) ? 0 : v[n];
  if (j < w[i]) return Knapsack_recursion(i+1, j,w,v);
  return max(Knapsack_recursion(i+1,j,w,v),Knapsack_recursion(i+1, j-w[i],w,v)+v[i]);
}
```

3.3.3　动态规划算法求解

基于 3.3.2 小节中的递归方程,也可以采用自底向上的动态规划算法求解 0-1 背包问题,如算法 3.10 所示。

算法 3.10

```
void Knapsack_DP(int v[],int w[],int c,int n,int**m)
{
  int jMax = min(w[n]-1,c);
  for(int j=0; j<=jMax;j++) { m[n][j]=0; }
  for(int j=w[n]; j<=c; j++) { m[n][j] = v[n];  }
  for(int i=n-1; i>1; i--)
```

```
{
    jMax = min(w[i]-1,c);
    for(int j=0; j<=jMax; j++)
    {  m[i][j] = m[i+1][j]; }
    for(int j=w[i]; j<=c; j++)
    {  m[i][j] = max(m[i+1][j],m[i+1][j-w[i]]+v[i]); }
}
m[1][c] = m[2][c];
if(c>=w[1])
{  m[1][c] = max(m[1][c],m[2][c-w[1]]+v[1]);  }
}
```

1．子问题的计算次序

0-1 背包问题的子问题的计算次序如图 3.17 所示。

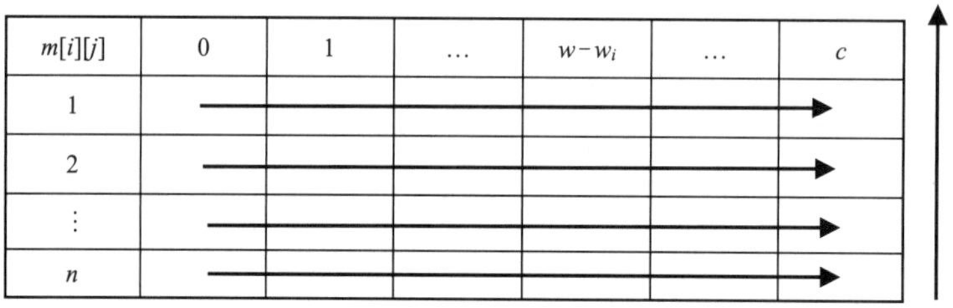

图 3.17　0-1 背包问题的子问题的计算次序

由图 3.17 可见，二维数组的每一行中子问题的计算次序是从左往右，而每计算完一行，就扩大子问题的规模，接着计算上一行子问题。最终，原问题的最优解存放至 $m[1][c]$ 中。

例如，$n = 3$，$c = 6$，$w = \{4,3,2\}$，$v = \{5,2,1\}$，算法运行后，数组 m 中对应每个子问题的最优值如图 3.18 所示。

$m[i][j]$	0	1	2	3	4	5	6
1	0	0	1	2	5	5	6
2	0	0	1	2	2	3	3
3	0	0	1	1	1	1	1

图 3.18　数组 m 中对应每个子问题的最优值

从数组 m 可以看出，算法 3.10 一共求解了 $n \times c$ 个子问题，每个子问题的求解消耗常数时间（见子问题递归定义），因此该算法的时间复杂度为 $O(nc)$。

2．构造最优解

使得背包中物品价值最大的物品集合就是 0-1 背包问题的最优解。算法 3.11 实现了 0-1 背包问题的最优解构造。

算法 3.11

```
void Traceback(int**m,int w[],int c,int n,int x[])
```

```
{
    for(int i=1; i<n; i++)
    {
        if(m[i][c] == m[i+1][c])
        {x[i]=0;}
        else
        {x[i]=1; c-=w[i];}
    }
    x[n]=(m[n][c])?1:0;
}
```

算法 3.11 可以构造 0-1 背包问题的最优解，当 $m[1][c]=m[2][c]$ 时，表示第 1 个物品没有被装入背包，那么 $x_1=0$，接下来，由 $m[2][c]$ 继续构造；否则 $x_1=1$，由 $m[2][c-w_1]$ 继续构造最优解。

如上述例子，$m[1][6]!=m[2][6]$，则 $x_1=1$；接下来，继续判断 $m[2][6-4]=m[2][2]$，发现 $m[2][2]=m[3][2]$，因此 $x_2=0$；接着，由于只剩下最后一个物品，需要判断 $m[3][2]$ 是否大于 0，如果 $m[3][2]=1>0$，则表示选择该物品。因此，最优解为 $(x_1,x_2,x_3)=(1,0,1)$。

注意，算法 3.10 仅能处理重量及价值为整数的背包问题，如果要处理背包容量为实数等情况，参见王晓东编著的《计算机算法设计与分析》（第 5 版）（电子工业出版社）。

3.4　双　蛋　问　题

双蛋问题：给定两枚相同的鸡蛋和一栋共有 n 层楼的建筑。已知存在楼层 f，满足 $0 \leqslant f \leqslant n$，鸡蛋从任何高于 f 的楼层落下都会碎，但是从 f 楼层或比它低的楼层落下都不会碎。每次操作可以取一枚没有碎的鸡蛋并把它从任一楼层 x 扔下（满足 $1 \leqslant x \leqslant n$）。如果鸡蛋碎了，则不能再次使用它；如果某枚鸡蛋扔下后没有碎，则在之后的操作中可以重复使用这枚鸡蛋。

请计算要确定 f 确切值的最少操作次数。

3.4.1　最优子结构性质

该问题中给定有两枚鸡蛋和 n 层楼，需要找到最少的操作次数来确定 f，那么可以考虑在第 k 层楼扔下第 1 枚鸡蛋，其中 $1 \leqslant k \leqslant n$。这将导致两种情况：鸡蛋碎了或者鸡蛋没碎。

（1）如果第 1 枚鸡蛋碎了，问题就变成了在前 $k-1$ 层楼中使用一枚鸡蛋来确定 f 的问题。这是一个子问题，可递归求解。

（2）如果第 1 枚鸡蛋没碎，问题就变成了在后 $n-k$ 层楼中使用两枚鸡蛋来确定 f 的问题，这也是一个相似的子问题。

可用反证法证明，要求出原问题的最少操作次数，前提是保证所包含的子问题也求出最少操作次数，这就是最优子结构性质，可见当前问题的最优解依赖于子问题的最优解。通过不断分解问题并利用子问题的最优解，最终可以得出原问题的最优解，即找到最小操作次数以确定 f。

3.4.2 递归关系

用数组 dp[i][j]表示有 i+1 枚鸡蛋时，验证 j 层楼需要的最少操作次数，可以分别分析 i=0 和 i=1 两种情况。

（1）当 i=0 时，即只剩下一枚鸡蛋，此时需要从第 1 层开始逐层验证才能确保获取确切的 f 值，因此对于任意的楼层 j 都有 dp[0][j]=j。

（2）当 i=1 时，即剩下两枚鸡蛋，对于任意 j，第 1 次操作可以选择在[1, j]范围内的任一楼层 k。

1）如果鸡蛋在 k 层扔下后碎了，问题就转换成了当 i=0 时验证 k-1 层需要次数的子问题，即 dp[0][k-1]，总操作次数为 dp[0][k-1]+1。

2）如果鸡蛋在 k 层扔下后没碎，问题就转换成了当 i=1 时验证 j-k 层需要次数的子问题，即 dp[1][j-k]，总操作次数为 dp[1][j-k]+1。

综上所述，考虑最坏的情况，两者取最大值，则可以得出以下递归关系：

$$dp[1][j] = \min(dp[1][j], \max(dp[0][k-1] + 1, dp[1][j-k] + 1))$$

3.4.3 动态规划算法求解

基于 3.4.2 小节中的递归关系，可以采用动态规划算法求解双蛋问题，如算法 3.12 所示。

算法 3.12

```
int twoEggDrop(int n) {
    vector<vector<int>> dp(2, vector<int>(n + 1, INT_MAX));
    dp[0][0] = dp[1][0] = 0;
    for (int j = 1; j <= n; ++j) {
        dp[0][j] = j;
    }
    for (int j = 1; j <= n; ++j) {
        for (int k = 1; k <= j; ++k) {
            dp[1][j] = min(dp[1][j], max(dp[0][k - 1] + 1, dp[1][j - k] + 1));
        }
    }
    return dp[1][n];
}
```

1. 记录子问题的最优值

动态规划算法自底向上地记录子问题的最优值，各子问题的最优值如图 3.19 所示。

dp[i][j]	0	1	2	3	4	5	…
0	0	1	2	3	4	5	…
1	0	1	2	2	3	3	…

图 3.19　各子问题的最优值

当只有一枚鸡蛋时（$i=0$），考虑最坏的情况下，剩有 k 层楼，需要扔鸡蛋的次数即为 k。当有两枚鸡蛋时，如果第 1 枚鸡蛋碎了，问题就转换成了求解只有一枚鸡蛋的子问题的最优值；如果没碎，问题就转换成了求解两枚鸡蛋且楼层数减 1 的子问题的最优值，如此递归最后求得最优值。

2．时间复杂度

算法 3.12 的时间复杂度主要取决于存储数组 dp 的两个嵌套循环，在内层循环中，执行了一些基本的比较和数学运算，包括 max 和 min 函数的调用，这些操作的时间复杂度通常被视为常数时间 $O(1)$。因此，该算法总的时间复杂度为 $O(n^2)$。

3.4.4　拓展

在解决上述双蛋问题后，这里对问题进一步拓展，如果给定的是 m 枚相同的鸡蛋和共有 n 层楼的建筑，那么要确定临界楼层 f 确切值的最少操作次数是多少。

其实求解的算法思想和给定两枚鸡蛋是相似的。用 dp[m][n]表示有 m 枚鸡蛋时，验证 n 层楼需要的最少操作次数。在求 dp[m][n]时，模拟扔鸡蛋的过程，首先可以在第 k 层楼扔下第 1 枚鸡蛋，这样第 1 枚鸡蛋有两种结果：碎或不碎。

（1）假如碎了，说明临界楼层在 k 层之下的前 $k-1$ 层，问题就变成了当有 $m-1$ 枚鸡蛋时，找到前 $k-1$ 层楼需要的最少操作次数，即 dp[$m-1$][$k-1$]，递归关系为 dp[m][n]=dp[$m-1$][$k-1$]+1。

（2）假如没碎，说明临界楼层在 k 层之上的后 $n-k$ 层，问题就变成了当有 m 枚鸡蛋时，验证 $n-k$ 层楼需要的最少操作次数，即 dp[m][$n-k$]，递归关系为 dp[m][n]=dp[m][$n-k$]+1。

因为要使得最坏的情况也能找到确切值，求解的递推关系式为

$$\text{dp}[m][n] = \min(\text{dp}[m][n], \max(\text{dp}[m-1][k-1] + 1, \text{dp}[m][n-k] + 1))$$

其中，第 1 枚鸡蛋到底在哪一层楼扔能得到最优解需要让 k 从 1 到 n 进行遍历。

实现代码如算法 3.13 所示。

算法 3.13

```cpp
int superEggDrop(int M, int N) {
    //初始化数组 dp
    vector<vector<int>> dp(M+1, vector<int>(N+1, INT_MAX));
    for (int n = 0; n <= N; n++) dp[1][n] = n; //当手里只有一枚鸡蛋时
    for (int m = 2; m <= M; m++)
        for (int n = 1; n <= N; n++) {
            //第 1 次从哪里扔？从第 1 层楼开始尝试
            for (int k = 1; k <= n; k++)
                dp[m][n] = min(dp[m][n], max(dp[m-1][k-1] + 1, dp[m][N-k] + 1))
        }
    return dp[N][K];
}
```

由以上代码可见，对于共有 n 层楼、手里有 m 枚鸡蛋的情况，共有 $n \times m$ 种状态，每种状态都需要从第 1 层楼开始逐层尝试，所以该算法的时间复杂度为 $O(mn^2)$。

3.5 RNA 最大碱基对匹配问题

核糖核酸（RNA）是由碱基腺嘌呤（A）、鸟嘌呤（G）、胞嘧啶（C）和尿嘧啶（U）构成的一种单链结构。在构成 RNA 的一串碱基 A、G、C、U 序列中，A 和 U 可以匹配成一个碱基对，C 和 G 可以匹配成一个碱基对。单链 RNA 序列通过自身折叠，从而形成尽可能多的碱基对。碱基对越多，结构越稳定。通常，把 A、G、C、U 组成的字符序列称为 RNA 的基本结构，而把配对后的 RNA 序列称为 RNA 的二级结构，如图 3.20 所示。

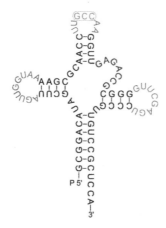

图 3.20　RNA 的二级结构

3.5.1 题目描述

假设有一条包含 n 个碱基符号的 RNA 单链 $B = b_0 b_1 ... b_{n-1}$，其中 $b_i \in \{A,C,G,U\}$，$i \in \{0,1,...,n-1\}$，该单链可以简记为 $B[0:n-1]$。用整数对 (i, j) 表示第 i 个碱基与第 j 个碱基形成匹配，因此，单链 B 对应的二级结构可以描述为整数对的集合形式 $S = \{(b_i, b_j) \mid i, j \in \{0,1,...,n-1\}\}$。RNA 最大碱基对匹配问题需要满足以下 4 个约束。

（1）$(b_i, b_j) \in \{(A,U), (U,A), (C,G), (G,C)\}$，即只有 4 种碱基匹配形式。定义函数如下：

$$\rho(b_i, b_j) = \begin{cases} 1, & 若 (b_i, b_j) \in \{(A,U), (U,A), (C,G), (G,C)\} \\ 0, & 否则 \end{cases}$$

（2）如果整数对 (i, j) 已经出现在 S 中，那么 i 和 j 都不会在其他任何碱基对中出现。

（3）自然界中的 RNA 二级结构相对圆滑，也就是说，碱基匹配对中间至少间隔 4 个碱基，即 $j - i > 4$。

（4）碱基对 (i, j) 和 (p, q) 之间不存在交叉，即不满足 $i < p < j < q$。

满足以上 4 个约束条件的 RNA 折叠结构及其展开形式如图 3.21 所示。

（a）　　　　　　　　　　　　　　　　　　（b）

图 3.21　RNA 折叠结构及其展开形式

3.5.2　最优子结构性质

如果构造一条 RNA 单链 $B[0:n-1]$ 的最大碱基对匹配，并且存在一个位置 t，使得 b_t 与 b_{n-1} 构成碱基对 (b_t, b_{n-1})，那么求解 $B[0:n-1]$ 的最大匹配对，必然包含子序列 $B[0:t-1]$ 和 $B[t:n-1]$ 的最大匹配对数。

反证法证明：如果 $B[0:t-1]$ 存在碱基对数量更多的二级结构，那么直接用该二级结构替代原来的结构，得到的 $B[0:n-1]$ 的最大匹配对数目将更大，从而导致矛盾。同理，计算 $B[t:n-1]$ 也应该保证最优。

这种原问题的最优解必然包含子问题的最优解，即最优子结构性质。动态规划算法尤其适用于具有该性质的问题。

3.5.3　递归关系

如果 RNA 序列 $B[i:j]$ 的最大碱基对数目存储在 $L[i][j]$ 中，则原序列的最优值位于 $L[0][n-1]$ 中。

（1）当 $j \leqslant i+4$ 时，即两个碱基之间的间隔字符少于 4 个，将不形成碱基对，那么 $L[i][j]=0$。

（2）当 $j > i+4$ 时，有以下 3 种情况。

1）$B[i:j]$ 中的 b_j 不与其他任何碱基产生匹配，那么 $L[i][j]=L[i][j-1]$。

2）b_i 与 b_j 配对，那么 $L[i][j]=L[i+1][j-1]+1$。

3）在单链 $B[i:j]$ 中存在一个 t，$i<t<j-4$，使得 b_t 与 b_j 构成匹配对，那么原单链将划分为 3 个部分：$B[i:t-1]$、(b_t,b_j) 和 $B[t+1:j-1]$。该位置 t 的选取，须遍历不同的位置。根据最优子结构性质，有以下递归关系。

$$L[i][j] = \max_{i<t<j-4} (1 + L[i][t-1] + L[t+1][j-1])$$

具体选择哪种情况，取决于哪种情况将导致更优解。综合以上情况，得出以下递归方程。

$$L[i][j] = \begin{cases} \max \begin{cases} L[i][j-1], & j>i+4 \\ (1+L[i+1][j-1]) \times \rho(b_i,b_j), & j>i+4 \\ \max_{i<t<j-4}(1+L[i][t-1]+L[t+1][j-1]) \times \rho(b_t,b_j), & j>i+4 \end{cases} \\ 0, & j \leqslant i+4 \end{cases}$$

3.5.4   计算最优值

3.5.3 小节中的递归方程可以直观地转换为递归算法，感兴趣的读者也可以设计备忘录方法求解。算法 3.14 是该递归方程的动态规划算法。

算法 3.14

```cpp
#include <bits/stdc++.h>
#define int long long
using namespace std;
const int N = 110;
char b[N];                    //RNA 序列
int L[N][N];                  //最大碱基对数目
int Rou(char a, char b) {
    if (a == b)
        return 0;
    else {
        if (a > b)
            swap(a, b);
        if (a == 'A' && b == 'U')
            return 1;
        if (a == 'C' && b == 'G')
            return 1;
    }
    return 0;
}
void RNAMatch() {
    int n = strlen(b);        //RNA 序列碱基个数
    //当碱基对间隔距离小于 4 时，不能形成碱基对
    for (int i = 1; i <= n; i++) {
        for (int j = i; j <= i + 4 && j <= n; j++) {
            L[i][j] = 0;
        }
    }
    for (int len = 5; len <= n - 1; len++) {
        for (int i = 0; i < n - len; i++) {
            int j = i + len;
            L[i][j] = L[i][j - 1];
            for (int t = i; t < j - 4; t++) {
                if (t == i)
                    L[i][j] = max(L[i][j], (1 + L[i + 1][j - 1]) * Rou(b[i], b[j]));
                else
                    L[i][j] = max(L[i][j], (1 + L[i][t - 1] + L[t + 1][j - 1]) *
                            Rou(b[t], b[j]));
            }
        }
```

```
    }
    cout << L[0][n - 1] << '\n';
}
```

1．记录子问题的最优值

动态规划算法自底向上地记录 RNA 序列子问题的最优值，结果如图 3.22 所示。

T \ X	1	2	3	4	5	6	7	8	9	10
1	0	0	0	0	0	1	1	1	2	3
2		0	0	0	0	0	0	1	2	2
3			0	0	0	0	0	1	1	1
4				0	0	0	0	0	0	0
5					0	0	0	0	0	0
6						0	0	0	0	0
7							0	0	0	0
8								0	0	0
9									0	0
10										0

图 3.22　RNA 序列子问题的最优值

例如，在计算 $L[3][9]$ 时，$b_3=G$，$b_9=C$，可形成碱基对，因此 $\rho(b_3, b_9)=1$，但 $\rho(b_4, b_9)=0$，$\rho(b_5, b_9)=0$。

$$L[3][9] = \begin{cases} L[3][8] = 1 \\ (1+L[4][8]) \times \rho(b_3, b_9) = 1 \\ (1+L[3][3]+L[5][8]) \times \rho(b_4, b_9) = 0 \\ (1+L[3][4]+L[6][8]) \times \rho(b_5, b_9) = 0 \end{cases}$$
$$= 1$$

2．时间复杂度

算法 3.14 中的主要计算量取决于 len、i 和 t 的三重循环。单链 RNA 最大碱基对问题一共涉及 $O(n^2)$ 个子问题，循环 len 和 i 以遍历所有的子问题，而循环变量是选择一个最优的匹配位置，将原序列断开，该层循环最多运行 n 次。因此，该算法总的时间复杂度为 $O(n^3)$。

3．构造最优解

算法 3.14 计算出 RNA 序列的最大碱基配对数量，即求得最优值。接下来，进一步输出配对的碱基，即确定最优解。算法 3.14 通过动态规划算法将得到的最优值存储在数组 $L[i][j]$ 中，而算法 3.15 通过判断 $L[i][j]$ 的情况，使用递归算法回溯并输出最佳匹配情况，即最优解。递归的过程基于动态规划算法中的计算结果，检查 $L[i][j]$ 与其他可能的匹配情况的关系，以确定最佳匹配方式。

算法 3.15

```
void RNA(int i, int j) {
    if (j - i <= 4)                          //两个碱基之间间隔距离少于 4，不能形成碱基对
        return;
    if (L[i][j] == L[i + 1][j - 1] + 1) {    //碱基 b[i]与 b[j]满足要求配对
        RNA(i + 1, j - 1);
        cout << i << ' ' << j << ' ' << b[i] << ' ' << b[j] << '\n';
    }
    else if (L[i][j] == L[i + 1][j])
        RNA(i + 1, j);
    else if (L[i][j] == L[i][j - 1])         //b[j]不与其他任何碱基产生配对
        RNA(i, j - 1);
    else {
        for (int t = i + 5; t < j - 5; t++) { /*b[i]和 b[j]可能出现在匹配的对中，但 b[i]
        并不是与 b[j]匹配，那么可以将[i,j]分成[i,t]、[t+1,j]两部分，i 与[i+4,t]中的某个可能
        匹配，j 与[t+1,j-4]中的某个可能匹配*/
            if (L[i][j] == L[i][t] + L[t + 1][j - 1]) {
                RNA(i, t);
                RNA(t + 1, j);
                break;
            }
        }
    }
}
```

3.6   动态规划算法实践

3.6.1   装箱问题——动态规划的益智数学之旅

【题目描述】

有一个箱子容量为 V（正整数，$0 \leqslant V \leqslant 20000$），同时有 n（$0 < n \leqslant 30$）个物品，每个物品有一个体积（正整数）。

要求从 n 个物品中，任取若干个装入箱子内，使箱子的剩余空间为最小。

【输入格式】

输入一个整数，表示箱子容量。

输入一个整数，表示有 n 个物品。

接下来的 n 行分别表示这 n 个物品各自的体积。

【输出格式】

输出一个整数，表示箱子的剩余空间。

【输入/输出样例】

输入样例	输出样例
24 6 8 3 12 7 9 7	0

【提示】

输入 24 表示箱子的容量,输入 6 表示总共 6 个物品,随后 6 行则表示每个物品各自的体积,最后得出结果为 0。

【参考解答】

分析题目可知,因为每个物品都有装入与不装入两种选择,所以可以得到递归方程(状态转移方程):

$$f[j]=\max(f[j],f[j-w[i]]+w[i])$$

式中,$f[j]$ 表示当箱子总容量为 j 时,不装入第 i 件物品所能装入的最大体积;$f[j-w[i]]+w[i]$ 表示当箱子总容量为 j 时,装入了第 i 件物品后所能装入的最大体积,即 j 减去第 i 件物品体积的容量后能装入的最大体积+第 i 件物品的体积,其中 $w[i]$ 为第 i 件物品的体积。

```
#include <iostream>
using namespace std;
int m, n;                          //m 即箱子容量 V
int f[20010];
int w[40];
int main() {
    int i, j;
    cin >> m >> n;
    for (i = 1; i <= n; i++) {
        cin >> w[i];
    }
    for (i = 1; i <= n; i++) {
        //注意:这里必须是从 m 到 w[i],否则一个物品会被多次装入箱子
        for (j = m; j >= w[i]; j--) {
            //f(j-w[i])是指在装了物品 i 后,箱子的剩余容量能装的最大体积
            if (f[j] < f[j - w[i]] + w[i]) {
                //f(j-w[i])+w[i]是指在装了物品 i 后,箱子能装的最大体积
                f[j] = f[j - w[i]] + w[i];
            }
        }
    }
```

```
    }
    cout << m - f[m];
}
```

该代码的时间复杂度为 $O(n^2)$。

3.6.2　最长上升子序列——探寻升腾之路

【题目描述】

给定一个数组 nums，请编写程序将数组 nums 中严格递增子序列（如 1,2,5,8）寻找出来。

【输入格式】

输入一共为两行：第 1 行为一个数字 n，表示数组包含 n 个数字；第 2 行包括数组中的所有数值，数值之间通过空格分开。

【输出格式】

输出程序计算得到的最长上升子序列的数值个数。

【输入/输出样例】

输入样例 1	输出样例 1
7 1 5 9 2 1 3 2	3
输入样例 2	**输出样例 2**
9 8 9 105 23 59 12 20 3 1	4

【提示】

$-1 \leqslant n \leqslant 1000$，$-10000 \leqslant nums[i] \leqslant 10000$。

【参考解答】

从给定的一个数组中寻找最长的绝对递增子序列是一个典型的动态规划（dp）问题。

经过分析可以得到递归方程：$dp_i = dp_{i-1} + 1 (i \geqslant 1 \&\& dp_{i-1} < dp_i)$，$dp_i = 1 (i == 0)$，即当遍历到第 i 个字符时，它的最长上升子序列的长度是它前面 i 个字符中值比其小的字符所拥有的最长上升子序列长度加 1。但特殊情况是当 i 为第 1 个字符时，最长上升子序列固定为 1。

具体过程可以通过两个 for 循环嵌套实现，用数组 dp 暂存每个字符的最长上升子序列的长度值。

```
#include <iostream>
#include <vector>
using namespace std;
int lengthOfLIS(vector<int> &nums) {
    vector<int> dp(2505, 1);
    int len = nums.size();                    //获取数组的长度
    int res = 0;                              //初始化输出答案
    for (int i = 0; i < len; i ++) {          //从第 1 个到最后一个进行遍历
```

```
    //对每一次的遍历，都需要统计在该字符之前的最长上升子序列的长度
    for (int j = 0; j < i; j ++) {
        //如果有一个在 i 之前的数字 j 小于它，则比较它的序列长度与目前获取的"最长"哪个更长
        if (nums[j] < nums[i]) {
            dp[i] = max(dp[i], dp[j] + 1);
        }
    }
    //遍历一个元素后，需要对比是否比之前所有找到的序列都要小
    res = max(res, dp[i]);
    }
    return res;
}
int main() {
    int n = 0;
    cin >> n;
    //以 vector 初始化数组，方便获取数组的大小和数量
    vector<int> nums(n, 1);
    for (int i = 0; i < n; i ++) {
        cin >> nums[i];
    }
    cout << lengthOfLIS(nums) << endl;
}
```

该代码的时间复杂度为 $O(n^2)$。

3.6.3　最佳买卖股票时机（含冷冻期）——我不是股神

【题目描述】

给定一个整数数组 prices，其中 prices[i] 表示第 i 天的股票价格。

设计一个算法计算出最大利润。在满足以下约束条件时，尽可能地完成更多的交易（多次买卖一只股票）：卖出股票后，无法在第 2 天买入股票（即冷冻期为 1 天）。

【输入格式】

[1,2,3,0,2]。

【输入/输出样例】

输入样例 1	输出样例 1
[1,2,3,0,2]	3
输入样例 2	输出样例 2
[1]	0

【解释】

输入样例 1 对应的交易状态为[买入,卖出,冷冻期,买入,卖出]。

【提示】

1≤prices.length≤5000，0≤prices[i]≤1000。

【参考解答】

设定一个二维数组 dp，dp[i][0]代表的是第 i 天不持有股票时的最大利润，而 dp[i][1]代表的是持有股票第 i 天的最大利润。

根据题意，要实现的是在价格较低时买入，而在价格较高时卖出。但一开始并不清楚价格到底是不是最低的，所以一开始需要分两种情况讨论，分别是第 1 天买入和第 1 天不买入。因此，dp[0][0]就是 0，dp[0][1]就是–a[0]，其中 a[0]代表的是第 0 天股票的价格。数组 a 用来存放股票价格。

这里需要分开讨论，第 i 天没有股票可以分为两种情况：一种是前一天本来就没有股票；另一种是前一天持有股票，但是卖出了。这两种情况取最大值，因为这个数组里存放的就是每种情况能获得的最大利润。

而第 2 天持有股票也有两种情况：一种是前一天本来就持有股票并将其转移过来；另一种是前两天没有股票，重新买入了股票。为什么不能前一天买入呢？因为这里包含冷冻期，如果前两天卖出的话，由于前一天是冷冻期，无法买入，所以当今天买入时，其实不持有股票这个状态是前两天的，因此要以那天为准进行计算。

所以可以得出以下递归方程：

$$dp[i][0]=\max(dp[i-1][0],dp[i-1][1]+a[i])$$

$$dp[i][1]=\max(dp[i-1][1],dp[i-2][0]-a[i])$$

```cpp
#include <bits/stdc++.h>
using namespace std;
string fun(string s, int &k) {              //引用了一个 k，相当于指针
    int k1 = k, j;
    for (int i = k1; i < s.length(); i++) {
        if (s[i] == ',' || s[i] == ']') {
            j = i;              //记录需要截取的字符数，更新下一次开始的地址，并且退出这个循环
            k = i + 1;
            break;
        }
    }
    return s.substr(k1, j - k1);              //截取字符串
}
int main() {
    string s;
    int k = 1, sum = 0, i;
    int dp[1000][2];
    int a[10001];
    getline(cin, s);                          //输入一行字符串
    for (i = 0; k < s.length(); i++) {        //退出条件为将整个字符串全部分割完成
        a[i] = atoi(fun(s, k).c_str());       //将字符串类型转换为整型
    }
    //设定第 1 天的初始值，因为第 1 天有两种情况：一种是不买入股票，所以初始值是 0
```

```
dp[0][0] = 0;
dp[0][1] = -a[0];                    //另一种是买入股票,所以第 1 天的初始值要减去买股票的钱
for (int j = 1; j <= i; j++) {
    dp[j][0] = dp[j - 1][0] > dp[j - 1][1] + a[j] ? dp[j - 1][0] : dp[j - 1][1] +
        a[j];                        //不持有股票的状态转移方程
    //持有股票的递归方程
    dp[j][1] = dp[j - 1][1] > dp[j - 2][0] - a[j] ? dp[j - 1][1] : dp[j - 2][0] - a[j];
}
cout << dp[i - 1][0];                //输出最大利润
return 0;
}
```

该代码的时间复杂度为 $O(n)$。

3.6.4　积木画——与算法的奇妙交织

【题目描述】

小崔最近喜欢上了积木画,有两种类型的积木,分别为 I 型(大小为两个单位面积)和 L 型(大小为 3 个单位面积)。

同时,小崔有一块大小为 $2n$ 的画布,画布由 $2n$ 个 1×1 区域构成。小崔需要用以上两种积木将画布拼满,他想知道总共有多少种不同的方式。积木可以任意旋转且画布的方向固定。

【输入格式】

输入一个整数 n,表示画布大小。

【输出格式】

输出一个整数表示答案。由于答案可能很大,因此假设其输出对 1000000007 取模后的值。

【输入/输出样例】

输入样例 1	输出样例 1
3	5
输入样例 2	输出样例 2
5	24

【提示】

$1 \leqslant n \leqslant 10000000$。

【参考解答】

该问题可以采用动态规划算法求解,首先需要根据已知的填充方式,递推计算出画布大小为 $2n$ 的填充方式数。

用一个数组 dp 来存储填充方式,其中 dp[i]表示画布大小为 $2i$ 的填充方式数。已知的填充方式有:

画布大小为 2×1 的填充方式为 1 种。

画布大小为 2×2 的填充方式为 2 种。

画布大小为 2×3 的填充方式为 5 种。

根据题目的要求，需要计算画布大小为 2n 的填充方式数。为了求解这个问题，可以考虑使用动态规划算法。

首先使用递归方程来递推计算 dp 数组中的元素。对于画布大小为 2i（i > 3）的情况，可以将其分成两种情况来考虑：一种是在最右侧放置一块 I 型积木；另一种是在最右侧放置一块 L 型积木。

对于第 1 种情况，由于最右侧放置了一块 I 型积木，因此剩下的画布大小为 2(i-1)，此时有 dp[i-1]种填充方式，而 I 型积木有两种摆放方式。对于第 2 种情况，由于最右侧放置了一块 L 型积木，因此剩下的画布大小为 2(i-3)，此时有 dp[i-3]种填充方式，L 型积木不能单独出现，必须成对出现，它只有一种摆放方式（镜像或旋转后是同一种摆放方式）。因此，画布大小为 2i 的填充方式数可以表示为

$$dp[i] = dp[i-1] \times 2 + dp[i-3]$$

最后，只需输出 dp[n]即可得到画布大小为 2n 的填充方式数。

```cpp
#include <bits/stdc++.h>
using namespace std;
#define mod 1000000007
int dp[10000005];                              //避免越界
int main()
{
    int n;
    cin>>n;
    memset(dp,0,sizeof(dp));                    //申请空间
    dp[1]=1,dp[2]=2,dp[3]=5;
    for(int i=4;i<=n;i++){
        dp[i]=(dp[i-1]*2%mod+dp[i-3]%mod)%mod;  //使用递归方程求解
    }
    cout<<dp[n];
    return 0;
}
```

该代码的时间复杂度为 $O(n)$。

3.6.5   数字三角形——动态规划下的数学艺术探索

【题目描述】

观察下面的数字金字塔。

编写一个程序来查找从最高点到底部任意处结束的路径，使路径经过数字的和最大。每一步可以走到左下方的点也可以到达右下方的点。

```
        7
      3   8
    8   1   0
  2   7   4   4
4   5   2   6   5
```

在上面的样例中，从 7→3→8→7→5 的路径产生了最大的和。

【输入格式】

第 1 行为一个正整数 r，表示行的数目。

后面每行为数字金字塔特定行包含的整数。

【输出格式】

单独的一行，包含可能得到的最大的和。

【输入/输出样例】

输入样例	输出样例
5	30
7	7→3→8→7→5
3 8	
8 10	
2 7 4 4	
4 5 2 6 5	

【提示】

对于 100%的数据，$1 \leqslant r \leqslant 1000$，所有输入在[0,100]范围内。

【参考解答】

由于题中已说明，每次只能向下层的最近两个移动，所以只需在移动的同时进行求和，在不同路线的移动中不断更新，最终到终点时便可以获得最大的和（该题要求 abs(left−right ≤1），故当 n 为偶数时，最大值会在最后一层的中间两者选取；当 n 为奇数时，直接在最后一层的中间选取）。

```cpp
#include <iostream>
using namespace std;
int n, a[1002], i, j, answer, p;
int max(int x, int y) {
    return x > y ? x : y;
}
int main() {
    cin >> n;
    for (i = n; i; i--)              //第1层循环，i 从 n 到 1
        for (j = i; j <= n; j++)     //第2层循环，j 从 i 到 n（为了每次都能取到上次的值）
            //递归方程：a[j]=max{a[j],a[j+1]}+p（a[j]表示走到第 i 层第 j 个时的最大值）
            cin >> p, a[j] = max(a[j], a[j + 1]) + p;
    for (i = 1; i <= n; i++)
        answer = max(answer, a[i]);  //输出数组 a 的最大值
    cout << answer;
    return 0;
}
```

该代码的时间复杂度为 $O(n^2)$。

3.6.6 沐白打酒——遇花饮酒，快乐的酒神

【题目描述】

酒神沐白，一生好饮。幸好他从不开车。

一天，他提着酒壶，从家里出来，酒壶中有酒 2 斗。他边走边唱："无事街上走，提壶去打酒；逢店加一倍，遇花喝一斗。"

这一路上，他一共遇到店 N 次，遇到花 M 次。已知最后一次遇到的是花，他正好把酒喝光了。

请问沐白这一路遇到店和花的顺序有多少种不同的可能？

注意，壶里没酒（0 斗）时遇到店是可行的，加倍后还是没酒；但是没酒时遇到花是不可行的。

【输入格式】

第 1 行包含两个整数 N 和 M，每个整数用一个空格隔开。

【输出格式】

输出一个整数表示答案。由于答案可能很大，所以假设其输出对 1000000007 取模后的结果。

【输入/输出样例】

输入样例 1	输出样例 1
5 10	14
输入样例 2	输出样例 2
7 15	167

【解释】

对于输入/输出样例 1，如果用 0 代表遇到花，用 1 代表遇到店，则 14 种顺序如下：

0101011101000000
0101100100010000
0110000110010000
1000101100010000
0110010000110000
1000110000110000
1001000100110000
0101101000000100
0110010010000100
1000110010000100
1001000110000100
0110100000010100

100100100010100

101000001010100

【提示】

$1 \leqslant N, M \leqslant 100$。

【参考解答】

本题可以看成是一个二维的矩阵，通过走方格的形式进行思考。

用题目中给的例子，遇到店 5 次，遇到花 10 次。

向下走时手中的酒就会翻倍，向右走时手中的酒就会减 1。

假设刚开始手中的酒就是 2，然后必须保证走到最后一个方格时剩下的酒是 0，而且最后一步遇到的必须是花，所以如果只是开二维的话，会存在后效性，必须开到三维才可以，所以第三维记录现在所含有的酒，内容如下：

2	1	0	...	...	...	...	...	...	...	...
4	3/2	0/2/1	1/0	0	...	...	...	...	...	...
8	7/6/4	0/4/2/6/5/4								
16	14/12/8									
⋮										

从 8 那个点开始，后面的就无须计算，假如再遇到店，此时手中的酒就是 16，总共才遇到 10 次花，因此不可能喝完，也无须计算，用"..."表示无须计算。

但是这样计算不能保证最后一步遇到的一定是花，所以从终点往起点走。

可得出递归方程：

遇到花：$dp[i][j-1][k-1]+=dp[i][j][k]$。

遇到店：$dp[i-1][j][k<<1]+=dp[i][j][k]$。

```cpp
#include <iostream>
using namespace std;
#define mod 1000000007
#define max 105
int dp[max][max][max];
int main() {
    int N, M, flag = 0, i, j, k;
    cin >> N >> M;
    dp[N][M][2] = 1;                              //初始化，刚开始手中有 2 斗酒
    for (i = N; i >= 0; i--) {
        for (j = M; j >= 0; j--) {
            for (k = M; k >= 0; k--) {
                if (2 * k <= M && i >= 1) {       //遇到店的递归方程
                    dp[i - 1][j][k << 1] = (dp[i][j][k] + dp[i - 1][j][k << 1]) % mod;
                }
                if (j >= 1 && k >= 1) {           //遇到花的递归方程
                    dp[i][j - 1][k - 1] = (dp[i][j - 1][k - 1] + dp[i][j][k]) % mod;
```

```
            }
         }
      }
   }
   cout << dp[0][1][1] % mod;
   return 0;
}
```

该代码的时间复杂度为 $O(n^3)$。

3.6.7　计算器的改良——数学创新在你我

【题目背景】

NCL 是一家专门从事计算器改良与升级的实验室,最近该实验室收到了某公司委托的一个任务:需要在该公司某型号的计算器上加上解一元一次方程的功能。实验室将这个任务交给了一位刚入职的 ZL 先生。

【题目描述】

为了很好地完成这个任务,ZL 先生首先研究了一些一元一次方程的实例。

$$4+3x=8$$

$$6a-5+1=2-2a$$

$$-5+12y=0$$

ZL 先生被主管告之,在计算器上输入的一个一元一次方程中,只包含整数、小写字母及"+""−""="这 3 个数学符号(当然,符号"−"既可作为减号,又可作为负号)。方程中并没有括号,也没有除号,方程中的字母表示未知数。

可约定输入的一元一次方程均为合法的,且有唯一实数解。

【输入格式】

输入一个一元一次方程。

【输出格式】

解方程的结果(精确至小数点后 3 位)。

【输入/输出样例】

输入样例	输出样例
$6a-5+1=2-2a$	$a=0.750$

【参考解答】

本题是简化版的一元一次方程求解,只需读取方程,然后将一元一次方程进行移相变成 $ax=b$ 的形式,即可求解。

输入时,构建一个 char 类型的变量循环读取所有字符,并对字符类型进行判断,利用 getline 进行输入。

将方程格式转换进而求解未知数，并输出结果。

```cpp
#include <bits/stdc++.h>
using namespace std;
int main() {
    char input[200];
    cin.getline(input, 200);
    char *p = input;
    int fh = 1, unkn = 1;
    double sum;
    char token;
    double weizhi = 0;
    while (*p != '\0') {
        if (*p == '-') {
            fh = -1;
        } else if (*p == '+') {
            fh = 1;
        }                               //判断正负号
        else if (*p == '=') {           //符号右边，整体符号取反
            unkn = -1;
            fh = 1;
        }
        if (*p >= 'a' && *p <= 'z') {
            token = *p;
        }
        if (*p >= '0' && *p <= '9') {
            char *temp = p;
            int deci = 0;
            //查看当前这个数有几位
            while (*temp != '-' && *temp != '+' && *temp != '=') {
                temp++;
                if (*temp >= '0' && *temp <= '9') {
                    deci++;
                } else if (*temp >= 'a' && *temp <= 'z') {
                    weizhi += unkn * fh * (*(p) - '0') * pow(10, deci);
                    break;
                } else
                    break;
            }
            sum += unkn * fh * (*(p) - '0') * pow(10, deci);
        }
        p++;
    }
    double common = -(sum - weizhi) / weizhi;
    cout << fixed << setprecision(3) << token << '=' << common;
}
```

该代码的时间复杂度为 $O(n)$。

3.6.8 数组跳跃——谁能到最后

【题目描述】

输入一个非负整数数组 nums，开始位于数组的第 1 个下标。其中数组中的元素表示最大可以跳跃的长度，判断所有跳法中，最终能否跳跃到数组的最后一个元素，能则返回 true；否则返回 false。

【输入格式】

输入一组非负整数，如 2,1,0,9。

【输出格式】

输出 true 或 false。

【输入/输出样例】

输入样例 1	输出样例 1
4,0,3,0,0,1	true
输入样例 2	输出样例 2
3,2,1,0,1	false

【解释】

对于样例 1，先跳两步从下标 0 到下标 2，再跳 3 步到最后一个下标。

对于样例 2，无论怎么跳都只能跳到下标为 3 的数组位置。

【提示】

$-1 \leqslant$ nums.length $\leqslant 3 \times 104$，$-0 \leqslant$ nums[i] $\leqslant 105$。

【参考解答】

以上题目可以结合贪心算法与动态规划算法求解，先要从数组中找到最优解，即能跳跃的最大距离，再判断能否跳出去。

首先输入字符串，从字符串中取数字，并存入数组，然后寻找最大跳跃距离，判断每次可以跳跃的距离，并更新最大跳跃距离。如果能够跳出去，则输出 true，结束程序；如果不能跳出去，则输出 false。

```cpp
#include <bits/stdc++.h>
using namespace std;
int main() {
    int a[1009];
    int i, j, k, n;
    string s;
    cin >> s;
    int sum = 0;
    k = 0;
```

```
for (i = 0; i < s.size(); i++) {        //从字符串中取数字，并存入数组
    if (s[i] >= '0' && s[i] <= '9') {
        sum = sum * 10 + (s[i] - '0');
    } else {
        a[k] = sum;
        k++;
        sum = 0;
    }
}
a[k] = sum;
k++;
sum = 0;
n = k;
int maxlen = 0;                         //寻找最大跳跃距离
for (i = 0; i <= maxlen; i++) {
    int len = i + a[i];                 //判断每次可以跳跃的距离，并更新最大跳跃距离
    maxlen = max(maxlen, len);
    if (maxlen >= n - 1) {              //能够跳出去，输出 true，结束程序
        cout << "true";
        return 0;
    }
}
cout << "false";                        //不能跳出去，输出 false
}
```

该代码的时间复杂度为 $O(n)$。

3.6.9　核电站问题——禁止发生爆炸现象

【题目描述】

一个核电站有 n 个放核物质的坑，坑排列在一条直线上。如果在连续的 3 个坑中放入核物质，则会发生爆炸，于是在某些坑中可能不放核物质。对于给定的 n，求不发生爆炸的放置核物质的方案总数。

【输入格式】

输入一个正整数，$n \leqslant 40$。

【输出格式】

只有一个正整数，表示方案总数。

【输入/输出样例】

输入样例	输出样例
10	504

【参考解答】

使用二维数组 $f[a][b]$ 表示坑的状态，a 表示坑的总数，b 表示坑的状态。

若要在一个坑中放置核物质，则需要前两个坑中至少一个为空，即 $f[i][1] = f[i-1][0] + f[i-2][0]$；若一个坑中未放置核物质，则不用考虑前面坑的放置情况，即 $f[i][0] = f[i-1][0] + f[i-1][1]$。

最终将最后一个坑的两种情况相加，即为所求方案总数。

```cpp
#include <iostream>
using namespace std;
int main () {
    int n;
    cin >> n;
    long long int f[40][2];
    f[0][0] = 1;
    f[0][1] = 1;
    f[1][0] = 2;
    f[1][1] = 2;
    for(int i = 2;i < n;i++)
    {
        f[i][0] = f[i-1][0] + f[i - 1][1];
        f[i][1] = f[i-1][0] + f[i - 2][0];
    }
    cout << (f[n-1][0]+f[n-1][1]) << endl;
}
```

该代码的时间复杂度为 $O(n)$。

3.6.10 滑冰游戏——大家都有鞋

【题目描述】

每年冬天，小明所在学校都会组织滑冰活动，学校体育组准备了许多冰鞋，可是人太多了，每天下午收工后，常常一双冰鞋都不剩。

每天早上，租鞋窗口都会排起长队，假设还鞋的有 m 个人，需要租鞋的有 n 个人。现在存在一个问题，这些人有多少种排法，才能避免出现体育组没有冰鞋可租的尴尬场面。

两个有同样需求的人，如都租鞋或都还鞋，交换位置是同一种排法。

【输入格式】

输入包含两个整数 m、n，含义如【题目描述】所示，整数之间以空格分隔。

【输出格式】

针对输入，输出一个整数，表示队伍的排法的方案数。

【输入/输出样例】

输入样例 1	输出样例 1
3 2	5
输入样例 2	输出样例 2
8 4	275

【提示】

$0 \leqslant m$，$n \leqslant 18$。

【参考解答】

本题是经典的 dp 题，因此采用动态规划算法求解。

建立一个$(m+1) \times (n+1)$大小的二维数组 dp[i][j]，其中 dp[i][j]表示还鞋的有 i 个人，租鞋的有 j 个人时对应子问题的最优值。

初始化数组的值为 0。

（1）当租鞋的人数为 0 时，满足要求的排队方法只有一种，所以 dp[i][0] = 1（i = 1 to m）。

（2）当 $i > j$ 时，队伍的最后一个位置既可以是还鞋的人，又可以是租鞋的人。

1）如果最后一个位置是还鞋的人，可以假设最后一个人并不存在，对排列结果不会造成影响，此时排列的可能数为 dp[i-1][j]。

2）如果最后一个位置是租鞋的人，也可以假设最后一个人并不存在，对排列结果不会造成影响，此时排列的可能数为 dp[i][j-1]。因此有递归方程（状态转移方程）：

$$dp[i][j] = dp[i-1][j] + dp[i][j-1]$$

（3）当 $i = j$ 时，可知队伍的最后一个人一定是租鞋的人。此时，即使最后一个租鞋的人不存在，对最后的结果也不会造成影响。因此 dp[i][j] = dp[i][j-1]。

（4）当 $i < j$ 时，dp[i][j] = 0。

```cpp
#include<iostream>
using namespace std;
int dfs(int m, int n);
int main(){
    int m, n;
    cin >> m >> n;                      //m 表示还鞋的人数，n 表示租鞋的人数
    cout << dfs(m, n);
    return 0;
}
int dfs(int m, int n){
    if (n > m)                          //如果租鞋的人数多于还鞋的人数，则无论如何都无法租到鞋
        return 0;
    if (n == 0)                         //如果没有人租鞋了，则还鞋的方法只有一种
        return 1;
    return dfs(m - 1, n) + dfs(m, n - 1);    //先还鞋或者先租鞋
}
```

该代码的时间复杂度为 $O(2^n)$。

3.6.11　课后习题

1. 设计一个 $O(n^2)$时间的算法，找出由 n 个数组成的序列的最长单调递增子序列。
2. 求最长公共子序列问题的备忘录方法。
3. 详细分析 3.6.2 小节中最长上升子序列的时间复杂度。
4. 编程实现 3.6.3 小节中最佳买卖股票时机（含冷冻期），并给出更多输入/输出数据。
5. 请参考本章实践题，编写一道动态规划习题，并与其他读者交换题目进行解答。

第4章 贪心算法

贪心算法（greedy algorithm），是指在解决问题的每一步都依据当前情况作出最优选择，从而得到问题的近似最优解，甚至全局最优解。然而，局部最优选择最终并不一定能求得问题的全局最优解。

从大量贪心算法的成功应用中总结发现：贪心选择性质和最优子结构性质是贪心算法求得全局最优解的必要条件。贪心选择性质是指所求问题的最优解可以通过一系列局部最优的选择来实现。当原问题的最优解包含其子问题的最优解时，则该问题具有最优子结构性质。

贪心选择性质和最优子结构性质并不是贪心算法求得全局最优解的充分条件。但实践表明，当待求解问题满足贪心选择性质和最优子结构性质时，贪心算法虽然得不到全局最优解，但是也能以较高的效率求得近似最优解。

4.1 活动安排问题

题目描述：世界杯来了，球迷的节日也来了，作为球迷，一定想尽可能多地观看整场比赛，当然，也可能喜欢其他的娱乐节目，假设球迷已经知道所有电视节目的转播时间表，那么如何安排能尽可能多地观看感兴趣的节目呢？

4.1.1 贪心策略

这就是典型的活动安排问题，即在给定的活动集合里选出最大的相容活动子集。该问题是可以使用贪心算法解决的典型例子。总的来说，这些安排会互斥地占用同一个资源，即球迷同一时间只能观看一个节目。为了尽可能多地观看电视节目，可采用的贪心策略是每次选择具有最早结束时间的节目。如果一个节目提前结束，球迷将有更多时间用于观看其他节目。因此可以根据每个节目的结束时间进行排序。排序之后，依次根据节目是否冲突选择节目进行观看。原始节目数据见表 4.1，按结束时间排序的节目数据见表 4.2。

表 4.1　原始节目数据

i	1	2	3	4	5	6	7	8	9	10	11	12
Start	1	3	0	3	15	15	10	8	6	5	4	2
End	3	4	7	8	19	20	15	18	12	10	14	9

表 4.2　按结束时间排序的节目数据

i	1	2	3	4	5	6	7	8	9	10	11	12
Start	1	3	0	3	2	5	6	4	10	5	15	15
End	3	4	7	8	9	10	12	14	15	18	19	20

该问题要求被选择观看的节目必须是相容的。每一个节目都有一个占用公共资源的起始时间 Start 和结束时间 End，且 Start<End。如果选择观看第 i 个节目，则在它的半开区间[$Start_i$,End_i) 内占用资源。如果区间[$Start_i$,End_i)与区间[$Start_j$,End_j)不相交，则称节目 i 和 j 是相容的，即当节目 i 的起始时间大于节目 j 的结束时间或者节目 i 的结束时间小于节目 j 的开始时间时，这两个节目是相容的。表 4.2 中节目的选择过程如下：

Pernum=1，第 1 个节目已经被选择，第 1 个节目的结束时间 End_1 和第 2 个节目的开始时间 $Start_2$ 进行比较，发现 End_1=$Start_2$，所以选择第 2 个节目。Pernum=2（Pernum 记录当前观看的节目序号），num=2（num 表示当前已选择观看的节目数量）。

Pernum=2，第 2 个节目已经被选择，第 2 个节目的结束时间 End_2 和第 3 个节目的开始时间 $Start_3$ 进行比较，发现 End_2>$Start_3$，即不相容，所以不选择第 3 个节目。Pernum=2，num=2。

Pernum=2，第 2 个节目已经被选择，第 2 个节目的结束时间 End_2 和第 4 个节目的开始时间 $Start_4$ 进行比较，发现 End_2>$Start_4$，所以不选择第 4 个节目。Pernum=2，num=2。

Pernum=2，第 2 个节目已经被选择，第 2 个节目的结束时间 End_2 和第 5 个节目的开始时间 $Start_5$ 进行比较，发现 End_2>$Start_5$，所以不选择第 5 个节目。Pernum=2，num=2。

Pernum=2，第 2 个节目已经被选择，第 2 个节目的结束时间 End_2 和第 6 个节目的开始时间 $Start_6$ 进行比较，发现 End_2<$Start_6$，即相容，所以选择第 6 个节目。Pernum=6，num=3。

Pernum=6，第 6 个节目已经被选择，第 6 个节目的结束时间 End_6 和第 7 个节目的开始时间 $Start_7$ 进行比较，发现 End_6>$Start_7$，所以不选择第 7 个节目。Pernum=6，num=3。

Pernum=6，第 6 个节目已经被选择，第 6 个节目的结束时间 End_6 和第 8 个节目的开始时间 $Start_8$ 进行比较，发现 End_6>$Start_8$，所以不选择第 8 个节目。Pernum=6，num=3。

Pernum=6，第 6 个节目已经被选择，第 6 个节目的结束时间 End_6 和第 9 个节目的开始时间 $Start_9$ 进行比较，发现 End_6=$Start_9$，所以选择第 9 个节目。Pernum=9，num=4。

Pernum=9，第 9 个节目已经被选择，第 9 个节目的结束时间 End_9 和第 10 个节目的开始时间 $Start_{10}$ 进行比较，发现 End_9>$Start_{10}$，所以不选择第 10 个节目。Pernum=9，num=4。

Pernum=9，第 9 个节目已经被选择，第 9 个节目的结束时间 End_9 和第 11 个节目的开始时间 $Start_{11}$ 进行比较，发现 End_9=$Start_{11}$，所以选择第 11 个节目。Pernum=11，num=5。

Pernum=11，第 11 个节目已经被选择，第 11 个节目的结束时间 End_{11} 和第 12 个节目的开始时间 $Start_{12}$ 进行比较，发现 End_{11}>$Start_{12}$，所以不选择第 12 个节目。Pernum=11，num=5。

算法 4.1

```
int Greedyselect(Action a[],int n)
{
    int Pernum,i,num=1;
    Pernum=1;
```

```
for(i=2;i<=n;i++)
{
    if(a[i].ac_start>=a[Pernum].ac_end)
    {
        Pernum=i;
        num++;
    }
}
return num;
}
```

算法 4.1 是贪心算法的具体实现代码，首先将已按照节目结束时间升序排序的数组传入，定义 Pernum 来记录当前观看的节目序号，然后每次选择节目的开始时间应该比 Pernum 对应节目的结束时间更大或至少相等。

算法 4.2 先输入节目数量，然后输入每个节目的开始时间和结束时间，并对节目按照结束时间进行排序，最后调用算法 4.1 贪心地求出最大相容节目数量。

算法 4.2

```
int main()
{
    int i,j,k,m,n;
    while(scanf("%d",&k)==1&&k)
    {
        for(i=1;i<=k;i++)
        {
            scanf("%d%d",&a[i].ac_start,&a[i].ac_end);
        }
        sort(a,a+k+1,cmp);
        m=Greedyselect(a,k);
        printf("%d\n",m);
    }
    return 0;
}
```

4.1.2 算法效率

算法 4.1 高效地解决了活动安排问题，让观众能够尽可能多地观看电视节目，它包含了两个主要过程：排序和贪心选择。其中，排序过程的时间复杂度下界为 $\Omega(n \log n)$ ，而贪心选择的时间复杂度为 $O(n)$。因此，利用贪心算法求活动安排问题的时间复杂度为 $\Omega(n \log n)$。

4.2 贪心算法的基本要素

实践表明，当待求解问题满足贪心选择性质和最优子结构性质时，贪心算法能较好地求解该问题。贪心算法在每一次选择中依据当前情况作出最优选择，即它作出的选择是当前状态下的局部最优选择。这是一种分级处理的方式，通过一系列的选择来求出问题的答案，即希望通过局部的最优解来得出整个问题的最优解。显然，贪心算法并不能保证求得全局最优解，但实践表明，贪心选择性质和最优子结构性质是贪心算法求得全局最优解的必要条件。

4.2.1　贪心选择性质

贪心选择性质是指总存在一个最优解以贪心选择开始。贪心选择性质是贪心算法可行的第 1 个基本要素，也是贪心算法和动态规划算法的主要区别。怎么判断待求解问题是否满足贪心选择性质？首先考查问题的一个整体最优解，并证明可以修改这个最优解，然后让它以贪心选择开始。作出贪心选择之后，原来的问题就简化成了一个规模更小的同类型的子问题，然后用数学归纳法证明，通过每一步的贪心选择，最终可以得到问题的整体最优解。

以 4.1 节中的节目安排为例，按节目结束时间升序排序后，可以证明必然存在一个最优解 P 是以贪心选择开始的，即最优解中必然包含第 1 个节目 a。证明如下：

（1）如果 P 中包含节目 a，那么得证。

（2）如果 P 中不包含节目 a，设 P 中第 1 个节目为 b。由于 P 中节目是相容的且节目 b 的结束时间晚于节目 a，那么自然可以用节目 a 替换 P 中的节目 b，即 $P'=P-\{b\}\cup\{a\}$，该操作结果仍然是相容的，且节目数量保持不变。

4.2.2　最优子结构性质

最优子结构性质是指原问题的最优解包含其子问题的最优解。最优子结构是判断能否使用贪心算法的关键特征，当然这也是判断能否使用动态规划算法的重要特征。贪心算法的每一次选择都会对结果产生直接影响，但是动态规划算法的选择则不然，这是两者之间的不同之处。

以 4.1 节中的节目安排为例，选择了节目 a 以后，原问题就转换为从剩余节目中选择一个最大的子集并与节目 a 相容，即如果 P 是原问题的最优解，那么 $P'=P-\{a\}$ 是剩余子问题的最优解。可以用反证法证明：如果关于剩余子问题有一个更优解，那么该解包含的节目数量大于 P'，由于该解也与节目 a 相容，那么将节目 a 加入后，将产生一个比 P 更优的解，因此得出 P 不是原问题的最优解，产生矛盾。

4.2.3　贪心算法求解

当待求解问题满足以上两个性质时，接下来利用贪心算法求解具体问题，如算法 4.3 所示。

算法 4.3

```
Greedy(A)
{
  S={ };
  While(Not Solution(Q))
{
    a=select(A);
    if(appropriate(S,x))
```

```
        S=S+{a};

        A=A-{a};
    }
return S;
}
```

上面的伪代码是贪心算法的核心代码，其中的 Solution(Q) 用来判断这个问题是否被合理地解决。如果没有，则继续调用 select(A) 进行处理，函数 select() 从剩余节目（子问题）中选择一个节目 a，然后通过函数 appropriate() 来判断将节目 a 加入到解集合 S 中是否合适，即判断是否相容。如果这个解是合适的，则把节目 a 加入到解集合 S 中。

4.2.4　贪心算法和动态规划算法的区别

1．求解目标

贪心算法仅依据当前情况作出看似最优的选择，期望通过一系列局部最优选择达到全局最优解。因此，它通常用于求解那些可以满足贪心选择性质的问题。动态规划算法旨在找到问题的全局最优解，通常使用递归或迭代的方式考虑所有可能的选择，以确定全局最优解。动态规划算法更适用于具备子结构重叠性质（子问题之间存在重复计算）的问题。

2．选择策略

贪心算法每次都作出局部最优选择，而不考虑该选择对后续步骤的影响。它通常采用贪心选择性质来确定局部最优解。动态规划算法则考虑问题的所有可能选择，并通过建立递归方程（状态转移方程）来定义原问题和子问题的关系，并且通常需要存储中间结果，以避免重复计算。

3．计算方式

贪心算法适用于一些特定类型的问题，如最短路径问题、最小生成树问题、背包问题等，这些问题具有贪心选择性质，每一次选择都不会影响之后的决策。因此，利用贪心算法求解时是自上而下的，以迭代的方式作出相继的贪心选择，每作出一次选择都会把问题简化成规模更小的子问题。

由于规模更大的子问题的解会依赖于规模较小的子问题的解，所以只有相关的规模更小的问题被解决才能进行下一步，每一次的选择是相互关联的。因此，动态规划算法采用的是自底向上的计算方式，即先主动地将规模更小的子问题求得最优解并存放起来。动态规划算法适用于更广泛的问题，如 0-1 背包问题、序列比对、最长公共子序列等。

接下来利用两种具体的问题来理解两者的区别。

1．0-1 背包问题

给定 n 个物品和一个容量为 r 的背包，其中物品 i 的重量是 w_i，价值是 v_i，如何装入物品使得装入的物品价值最大且不超过背包的容量？对于每一个物品，它只有两种选择，装进去或者不装，也就是 1 和 0 的选择。该问题的形式化描述为

$$\max \sum_{k=i}^{n} v_k x_k$$

$$\text{s.t.} \begin{cases} \displaystyle\sum_{k=i}^{n} w_k x_k \leqslant j \\ x_k \in \{0,1\}, \quad i \leqslant k \leqslant n \end{cases}$$

2. 背包问题

给定 n 个物品，每个物品已知重量和价值分别是 w_i 和 v_i。如何才能使得装入背包中的物品价值之和最大？此时，每个物品可以选择部分装入。该问题的形式化描述为

$$\max \sum_{k=i}^{n} v_k x_k$$

$$\text{s.t.} \begin{cases} \displaystyle\sum_{k=i}^{n} w_k x_k \leqslant j \\ 0 \leqslant x_k \leqslant 1, \quad i \leqslant k \leqslant n \end{cases}$$

这两个问题都含有最优子结构，每次选择装入物品之后，剩下的背包和剩下的物品与原来的问题是相同的类型，可以使用相同的方法求解剩余的子问题，直到所有的物品被选择完毕。

但是这两个问题也有显著的区别，0-1 背包问题中的物品不能选择部分装入，但是背包问题中的物品是可以选择部分装入的，即背包问题中的背包一定是能被装满的，可以证明背包问题具有贪心选择性质。因此，背包问题可以用贪心算法求解，但是贪心算法不能求得 0-1 背包问题的全局最优解。

如图 4.1 所示，使用贪心算法求解 0-1 背包问题，贪心选择策略是每次从剩余物品中选择单位重量价值最大的物品。该例中单位重量价值从大到小的排列分别是：物品 1（每单位重量价值为 6）→物品 2（每单位重量价值为 5）→物品 3（每单位重量价值为 4）。那么根据贪心算法的选择，第 1 个选择的应该就是物品 1，然后是物品 2，这样背包的空间就只剩下 20，此时不能装入剩下的重量为 30 的物品 3，那么贪心算法求得的局部最优解对应的总价值是 160。但是，利用动态规划算法求解该问题，发现其最优解是将物品 2 和物品 3 装入背包，该最优解对应的最优价值是 220，明显大于前者。

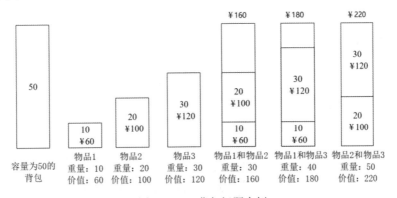

图 4.1　0-1 背包问题实例

0-1 背包问题不能使用贪心算法的原因是，贪心选择策略无法保证最终能够将背包尽可能地装满，部分闲置的背包空间使得每单位重量背包空间的价值降低了。因此，对于这样的问题，应该在"装入这个物品"和"不装入这个物品"这两种选择之间进行比较。动态规划算法在执行过程中对于这两种选择会作出比较，然后作出最好的选择。因此，动态规划算法可以求得 0-1 背包问题的全局最优解。

4.3　最优装载问题

题目描述：一艘载重量为 C 的轮船，要求在装载体积不受限制的情况下，将尽可能多的集装箱装上轮船，集装箱的重量是 w_i。该问题的形式化描述为

$$\max \sum_{i=1}^{n} x_i$$

$$\text{s.t.} \begin{cases} x_i \in \{0,1\}, \ 1 \leqslant i \leqslant n \\ \sum_{i=1}^{n} w_i x_i \leqslant C \end{cases}$$

式中，$x_i = 0$ 表示第 i 个集装箱不装上轮船；$x_i = 1$ 表示装上轮船。

4.3.1　贪心选择性质

首先假设集装箱的重量已经按照从小到大排序，并且 $(x_1, x_2, ..., x_n)$ 是该问题的一个最优解。又设 $k = \min\{i \mid x_i = 1\}(1 \leqslant i \leqslant n)$。如果给定问题有解，则 $1 \leqslant k \leqslant n$。

当 $k = 1$ 时，即第 1 个重量最轻的箱子被加入解集，那么 $(x_1, x_2, ..., x_n)$ 是一个满足贪心选择性质的最优解。

当 $k > 1$ 时，可以将第 1 个箱子与第 k 个箱子互换，即将第 k 个箱子从轮船中取出，再将第 1 个箱子装上轮船。由于箱子已经按照重量作升序排序，因此有 $w_1 \leqslant w_k$，故替换后的方案仍然不会超过轮船的载重量，并且轮船上箱子的数量保持不变，也就是说，替换后的解决方案仍然是满足问题约束的最优解。可见，该解仍然是满足贪心选择性质的最优解。因此，最优装载问题满足贪心选择性质。

4.3.2　最优子结构性质

设 $(x_1, x_2, ..., x_n)$ 是最优装载问题的满足贪心选择性质的最优解，则当 $x_1 = 1$ 时，$(x_2, x_3, ..., x_n)$ 是以下问题的最优解。

$$\max \sum_{i=2}^{n} x_i$$

$$\text{s.t.} \begin{cases} x_i \in \{0,1\}, \ 2 \leqslant i \leqslant n \\ \sum_{i=2}^{n} w_i x_i \leqslant C - w_1 \end{cases}$$

因此，该问题满足最优子结构性质。

4.3.3　贪心算法求解

贪心算法求解最优装载问题的实现代码如算法 4.4 所示。

算法 4.4

```
int MaxingLoading(int w[ ],int n)
{
    int i, j, k = 0;
    sort(w, w+n);
    x[1..n] = 0;
    for(i = 1; i <= n; i++)
    {
        if(w[i] <= c)
        {
            c = c - w[i];
            x[i] = 1;
            k++;
        }
    }
    return k;
}
```

算法 4.4 中主要包含两个部分：排序与顺序选择，其中基于比较的排序算法的时间复杂度下界为 $O(n\log n)$，而顺序选择的时间复杂度为 $O(n)$，因此算法 4.4 的时间复杂度为 $O(n\log n)$。

4.4　单源最短路径问题

给定一个带权有向图 $G = (V, E)$，其中每条边的权是非负实数，如图 4.2 所示。另外，还给定 V 中的一个顶点，称为源。从源到目标顶点的距离是指路径上各边的权之和，而单源最短路径问题是指求得从该源到其他所有顶点的最短路径。常见求解该问题的算法有 Dijkstra、分支限界法等，而当边的权值存在负数时，通常采用 Bellman-Ford 算法。

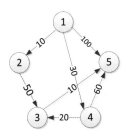

图 4.2　带权有向图

4.4.1   Dijkstra 算法

Dijkstra 算法本质上是贪心算法，其基本过程是不断地作贪心选择来扩充集合 S。一个顶点属于集合 S 当且仅当从源到该顶点的最短路径长度已知。初始时，集合 S 中仅含有源这一个点。设 u 是 G 的某一个顶点，把从源到 u 且中间只经过 S 中顶点的路径称为从源到 u 的特殊路径，并用数组 dist 记录当前每个顶点所对应的最短特殊路径的长度。Dijkstra 算法每次从 $V-S$ 中取出具有最短特殊路径长度的顶点 u，将 u 添加到 S 中，同时对数组 dist 进行更新。一旦 S 包含了 V 中所有的顶点，数组 dist 就记录了从源到所有其他顶点之间的最短路径长度。

以图 4.2 所示的带权有向图为例，先以贪心思想初步分析，从顶点 1 出发有 3 条边，长度分别为 10、30、100。可以断定，1 到 2 的最短路径就是(1,2)。因为不存在从 1 出发经过其他点之后比 10 还小的路径，"30+?"不可能小于 10，"100+?"也不可能小于 10，所以第 1 步就可以贪心地选择路径(1,2)为 1 到 2 的最短路径，作为一个解。接下来，从 2 出发的边有(2,3)，其长度为 50，那么可认为 1 到 3 有一条新的路径(1,2,3)，其长度为 10+50=60，这条新的特殊路径一定比最初 1 到 3 没有路径的大数要小，所以更新 1 到 3 的路径长度为更小的特殊路径长度 60。问题成为图 4.3 所示的样子，求从 1 出发到其余各顶点的最短路径。接下来继续用上述贪心思想求解。

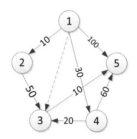

图 4.3   更新 1 到 3 特殊路径后的有向图

Dijkstra 算法可描述如下，其中输入的带权有向图是 G = (V, E)，V = {1,2,...,n}，顶点 v 是源。c 是一个二维数组，$c[i][j]$ 表示边(i,j)的权。当(i,j)$\notin E$ 时，$c[i][j]$ 是一个大数，也就是用无穷大的数表示不存在 i 到 j 的边。dist[i]表示当前从源到顶点 i 的最短特殊路径长度。代码如算法 4.5 所示。

算法 4.5

```
void Dijkstra(int n,int v,int dist[],int prev[],int* *c)
{
    //单源最短路径的 Dijkstra 算法
    bool s[maxint];
    for(int i = 1; i <= n; i++)
    {
        dist[i] = c[v][i];
        s[i] = false;
```

```
        if(dist[i] == maxint) prev[i] = 0;
        else prev[i] = v;
    }
    dist[v] = 0;
    s[v] = ture;
    for(int i = 1; i < n; i++)
    {
        int tmp = maxint;
        int u = v;
        for(int j = 1; j <= n; j++)
            if((!s[j]) && (dist[j] < temp))
            {
                u = j;
                temp = dist[j];
            }
        s[u]=true;
        for(int j = 1; j <= n; j++)
            if((!s[j]) && (c[u][j] < maxint))
            {
                Type newdist = dist[u] + c[u][j];
                if(newdist < dist[j])
                {
                    dist[j] = newdist;
                    prev[j] = u;
                }
            }
    }
}
```

例如，对图 4.2 中的带权有向图应用 Dijkstra 算法计算从源顶点 1 到其他顶点间的最短路径；计算过程中各变量的中间值，即 Dijkstra 算法的迭代过程见表 4.3。

表 4.3　Dijkstra 算法的迭代过程

迭代 i	S	u	dist[2]	dist[3]	dist[4]	dist[5]
初始	{1}	—	10	maxint	30	100
1	{1,2}	2	10	60	30	100
2	{1,2,4}	4	10	50	30	90
3	{1,2,4,3}	3	10	50	30	60
4	{1,2,4,3,5}	5	10	50	30	60

上述 Dijkstra 算法只求出从源顶点到其他顶点间的最短路径长度（最优值）。如果还要求出相应的最短路径（最优解），则需要用到数组 prev 记录的信息。算法中数组 prev[i] 记录的是从源到顶点 i 的最短路径上 i 的前一个顶点。初始时，对所有 $i \neq 1$，置 prev[i] = v。在 Dijkstra 算法中更新最短路径长度时，只要 dist[u] + c[u][i]<dist[i]时，就置 prev[i] =u。当 Dijkstra 算法终止时，就可以根据数组 prev 找到从源到 i 的最短路径上每个顶点的前一个顶点，从而找到从

源到 i 的最短路径。

例如,对于图 4.2 中的带权有向图,经 Dijkstra 算法计算后可得数组 prev 具有值 prev[2] = 1,prev[3] = 4,prev[4] =1,prev[5] = 3,如果要找出顶点 1 到顶点 5 的最短路径,可以从数组 prev 得到顶点 5 的前一个顶点是顶点 3,顶点 3 的前一个顶点是顶点 4,顶点 4 的前一个顶点是顶点 1。于是从顶点 1 到顶点 5 的最短路径是 1→4→3→5。

如果待求解问题包含有 n 个顶点和 e 条边的带权有向图,贪心选择过程从 $V-S$ 中选取具有最短特殊距离的顶点,并以此顶点遍历更新其他 $V-S$ 中顶点的最短特殊距离,该选取过程和更新过程的时间复杂度为 $O(n)$,因此两者嵌套后的总时间复杂度为 $O(n^2)$。

4.4.2 贪心选择性质

Dijkstra 算法是应用贪心算法设计策略的典型例子。集合 V 是所有顶点的集合,而集合 S 表示已经确定了最短路径的顶点的集合,即该集合中任意顶点 v_i 与源之间的最短距离已求得。那么,$V-S$ 表示集合 V 与集合 S 的差集,即尚未确定最短路径的顶点集合。Dijkstra 算法的贪心选择体现在每次从 $V-S$ 中选择具有最短特殊路径 dist[u] 的顶点 u 加入到集合 S 中,即此时可以确定从源到顶点 u 的最短路径长度 dist[u]。这种贪心选择为什么能得到最优解呢?换句话说,为什么从源到顶点 u 没有更短的其他路径呢?事实上,如果存在一条从源到顶点 u 且长度比 dist[u] 更短的路径,设这条路径初次走出 S 之外到达的顶点为 $x \in V-S$,然后徘徊于 S 内外若干次,最后离开 S 到达顶点 u,如图 4.4 所示。

在这条路径上,分别记 $d(v,x)$、$d(x,u)$ 和 $d(v,u)$ 为顶点 v 到 x、u 的路径长度,以及顶点 v 到顶点 u 的路径长度,那么,

$$\text{dist}[x] \leqslant d(v,x)$$
$$d(v,x)+d(x,u)=d(v,u)<\text{dist}[u]$$

因为边权不可能是负的,可知 $d(x,u) \geqslant 0$,从而推得 dist[x]<dist[u],即 x 是下一个即将加入集合 S 的顶点,其与顶点 u 的当前贪心选择相矛盾。这就证明了 dist[u] 是从源到顶点 u 的最短路径长度。

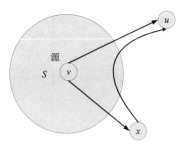

图 4.4　从源到顶点 u 的最短路径

4.4.3 最优子结构性质

最优子结构性质描述为:如果 $S(i,j)=\{V_i,...,V_k,...,V_s,...,V_j\}$ 是从顶点 i 到顶点 j 的最短路径,顶点 k 和顶点 s 是这条路径上的中间顶点,那么 $S(k,s)$ 必定是从顶点 k 到顶点 s 的最短路径。下面

用反证法证明该性质的正确性。

$S(i,j)=\{V_i,...,V_k,...,V_s,...,V_j\}$ 是 (i,j) 的最短路径

　　　$=> S(i,j)=S(i,k)+S(k,s)+S(s,j)$

　　　$=>$假设 $S(k,s)$ 不是从顶点 k 到顶点 s 的最短距离，那么必定存在另一条从顶点 k 到顶点 s 的最短路径 $S'(k,s)$，使得 $S'(k,s)$ 的距离值小于 $S(k,s)$

　　　$=>S'(i,j)=S(i,k)+S'(k,s)+S(s,j)<S(i,j)$

　　　$=>$与 $S(i,j)$ 是从顶点 i 到顶点 j 的最短路径相矛盾

4.4.4　Dijkstra 算法应用——成语游戏

题目描述：小明正在玩一种成语接龙游戏。成语是一个包含多个汉字且具有一定含义的短语。游戏规则是：给定小明两个成语，他必须选用一组成语，该组成语中的第 1 个和最后一个必须是给定的两个成语。在这组成语中，前一个成语的最后一个汉字必须和后一个成语的第 1 个汉字相同。在游戏过程中，小明有一本字典，他必须从字典中选用成语。字典中每个成语都有一个权值 T，表示选用这个成语后，小明需要花时间 T 才能找到下一个合适的成语。现在的任务是编写程序，给定字典，计算小明至少需要花多长时间才能找到一个满足条件的成语组。

算法输入：输入文件包含多个测试数据，每个测试数据包含一本成语字典。字典的第 1 行是一个整数 $N(0<N<1000)$，表示字典中有 N 个成语；接下来有 N 行，每行包含一个整数 T 和一个成语，其中 T 表示小明走出这一步所花的时间。每个成语包含多个（至少 3 个）汉字，每个汉字包含 4 位十六进制位（0～9、A～F）。注意，字典中第 1 个和最后一个成语为游戏中给定的起始和目标成语。输入文件最后一行为 $N=0$，代表输入结束。例如：

输入样例	
5	
5	12345978ABCD2341
5	23415608ACBD3412
7	34125678AEFD4123
15	23415673ACC34123
4	41235673FBCD2156
2	
20	12345678ABCD
30	DCBF5432167D
0	

算法输出：对输入文件中的每个测试数据，输出一行，为一个整数，表示小明所花的最少时间。如果找不到这样的成语组，则输出-1。例如：

输出样例
17
-1

分析：假设用图中的顶点代表字典中的每个成语，如果第 i 个成语的最后一个汉字跟第 j 个成语的第 1 个汉字相同，则画一条有向边，由顶点 i 指向顶点 j，权值为题目中所提到的时间 T，即选用第 i 个成语后，小明需要花时间 T 才能找到下一个合适的成语。输入样例中的两个测试数据所构造的有向网如图 4.5（a）和图 4.5（b）所示。

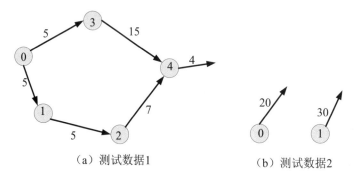

（a）测试数据1   （b）测试数据2

图 4.5 成语接龙游戏

构造好有向网后，问题就转换成求一条从顶点 0 到顶点 N-1 的最短路径，如果从顶点 0 到顶点 N-1 没有路径，则输出-1。例如，在图 4.5（a）中，顶点 0 到顶点 4 的最短路径长度为 17，所以输出 17；而在图 4.5（b）中，从顶点 0 到顶点 1 不存在路径，所以输出-1。因为源点是固定的，即顶点 0，所以可采用 Dijkstra 算法求源点到第 N-1 个顶点之间的最短路径长度。

4.5 最小生成树

4.5.1 最小生成树的概念

生成树（spanning tree）：如果无向连通图 G 的一个子图是一棵包含 G 的所有顶点的树，则该子图称为 G 的生成树。生成树是连通图的极小连通子图。"极小"是指若在树中任意增加一条边，则将出现一个回路；若去掉一条边，则将使其变成非连通图。

按照生成树的定义，包含 n 个顶点的连通图，其生成树有 n 个顶点、n-1 条边。用不同的遍历方法遍历图，可以得到不同的生成树；从不同的顶点出发遍历图，也可以得到不同的生成树。因此有时需要根据具体的应用场景选择合适的边构造一棵生成树，如本章所要介绍的最小生成树。

对于一个带权的无向连通图（无向网）来说，如何找出一棵生成树，使得各条边上的权值总和达到最小。例如，在 n 个城市之间建立通信网络，至少要架设 n-1 条线路，那么如何选择这 n-1 条线路使得总造价最少？

在每两个城市之间都可以架设一条通信线路，并且要花费一定的代价。若用图的顶点表示 n 个城市，用边表示两个城市之间架设的通信线路，用边上的权值表示架设该线路的造价，就可以建立一个通信网络。对于这样一个有 n 个顶点的网络，可以有不同的生成树，每棵生成树都可以构成通信网络。现在希望根据各条边上的权值构造一棵总造价最小的生成树，这就是最小生成树问题。

最小生成树（minimum spanning tree，MST）又称最小代价生成树（minimum cost spanning tree）：对于无向连通图的生成树，各条边的权值总和称为生成树的权，权最小的生成树称为最小生成树。

构造最小生成树的准则有以下 3 条。

（1）必须只使用该网络中的边来构造最小生成树。

（2）必须使用且仅使用 $n-1$ 条边来连接网络中的 n 个顶点。

（3）不能使用产生回路的边。

构造最小生成树的算法主要有克鲁斯卡尔（Kruskal）算法、Boruvka 算法和普里姆（Prim）算法。它们都采用了一种逐步求解的策略：设一个连通无向网为 $G(V, E)$，顶点集合 V 中有 n 个顶点。最初先构造一个包括全部 n 个顶点和 0 条边的森林 Forest = $\{T_0, T_1, ..., T_{n-1}\}$，以后每一步向 Forest 中加入一条边，它应当是一端在 Forest 中的某一棵树 T_i 上，而另一端不在 T_i 上的所有边中具有最小权值的边。由于边的加入，使 Forest 中的某两棵树合并为一棵。经过 $n-1$ 步，最终得到一棵有 $n-1$ 条边的、各边权值总和达到最小的生成树。接下来介绍 Kruskal 算法。

4.5.2　Kruskal 算法的思想

Kruskal 算法的思想是以边为主导地位，始终都是选择当前可用的最小权值的边。具体如下：

设一个有 n 个顶点的连通网络为 $G(V, E)$，最初先构造一个只有 n 个顶点，没有边的非连通图 T = $\{V, \Psi\}$，图中每个顶点自成一个连通分量。

当在集合 E 中选择一条具有最小权值的边时，若该边的两个顶点落在不同的连通分量上，则将此边加入到 T 中；若这条边的两个顶点落在同一个连通分量上，则将此边舍去（此后永不选用这条边），重新选择一条权值最小的边。

如此重复下去，直到所有顶点在同一个连通分量上为止。如图 4.6（a）所示的无向网，其邻接矩阵如图 4.6（b）所示。利用 Kruskal 算法构造最小生成树的过程如图 4.6（c）所示，首先构造的最小生成树只有 7 个顶点，没有边的非连通图。剩下的过程如下 [图 4.6（c）中的每条边旁边的序号跟下面的序号是一致的]：

（1）在集合 E 中选择权值最小的边，即(1, 6)，权值为 10。

（2）在集合 E 剩下的边中选择权值最小的边，即(3, 4)，权值为 12。

（3）在集合 E 剩下的边中选择权值最小的边，即(2, 7)，权值为 14。

（4）在集合 E 剩下的边中选择权值最小的边，即(2, 3)，权值为 16。

（5）在集合 E 剩下的边中选择权值最小的边，即(7, 4)，权值为 18，但这条边的两个顶点位于同一个连通分量上，所以要舍去；继续选择一条权值最小的边，即(4, 5)，权值为 22。

（6）在集合 E 剩下的边中选择权值最小的边，即(7, 5)，权值为 24，但这条边的两个顶点位于同一个连通分量上，所以要舍去；继续选择一条权值最小的边，即(6, 5)，权值为 25。

至此，最小生成树构造完毕，最终构造的最小生成树如图 4.6（d）所示，生成树的权值为 99。

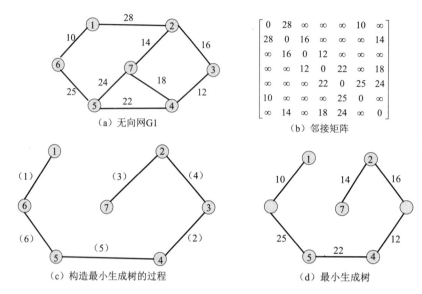

图 4.6　Kruskal 算法的基本思想

Kruskal 算法的伪代码如算法 4.6 所示，它在每选择一条边加入到生成树集合 T 时，有两个关键步骤。

（1）在集合 E 中选择当前权值最小的边(u, v)，可以用最小堆来存放集合 E 中所有的边；或者将所有边的信息（边的两个顶点、权值）存放到数组 edges 中，并将数组 edges 按边的权值从小到大进行排序，然后依先后顺序选择每条边。

（2）选择权值最小的边后，要判断两个顶点是否属于同一个连通分量，如果是，则要舍去；如果不是，则选择，并将这两个顶点分别所在的连通分量合并成一个连通分量。在实现过程中，只需使用并查集来判断两个顶点是否属于同一个连通分量，以及将两个连通分量合并成一个连通分量。下面介绍等价类与并查集的原理及使用方法。

算法 4.6

```
T = (V,φ);
while (集合 T 中所含边数 < n-1)
{
在集合 E 中选取当前权值最小的边(u,v);
在集合 E 中删除边(u,v);
if(边(u,v)的两个顶点落在两个不同的连通分量上)
    将边(u,v)加入到集合 T 中;
}
```

4.5.3　等价类与并查集

并查集（union-findset）主要用来解决判断两个元素是否同属一个集合，以及把两个集合合并成一个集合的问题。

"同属一个集合"关系是一个等价关系，因为它满足等价关系（equivalent relation）的 3 个条件（或称为性质），具体如下：

（1）自反性，如 $X \equiv X$，则 $X \equiv X$。

（2）对称性，如 $X \equiv Y$，则 $Y \equiv X$（假设用 $X \equiv Y$ 表示 X 与 Y 等价）。

（3）传递性，如 $X \equiv Y$，且 $Y \equiv Z$，则 $X \equiv Z$。

如果 $X \equiv Y$，则称 X 与 Y 是一个等价对（equivalence）。

等价类（equivalent class）：设 R 是集合 A 上的等价关系，对任何 $a \in A$，集合 $[a]R = \{ x \mid x \in A$，且 $aRx \}$ 称为元素 a 形成的 R 等价类，其中，aRx 表示 a 与 x 等价。所谓元素 a 的等价类，通俗地讲，就是所有跟元素 a 等价的元素构成的集合。

等价类应用：设初始时有一个集合 $S = \{1, 2, 3, 4, 5, 6, 7, 8, 9, 10, 11, 12\}$；依次读若干事先定义的等价对 $1 \equiv 5$，$4 \equiv 2$，$7 \equiv 11$，$9 \equiv 10$，$8 \equiv 5$，$7 \equiv 9$，$4 \equiv 6$，$3 \equiv 12$，$12 \equiv 1$；现在需要根据这些等价对将集合 S 划分成若干个等价类。

在每次读入一个等价对后，把等价类合并起来。初始时，各个元素自成一个等价类（用 { } 表示一个等价类）。在每读入一个等价对后，各等价类的变化依次如下。

初始：{ 1 }, { 2 }, { 3 }, { 4 }, { 5 }, { 6 }, { 7 }, { 8 }, { 9 }, { 10 }, { 11 }, { 12 }。

$1 \equiv 5$：{ 1, 5 }, { 2 }, { 3 }, { 4 }, { 6 }, { 7 }, { 8 }, { 9 }, { 10 }, { 11 }, { 12 }。

$4 \equiv 2$：{ 1, 5 }, { 2, 4 }, { 3 }, { 6 }, { 7 }, { 8 }, { 9 }, { 10 }, { 11 }, { 12 }。

$7 \equiv 11$：{ 1, 5 }, { 2, 4 }, { 3 }, { 6 }, { 7, 11 }, { 8 }, { 9 }, { 10 }, { 12 }。

$9 \equiv 10$：{ 1, 5 }, { 2, 4 }, { 3 }, { 6 }, { 7, 11 }, { 8 }, { 9, 10 }, { 12 }。

$8 \equiv 5$：{ 1, 5, 8 }, { 2, 4 }, { 3 }, { 6 }, { 7, 11 }, { 9, 10 }, { 12 }。

$7 \equiv 9$：{ 1, 5, 8 }, { 2, 4 }, { 3 }, { 6 }, { 7, 9, 10, 11 }, { 12 }。

$4 \equiv 6$：{ 1, 5, 8 }, { 2, 4, 6 }, { 3 }, { 7, 9, 10, 11 }, { 12 }。

$3 \equiv 12$：{ 1, 5, 8 }, { 2, 4, 6 }, { 3, 12 }, { 7, 9, 10, 11 }。

$12 \equiv 1$：{ 1, 3, 5, 8, 12 }, { 2, 4, 6 }, { 7, 9, 10, 11 }。

并查集可以方便快速地实现这个问题。并查集对这个问题的处理思想是：初始时把每一个对象看作一个单元素集合；然后依次按顺序读入等价对后，将等价对中的两个元素所在的集合合并。在此过程中将重复使用一个搜索（find）运算，确定一个元素在哪一个集合中。当读入一个等价对 $A \equiv B$ 时，先检测 A 和 B 是否同属一个集合，如果是，则不用合并；如果不是，则用一个合并（union）运算把 A、B 所在的集合合并，使这两个集合中的任两个元素都是等价的（依据是等价的传递性）。因此，并查集在处理问题时主要有搜索和合并两个运算。

为了方便并查集的描述与实现，通常把先后加入到一个集合中的元素表示成一棵树结构，并用根结点的序号来代表这个集合。因此定义一个数组 parent[i]，用来存放结点 i 所在的树中结点 i 的父亲结点的序号。例如，如果 parent[4] = 5，代表 4 号结点的父亲是 5 号结点。如果结点 i 的父结点（parent[i]）是负数，表示结点 i 就是它所在集合的根结点，因为集合中没有结点的序号是负的；并且用负的绝对值作为这个集合中所含结点个数。例如，parent[7] = -4，说明 7 号结点就是它所在集合的根结点，这个集合有 4 个元素。初始时，所有结点的 parent[ ] 值为-1，说明每个结点都是根结点（N 个独立结点集合），只包含一个元素（就是自己）。

实现并查集数据结构主要有 3 个函数，如算法 4.7 所示。

算法 4.7

```
void UFset()                    //初始化
{
    for(int i=0; i<N; i++)
    parent[i] = -1;
}

    int Find(int x)             //查找并返回结点 x 所属集合的根结点
{
        int s;                  //查找位置
//一直查找到 parent[s] 为负数（此时的 s 即为根结点）为止
    for(s=x; parent[s]>=0;  s=parent[s]);
        //用压缩路径来优化，使后续的查找操作加速
        while(s!=x)
        {
        int tmp = parent[x]; parent[x] = s;
        x = tmp;
        }
    return s;
}
//R1 和 R2 是两个元素，属于两个不同的集合，现在合并这两个集合
void Union(int R1, int R2)
{
        //r1 为 R1 的根结点，r2 为 R2 的根结点
        int r1 = Find(R1), r2 = Find(R2);
        int tmp = parent[r1] + parent[r2];    //两个集合结点个数之和（负数）
        //如果 R2 所在树结点个数>R1 所在树结点个数
        //注意 parent[r1] 和 parent[r2] 都是负数
        if(parent[r1] > parent[r2])   //用加权法则来优化
        {
        parent[r1] = r2;              //将根结点 r1 所在的树作为 r2 的子树（合并）
            parent[r2] = tmp;         //更新根结点 r2 的 parent[]值
        }
        else
        {
        parent[r2] = r1;              //将根结点 r2 所在的树作为 r1 的子树（合并）
        parent[r1] = tmp;             //更新根结点 r1 的 parent[]值
        }
}
```

下面对 Find()函数和 Union()函数的实现过程作详细解释。

（1）Find()函数：在 Find()函数中，如果仅仅靠一个循环来直接得到结点所属集合的根结点，那么通过多次的 Union 操作会有很多结点在树的较深层次中，这将导致查找操作的时间复杂度很高。因此需要通过压缩路径来加快后续的查找速度：增加一个 While 循环，每次都把从结点

x 到集合根结点的路径上经过的结点直接设置为根结点的子女结点。虽然该步骤增加了额外时间消耗，但有助于提升查找效率。如图 4.7（a）所示，假设从结点 $x=6$ 开始压缩路径，则从结点 6 到根结点 1 的路径上有 3 个结点：6、10、8，压缩后，这 3 个结点都直接成为根结点的子女结点，如图 4.7（b）所示。

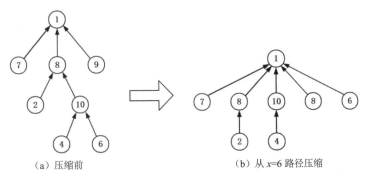

（a）压缩前　　　　　　　（b）从 $x=6$ 路径压缩

图 4.7　Find()函数中的路径压缩

（2）Union()函数：在合并两个集合时，任一方可作为另一方的子孙。怎样来处理这样的问题呢？一般采用加权合并，把两个集合中元素个数少的根结点作为元素个数多的根结点的子女结点。直观上看，这样处理可以减少树中的深层元素的个数，减少后续查找时间。

例如，假设从 1 开始到 n，不断合并第 i 个结点与第 $i+1$ 个结点，采用加权合并思路的过程如图 4.8 所示（各子树根结点上方的数字为其 parent[ ]值）。这样查找任一结点所属集合的时间复杂度几乎都是 $O(1)$。

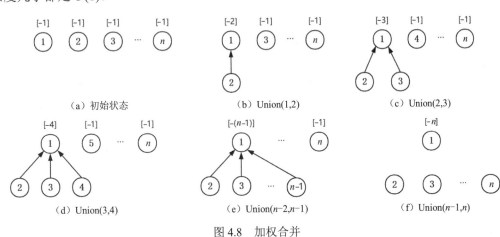

（a）初始状态　　　　　　　（b）Union(1,2)　　　　　　　（c）Union(2,3)

（d）Union(3,4)　　　　　　（e）Union(n-2,n-1)　　　　　　（f）Union(n-1,n)

图 4.8　加权合并

不用加权规则可能会得到图 4.9 所示的结果。这就是典型的退化树（只有一个叶结点，且每个非叶结点只有一个子结点）现象，再查找起来就会很费时。例如，查找结点 n 的根结点时复杂度为 $O(n)$。

图 4.10 演示了用并查集实现前面的等价类应用例子时完整的查找和合并过程。

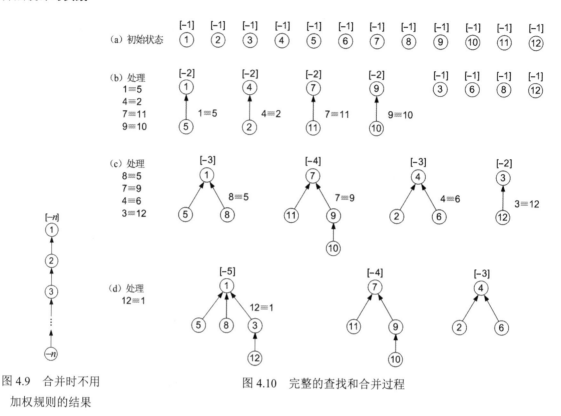

图 4.9 合并时不用
加权规则的结果

图 4.10 完整的查找和合并过程

4.5.4 Kruskal 算法实现

本小节首先以图 4.6（a）中的无向网为例，解释 Kruskal 算法执行过程中并查集的初始化、路径压缩、合并等过程，如图 4.11 所示。

如图 4.11（a）所示，并查集的初始状态为每个顶点各自构成一个连通分量，每个顶点上方的数字表示其 parent[ ] 元素值。

图 4.11（b）所示为 9 条边组成的数组，并且已经按照权值从小到大排序，在 Kruskal 算法执行过程中，从这个数组中依次选择每条边，如果某条边的两个顶点位于同一个连通分量上，则要舍去这条边。

在图 4.11（c）中，依次选择(1, 6)、(3, 4)、(2, 7)这 3 条边后，顶点 1 和 6 连接组成一个连通分量，顶点 3 和 4 组成一个连通分量，顶点 2 和 7 组成一个连通分量，顶点 5 单独构成一个连通分量。

在图 4.11（d）中，选择边(2, 3)后，要合并顶点 2 和顶点 3 分别所在的连通分量，合并的结果是顶点 3 成为顶点 2 所在子树中根结点（顶点 2）的子女。在图 4.11（e）中要特别注意，虽然选择了边(4, 7)，但是因为这两个顶点位于同一个连通分量上，所以这条边将会被弃用。在查找顶点 4 的根结点时，会压缩路径，使得从顶点 4 到根结点的路径上的顶点都成为根结点的子女结点，这样有利于以后的查找。

　　在图 4.11（f）中，选择边(4, 5)后，要将顶点 5 合并到顶点 4 所在的连通分量上，合并的结果是顶点 5 成为顶点 4 所在子树中根结点（顶点 2）的子女。

　　在图 4.11（g）中，先弃用边(5, 7)，再选择边(5, 6)，要将顶点 6 所在的连通分量合并到顶点 5 所在的连通分量上，因为前一个连通分量的顶点个数较少。

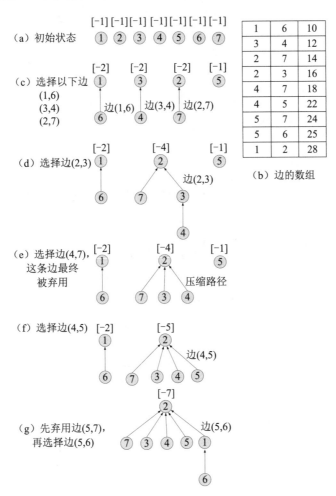

图 4.11　Kruskal 算法的实现过程

　　至此，Kruskal 算法执行完毕，选择了 $n-1$ 条边，连接 n 个顶点。

　　利用 Kruskal 算法求无向网的最小生成树，并输出依次选择的各条边及最终求得的最小生成树的权的算法如算法 4.6 所示。假设数据输入时采用如下的格式：首先输入顶点个数 n 和边数 m，然后输入 m 条边的数据。每条边的数据格式为 $u\ v\ w$，分别表示这条边的两个顶点及边上的权值。顶点序号从 1 开始计起。

　　算法 4.8 首先读入边的信息，存放到数组 edges[ ]中，并按权值从小到大进行排序。Kruskal()函数首先初始化并查集，然后从 edges[ ]数组中依次选择每条边，如果这条边的两个顶点位于同一个连通分量，则要弃用这条边；否则合并这两个顶点所在的连通分量。

算法 4.8

```c
#include <cstdio>
#include <cstdlib>
#define MAXN 11              //顶点个数的最大值
#define MAXM 20              //边个数的最大值
struct edge                  //边
{
    int u, v, w;            //边的顶点、权值
}edges[MAXM];                //边的数组
int parent[MAXN];            //parent[i]为顶点 i 所在集合对应的树中的根结点
int n, e;                    //n 为顶点个数，e 为边的个数
int i, j;                    //循环变量
void UFset()                 //初始化
{
    for(i=1; i<=n; i++)  parent[i] = -1;
}
int Find(int x)              //查找并返回结点 x 所属集合的根结点
{
    int s;                  //查找位置
    for(s=x; parent[s]>=0; s=parent[s]);
            while( s!=x)     //优化方案——压缩路径，使后续的查找操作加速
            {
                int tmp = parent[x]; parent[x] = s;
                x = tmp;
            }
    return s;
}
//将两个不同集合的元素进行合并，使两个集合中任两个元素都连通
void Union(int R1, int R2)
{
    int r1 = Find(R1), r2 = Find(R2);      //r1 为 R1 的根结点，r2 为 R2 的根结点
    int tmp = parent[r1] + parent[r2];     //两个集合结点个数之和（负数）
    //如果 R2 所在树的结点个数>R1 所在树的结点个数（注意 parent[r1]是负数）
    if(parent[r1] > parent[r2])            //用加权法则来优化
            {
                parent[r1] = r2; parent[r2] = tmp;
            }
            else
            {
                parent[r2] = r1; parent[r1] = tmp;
            }
}
int cmp(const void *a, const void *b)      //实现从小到大排序的比较函数
{
    edge aa = *(const edge *)a;
    edge bb = *(const edge *)b;
    return aa.w-bb.w;
```

```
}
void Kruskal()
{
    int sumweight = 0;                        //生成树的权值
    int num = 0;                              //已选择的边的数目
    int u, v;                                 //所选边的两个顶点
    UFset();                                  //初始化 parent[]数组
        for(i=0; i<e; i++)
        {
            u = edges[i].u; v = edges[i].v;
            if(Find(u) != Find(v))
            {
                printf("%d %d %d\n", u, v, edges[i].w);
                sumweight += edges[i].w;
                num++;
                Union(u, v);
            }
            if(num>=n-1) break;
        }
    printf("weight of MST is %d\n", sumweight);
}
void main()
{
    int u, v, w;                              //边的起点和终点及权值
    scanf("%d%d", &n, &m);                    //读入顶点个数 n
    for(int i=0; i<e; i++)
        {
        scanf("%d%d%d", &u, &v, &w);          //读入边的起点和终点
        edges[i].u = u; edges[i].v = v; edges[i].w = w;
        }
    qsort(edges, e, sizeof(edges[0]), cmp);   //对边按权值从小到大排序
    Kruskal();
}
```

该程序的运行示例如下：

输　入	输　出
7 9	1 6 10
1 2 28	3 4 12
1 6 10	2 7 14
2 3 16	2 3 16
2 7 14	4 5 22
3 4 12	5 6 25
4 5 22	weight of MST is 99
4 7 18	
5 6 25	
5 7 24	

4.5.5 Kruskal 算法的时间复杂度分析

在算法 4.8 中，执行 Kruskal()函数前进行了一次排序操作，时间代价为 $eloge$，其中 e 为边的数量；执行 Find(int x)函数查找结点所属集合的根结点的时间复杂度取决于树的高度，通常为 $O(\log n)$，其中 n 为顶点个数。但是，使用路径压缩和按秩合并的优化方法，平均情况下，时间复杂度可以更接近 $O(1)$。执行 Union(int R1, int R2)函数合并两个集合的时间复杂度取决于树的高度，通常为 $O(\log n)$。同样，使用路径压缩和按秩合并的优化方法的时间复杂度可以更接近 $O(1)$。

在 Kruskal()函数中，遍历边的数组并执行 Find 和 Union 操作。最多迭代 e 次，其中 e 为边的数量。在每次迭代中，执行 Find 和 Union 操作的时间复杂度通常为 $O(1)$（由于路径压缩和按秩合并的优化），所以主要循环的总时间复杂度近似为 $O(e)$。

综上所述，总的时间复杂度为 $O(eloge) + O(e)$，近似为 $O(eloge)$。所以 Kruskal 算法的时间复杂度为 $O(eloge)$。由此可见，Kruskal 算法的时间复杂度主要取决于边的数目，因此，该算法比较适用于稀疏图。

4.6 贪心算法实践

4.6.1 键盘盗窃案——被盗数量究竟是多少

【题目描述】

昨晚发生了一起电子商店抢劫案。

商店里的所有键盘都是从某个整数 x 开始按升序编号的。例如，如果 $x=4$ 且商店中有 3 个键盘，则键盘的索引为 4、5 和 6；如果 $x=10$ 且商店中有 7 个键盘，则键盘的索引为 10、11、12、13、14、15 和 16。

商店被抢劫之后，只剩下 n 个键盘，它们的索引为 $a_1,a_2,...,a_n$。计算被盗键盘的最小可能数量。工作人员既不记得 x，也不记得抢劫前商店中的键盘数量。

【输入格式】

第 1 行包含一个整数 n $(1 \leq n \leq 1000)$，表示抢劫后商店中剩余的键盘数量。

第 2 行包含 n 个不同的整数 $a_1,a_2,...,a_n (1 \leq a_i \leq 10^9)$，表示剩余键盘的索引。整数 a_i 以任意顺序给出且成对不同。

【输出格式】

如果工作人员既不记得 x，也不记得抢劫前商店中的键盘数量，则输出被盗键盘的最小可能数量。

【输入/输出样例】

输入样例	输出样例
4	2
10 13 12 8	

【参考解答】

假定键盘初始的连续升序序列的最小编号为 mini，最大编号为 maxx，那么键盘一开始的总数有 sum = maxx − mini+1 个。当有的键盘被盗后，剩余键盘序列可能就不连续了，按题意总是认为被盗了最少的键盘，可以贪心地认为，剩余的键盘序列中的最大值就是 maxx，最小值就是 mini，此时剩余的键盘数量为 n，那么被盗数量是不是就是 sum−n 了呢？

```cpp
#include<iostream>
using namespace std;
int n,maxx=0,mini=1e9+1,x,sum;
int main()
{
    cin>>n;
    for(int i=1;i<=n;i++)
    {
        cin>>x;                  //输入剩余键盘编号
        maxx=max(maxx,x);        //键盘数字最大编号
        mini=min(mini,x);        //键盘数字最小编号
    }
    sum=maxx-mini+1;
    cout<<sum-n<<endl;
    return 0;
}
```

该代码的时间复杂度为 $O(n)$。

4.6.2　打水——贪心算法的智慧

【题目描述】

N 个人要打水，有 M 个水龙头，第 i 个人打水所需时间为 T_i，安排一个合理的方案使得所有人的等待时间之和尽量小。

【输入格式】

第 1 行两个正整数 N 和 M，接下来一行 N 个正整数 T_i。

【输出格式】

最小的等待时间之和（不需要输出具体的安排方案）。

【输入/输出样例】

输入样例 1	输出样例 1
7 3	11
3 6 1 4 2 5 7	
输入样例 2	**输出样例 2**
4 2	4
4 3 1 6	

【提示】

$1 \leq N \leq 1000$，$1 \leq M \leq 1000$，$1 \leq T_i \leq 1000$。

【参考解答】

　　一种最佳打水方案是，将 N 个人按照打水所需时间 T_i 从小到大的顺序依次分配到 M 个水龙头打水。

　　首先用数组 a 存放打水所需时间，并从小到大进行排序，取出前 m 个数据存放到数组 b，表示正在打水的人数；然后在数组 b 中找到当前最小的数 $b[0]$，用答案 answer 加上 $b[0]$ 即为下一个人要等待的最小时间。随后 $b[0]$ 再加上数组 a 中下一个人的打水时间，最后对数组 b 从小到大再次进行排序，找到此时数组 b 中的最小数 $b[0]$，用 answer 加上 $b[0]$，以此循环直到数组 a 中最后一个人打水完毕，最后输出答案 answer 即可。

```
#include <iostream>
#include <algorithm>
using namespace std;
const int N = 1010;
int a[N], b[N];
int main() {
    int n, m;
    cin >> n >> m;
    for (int i = 0; i < n; i++)
        cin >> a[i];
    sort(a, a + n);              //对排水时间进行排序
    int answer = 0;
    for (int i = 0; i < m; i++) {
        b[i] = a[i];
    }
    for (int i = m; i < n; i++) {
        answer += b[0];         //增加当前打水时间
        b[0] += a[i];
        sort(b, b + m);
    }
    cout << answer;
    return 0;
}
```

该代码时间复杂度为 $O(n\log n)$。

4.6.3　给孩子分发饼干——人人都有份

【题目描述】

假设你是一位很棒的老师,想要给孩子们分发一些饼干。但是,每个孩子最多只能得到一块饼干。对于每个孩子 i,都有一个胃口值 children[i],这是能让孩子们满足胃口的饼干的最小尺寸;并且每块饼干 j 都有一个尺寸值 size[j]。如果 size[j]≥children[i],可以将这块饼干 j 分配给孩子 i,这个孩子会得到满足。你的目标是尽可能地满足更多的孩子,并输出最多能让几个孩子得到满足的数值。

【输入格式】

整数数组 children 与 size,即 g 和 s,$1 \leqslant g[i], s[j] \leqslant 2^{31}-1$。

【输出格式】

输出一个整数。

【输入/输出样例】

输入样例	输出样例
[1,2,3],[1,1]	1

【提示】

有 3 个孩子和两块饼干,3 个孩子的胃口值分别是 1、2、3,两块饼干的尺寸是 1、1。虽然你有两块饼干,但由于它们的尺寸都是 1,你只能让胃口值为 1 的孩子得到满足,因此输出应该是 1。

【参考解答】

本题对于每个孩子、每块饼干,都采用从大到小的排序方式,优先让食量大的孩子吃到大饼干,这样可以让尽可能多的孩子吃到饼干。这里需要将输入的字符串转换成数字,并存放到数组中。

```cpp
#include<bits/stdc++.h>
using namespace std;
vector<int> v[10];
bool cmp(int a,int b)            //从大到小进行排序
{
    return a>b;
}
void fun(string s,int flag)      //将字符串存放到数组中
{
    s=s.substr(1,s.size()-2);
    string y;
    for(int i=0;i<s.size();i++){
        if(isdigit(s[i])) y+=s[i];
        else{
```

```
            int k=stoi(y);
            v[flag].push_back(k);
            y.clear();
        }
    }
        int k=stoi(y);
        v[flag].push_back(k);
}
int main(void)
{
    string s1,s2;
    getline(cin,s1);                    //读入字符串
    getline(cin,s2);
    fun(s1,0);
    fun(s2,1);
    sort(v[0].begin(),v[0].end(),cmp);
    sort(v[1].begin(),v[1].end(),cmp);
    int cnt=0;
    for(auto i:v[0]){                   //遍历孩子
        for(int j=0;j<v[1].size();j++){ //遍历饼干
            if(i<=v[1][j]){
                cnt++;
                v[1][j]=0;              //饼干被孩子吃掉了，该饼干没有了
                break;                  //结束该循环，进入下一个孩子的循环
            }
        }
    }
    cout<<cnt;                          //输出次数
}
```

该代码的时间复杂度为 $O(n^2)$。

4.6.4　道路工程师小卢——尽快完工

【题目描述】

小卢是一名道路工程师，负责铺设一条长度为 n 的道路。铺设道路的主要工作是填平下陷的地面。整段道路可以看作 n 块首尾相连的区域，一开始，第 i 块区域下陷的深度为 d_i。小卢每天可以选择一段连续区间 $[L,R]$，填充这段区间中的每块区域，让其下陷深度减少 1。在选择区间时，需要保证区间内的每块区域在填充前的下陷深度均不为 0。

小卢希望你能帮他设计一种方案，可以在最短的时间内将整段道路的下陷深度都变为 0。

【输入格式】

第 1 行输入一个整数 n，表示道路的长度。

第 2 行输入 n 个整数，相邻两个整数之间用一个空格隔开，第 i 个整数为 d_i。

【输出格式】

输出一个整数，即最短需要多少天才能完成任务。

【输入/输出样例】

输入样例 1	输出样例 1
6 4 3 2 5 3 5	9
输入样例 2	输出样例 2
5 2 4 5 0 1	6

【提示】

$1 \leqslant n \leqslant 10^5$，$0 \leqslant d_i \leqslant 10000$。

【参考解答】

从第 1 块区域开始遍历，依次与后一块区域比较，如果后一块区域比前一块区域浅，则填平这两块区域的工作时间 days 为前一块工作区域的深度；如果后一块区域比前一块区域深，则多出来的深度即为新的工作量，需要累加到工作时间 days 上；从左到右依次遍历完这条道路。最终，输出所需的总天数。这个算法的核心思想是跳出非 0 下陷深度这个限制，将 0 也看作特殊的深度，以最小化所需的天数。

```cpp
#include<iostream>
using namespace std;
int main() {
    int d[10000];
    int n,days=0;
    cin>>n;
    for(int i=0; i<n; i++) {
        cin>>d[i];
    }
    days+=d[0];
    for(int i=1;i<n;i++){
        if(d[i]>d[i-1]){          //判断下一块区域是否比前一块区域深
            //如果比前一块区域深，多出来的深度就是新的工作量
            days+=d[i]-d[i-1];
        }
    }
    cout<<days;
    return 0;
}
```

该代码的时间复杂度为 $O(n)$。

4.6.5　Walk and Walk——遍历的妙用

【题目描述】

现有一个整型非负数组 nums，你位于该数组的 0 号下标位置，数组 nums 表示在当前这个点你可以继续前行的最大步数。例如，$nums_0=3$ 表示当前你可以走到 $nums_1$、$nums_2$、$nums_3$ 3

个位置。在该情景下，编写一个程序判定你是否能够从数组的第 1 个数走到最后一个数。

【输入格式】

第 1 行有一个整数 numsSize，表示数组 nums 的大小。

第 2 行有 numsSize 个整数，表示数组 nums 的所有元素，每个整数用一个空格隔开。

【输出格式】

输出为一个布尔值，如果你能够走到数组最后一个数，输出 true；如果走不到，则输出 false。

【输入/输出样例】

输入样例 1	输出样例 1
6 4 2 1 1 0 1 0	false
输入样例 2	输出样例 2
6 4 2 1 2 0 1 0	true

【解释】

对于输入样例 1 来说，最多只能走到下标为 4 的位置；而对于输入样例 2 来说，走到下标为 3 的位置后可以直接走到最后一位。

【参考解答】

判断当前是否能够走到最后一个数，可以用 maxstep 去记录当前能够到达的最远的数的下标。例如，样例 4 2 1 1 0 1 0，在遍历的过程中，不断地比对 maxstep 和当前该下标加上其所能行走的最远的路程的大小。始终存储最大的下标值，即 maxstep = max(nums[i]+i,maxstep)。若在遍历的过程中，出现 $i<maxstep$，则该情况一定不能走到最后。

```cpp
#include <bits/stdc++.h>
using namespace std;
bool walk(vector<int>& nums, int n) {      //函数操作
    int maxstep = 0;                       //定义最远到达的存储变量
    for(int i = 0; i < n; i ++){           //遍历数组
        if(maxstep < i){                   //当最远的值已经小于 i，说明永远都不会到达该点
            return false;
        }
        else if(i == n-1){                 //走到最后一个数，返回 true
            return true;
        }
        //始终存储最大的能够到达的点
        maxstep = max(nums[i] + i, maxstep);
    }
    return true;                           //能够走出循环，说明成功到达最后
}
int main(){
    int n;
```

```
    cin >> n;
    vector<int> nums(n, 1);                    //初始化定义 nums 的 vector 类型数组
    for(int i = 0; i < n; i ++){
        cin >> nums[i];
    }
    if(walk(nums, n)){
        cout<<"true";
    }
    else{
        cout<<"false";
    }
    return 0;
}
```

该代码的时间复杂度为 $O(n)$。

4.6.6 获得最多的奖金——"贪心"的小明

【题目描述】

小明在某地旅游，参加了当地的娱乐活动。小明运气很好，拿到了大奖，到了最后的拿奖金环节。小明发现桌子上放着一列红包，每个红包上写着奖金数额。

主持人要求小明在这一列红包之间"切"两刀，将这一列红包"切"成 3 组，并且第 1 组的奖金之和等于最后一组奖金和（允许任意一组的红包集合是空）。最终第 1 组红包的奖金之和就是小明能拿到的总奖金。小明想知道最多能拿到多少奖金，你能帮他算算吗？

举例解释：桌子上放了红包 1,2,3,4,7,10。小明在 4 与 7 之间、7 与 10 之间各"切"一刀，将红包分成 3 组，即[1,2,3,4][7][10]，其中第 1 组奖金之和=第 3 组奖金之和=10，所以小明可以拿到 10 元。

【输入格式】

第 1 行包含一个正整数 n，表示有多少个红包。
第 2 行包含 n 个正整数 $d[i]$，表示每个红包包含的奖金数额。

【输出格式】

输出一个整数，表示小明可以拿到的总奖金。

【输入/输出样例】

输入样例 1	输出样例 1
5 1 3 1 1 4	5
输入样例 2	输出样例 2
3 4 1 2	0

【解释】

对于输入样例 1，[1,3,1],[ ],[1,4]，其中第 1 组奖金之和是 5，等于第 3 组奖金之和，所以小明可以拿到 5 元。

对于输入样例 2，[ ],[4, 1, 2],[ ]，小明为了保证第 1 组的奖金和第 3 组的奖金相等，只能将这两组都分成空的，所以小明只能拿到 0 元。

【提示】

数据范围：红包数量满足 $1 \leq n \leq 200000$，红包金额满足 $1 \leq \mathrm{val} \leq 10^9$。

【参考解答】

先求出红包金额总和的数组 sum[i]，表示前 $i+1$ 个红包金额之和，然后求出平均数，从红包金额总和数组开始位置逐个与平均数比较，确定 i、j 位置；用数组 array[i]存储每个红包金额，left 表示数组下标为 0 到 i 的红包金额总和，right 表示数组下标为 j 到 $n-1$ 的红包金额总和，用双指针 i、j 从中间往两边走，循环直到 left=right 为止。

```cpp
#include<iostream>
using namespace std;
int main(){
    long n,array[200000],sum[200000],left=0,right=0;
    cin>>n>>array[0];
    sum[0]=array[0];
    for(long i=1;i<n;i++){
        cin>>array[i];                    //输出每个红包金额
        sum[i]=sum[i-1]+array[i];
    }
    long i,j,avg=sum[n-1]/2;
    for(int k=0;k<n;k++)
        if(sum[k]>avg&&k>0){
            j=k;                          //j~n-1 范围
            i=k-1;                        //0~i 范围
            break;
        }
    left=sum[i];                          //左边总和
    right=sum[n-1]-sum[i];                //右边总和
    while(left!=right&&i>=0&&j<n) {       //直到相等就退出
        if(left>right&&i>=0)
            left-=array[i--];
        if(right>left&&j<n)
            Right-=array[j++];
    }
    cout<<left;
    return 0;
}
```

该代码的时间复杂度为 $O(n)$。

4.6.7 "六一"儿童节——巧克力与表演

【题目描述】

"六一"儿童节，老师带了很多好吃的巧克力到幼儿园。每块巧克力 j 的重量为 $w[j]$，对于每个孩子 i，当他分到的巧克力大小达到 $h[i]$（即 $w[j]>=h[i]$）时，他才会上台表演节目。老师的目标是将巧克力分发给孩子们，使得最多的孩子上台表演。可以保证每个 $w[i]>0$ 且不能将多块巧克力分给一个孩子或将一块巧克力分给多个孩子。

【输入格式】

第 1 行：n，表示 h 数组的元素个数。

第 2 行：n 个 h 数组元素。

第 3 行：m，表示 w 数组的元素个数。

第 4 行：m 个 w 数组元素。

【输出格式】

输出整数，表示上台表演的孩子数量。

【输入/输出样例】

输入样例 1	输出样例 1
3	1
2 2 3	
2	
3 1	
输入样例 2	输出样例 2
2	3
2 3	
5	
2 1 3 2 5	
输入样例 3	输出样例 3
4	3
2 3 3 7	
5	
2 1 3 5 5	

【参考解答】

先动态分配一个整数数组 h，用于存储孩子们的期望巧克力大小，分配一个数组 w，用于存储巧克力的重量，分别对这两个数组从小到大进行排序，然后循环遍历每块巧克力。

如果当前巧克力的重量 $w[i]$ 大于等于当前考虑的孩子的期望 $h[child\_index]$，则说明这块巧克力可以分给这个孩子。因此，将 answer（表示已满足期望的孩子数量）增加 1，将 child_index

增加 1，然后继续考虑下一个孩子。

如果孩子的期望已经全部满足（child_index 大于等于 *n*），则跳出循环。

最后，输出 answer，表示成功满足期望的孩子数量。

本题可以使用贪心策略，通过对孩子的期望和巧克力的重量进行排序，然后从小到大遍历巧克力，尽可能多地满足孩子的期望，以获得最多的满足期望的孩子数量。

```cpp
#include <iostream>
#include <algorithm>
using namespace std;
int main() {
    int n = 0, m = 0, answer = 0;
    int *h, *w;
    cin >> n;
    h = new int[n+1];                    //获取 h 数组
    for (int i=0; i < n; i++) {
        cin >> h[i];
    }
    cin >> m;
    w = new int[m];                      //获取 w 数组
    for (int i = 0; i < m; i++) {
        cin >> w[i];
    }
    sort(h, h + n);                      //对两个数组从小到大进行排序
    sort(w, w + m);
    int child_index = 0;
    //按照巧克力的数量进行遍历，并进行巧克力的分配
    for (int i = 0; i < m; i++) {
        if (w[i] >= h[child_index]) {  /*如果该巧克力满足 child_index 位置的孩子，其就可以上
                                        台表演，answer++接着判断下一个孩子（孩子的需求是从小到大排序的）*/
            answer++;
            child_index++;
            if (child_index >= n)        //若孩子提前遍历完了，就结束
                break;
        }
    }
    cout << answer;
    delete []w;
    delete []h;
    return 0;
}
```

该代码的时间复杂度为 $O(n\log n)$。

4.6.8　争分夺秒的农夫——别想吃我的花

【题目描述】

老人是农场的主人，他养了 *N* 头奶牛。有一天，老人去砍柴，当他回到农场时发现那群奶

牛正在吃他花园里的花，为了将损失降到最低，老人立刻开始将奶牛赶回各自的谷仓。每头奶牛从当前位置回到自己的谷仓需要 T_i 分钟，此外，奶牛在等待转移时，每分钟都会吃掉 D_i 朵花。无论老人多么努力，他一次只能赶一头奶牛，老人将奶牛赶回谷仓再回到花园需要 $2 \times T_i$ 分钟（T_i 到达，T_i 返回），当老人回到花园后，不需要额外的时间就能到达下一头需要转移的奶牛。请编写一个程序来帮助老人确定赶奶牛的顺序，从而使被吃掉的花的总数最小化。

【输入格式】

第 1 行输入一个整数 N，代表奶牛的总数。

接下来输入 N 行，每一行包括两个整数 T_i 和 D_i，代表奶牛的特征，每个整数用一个空格隔开。

【输出格式】

输出一个整数，表示被吃掉的花的最小数量。

【输入/输出样例】

输入样例 1	输出样例 1
6 3 1 2 5 2 3 3 2 4 1 1 6	86
输入样例 2	输出样例 2
5 1 5 4 1 3 4 4 6 2 2	104

【提示】

$2 \leqslant N \leqslant 100000$，$1 \leqslant T_i \leqslant 2000000$，$1 \leqslant D_i \leqslant 100$。

【参考解答】

创建一个结构体 node，用于表示奶牛的特征，其中 t 是奶牛回谷仓所需的时间，d 是奶牛吃花的代价。

使用一个循环读取每头奶牛的特征，并将它们存储在奶牛特征数组 p 中，同时计算总代价 answer，这是所有奶牛吃花代价的总和。

自定义一个比较函数 cmp 对奶牛特征数组 p 进行排序，排序规则是根据奶牛吃花代价和回谷仓时间的比值降序排列，这是为了优先选择吃花代价较高的奶牛。

初始化一个变量 sum，用于记录总的赶奶牛代价。

进入一个循环，遍历奶牛特征数组 *p*，并根据贪心策略计算总代价。每次遍历都会减去当前奶牛的吃花代价 $p[i].d$，并累加到总代价 sum 上，同时计算当前奶牛的回谷仓时间和吃花代价的乘积，并乘以总代价 answer 的两倍，然后累加到总代价 sum 上。

最后，输出总代价 sum，表示赶奶牛的最小总代价。

本题使用贪心算法，通过选择吃花代价较高的奶牛来最小化赶奶牛的总代价。

```cpp
#include <iostream>
#include <cstdio>
#include <cstring>
#include <algorithm>
using namespace std;
const int maxn = 1e5 + 5;
struct node {                              //创建奶牛特征结构体
    int t, d;
} p[maxn];
int n;

bool cmp(node A, node B) {                 //代价方程函数
    return A.d * 1.0 / A.t > B.d * 1.0 / B.t;
}

int main() {
    while (cin >> n) {
        long long answer = 0;
        for (int i = 0; i < n; i ++) {     //初始化奶牛特征数组
            cin >> p[i].t >> p[i].d;
            answer += p[i].d;
        }
        sort(p, p + n, cmp);               //排序
        long long sum = 0;
        for (int i = 0; i < n; i ++) {     //贪心算法求和
            answer -= p[i].d;
            sum += p[i].t * 2 * answer;
        }
        cout << sum;
    }
    return 0;
}
```

该代码的时间复杂度为 $O(n\log n)$。

4.6.9 矩形分割——最小的代价

【题目描述】

出于某些方面的需求，需要把一块 $N \times M$ 的木板切成一个个 1×1 的小方块。对于一块木板，只能从某条横线或者某条竖线（要在方格线上）切割，而且这块木板是不均匀的，从不同的线切割下去要花不同的代价。对于一块木板，切割一次以后就被分割成两块，而且不能把这两块

木板拼在一起然后一刀切成 4 块，只能分别对两块木板再进行一次切割。给出从不同的线切割所要花的代价，求把整块木板切割成 1×1 小方块所需的最小代价。

【输入格式】

输入文件第 1 行包括 N 和 M，表示长为 N、宽为 M 的矩形；第 2 行包括 N-1 个非负整数，分别表示沿着 N-1 条横线切割的代价；第 3 行包括 M-1 个非负整数，分别表示沿着 M-1 条竖线切割的代价。

【输出格式】

输出一个整数，表示最小代价。

【输入/输出样例】

输入样例	输出样例
2 2 3 3	9

【提示】

对于 60% 数据，有 $1 \leqslant N,M \leqslant 100$；对于 100% 数据，有 $1 \leqslant N,M \leqslant 2000$。

【参考解答】

使用两个数组 a 和 b 分别存储每行和每列的切割代价，这些代价表示从一行或一列切割成两块的代价。对数组 a 和 b 从大到小进行排序，以便后续贪心选择最大的代价。初始化两个指针 s1 和 s2，分别指向数组 a 和 b 的第 1 个元素，以表示当前选择的行和列。

循环比较当前行的切割代价 a[s1] 和当前列的切割代价 b[s2]，选择代价较大的一项，并将其乘以当前的行数或列数（s1 或 s2），然后累加到总代价 sum 中。根据比较结果，增加相应的指针 s1 或 s2，以表示已经进行了一次切割。

最后，输出总代价 sum，即将矩形切割成 1×1 小方块所需的最小代价。

本题使用贪心算法，每次选择切割代价较大的行或列，并将其乘以当前行数或列数，以最小化总代价，最终得到将整块木板切割成 1×1 小方块所需的最小代价。

```cpp
#include <iostream>
#include <cstdio>
#include <algorithm>
using namespace std;
bool cmp(int x, int y) {
    return x > y;
}
int a[2010], b[2010];
int main() {
    int n, m;
    cin >> n >> m;               //输入矩形的长和宽
    for (int i = 1; i < n; i++) {
```

```
        cin >> a[i];
    }
    for (int i = 1; i < m; i++) {
        cin >> b[i];
    }

    sort(a + 1, a + n, cmp);
    sort(b + 1, b + m, cmp);
    //s1 和 s2 既可以是数组 a 和数组 b 的指针, 又可以是横纵分成的小方块数
    int s1 = 1, s2 = 1;
    long long int sum = 0;
    for (int i = 1; i < n + m - 1; i++) {
        if (a[s1] > b[s2])
            sum += s2 * a[s1++];
        else
            sum += s1 * b[s2++];
    }
    cout << sum;
    return 0;
}
```

该代码的时间复杂度为 $O(n\log n)$。

4.6.10　最佳的顺序——我想当第一

【题目描述】

小明打算带领 N 匹马参加一年一度的"谁是超级马大赛"。在这场比赛中，每个参赛者必须让他的马排成一列，然后带领这些马从裁判面前依次走过。

比赛的登记规则为：取每匹马名字的首字母，按照它们在队伍中的次序排成一列。将所有队伍的名字按字典序升序排序，从而得到出场顺序。

小明很着急，希望能够尽早出场，因此他决定重排队列。他的调整方式是这样的：每次从原队列的首端或末端牵出一匹马，将这两匹马安排到新队列末端。重复这一操作直到所有马都插入新队列为止。

现在请你帮小明算出按照上面这种方法能排出的字典序最小的队列。

【输入格式】

第 1 行输入一个整数 N，表示马的数量。

接下来输入 N 行，每行包括一个大写字母，表示初始队列。

【输出格式】

输出一个长度为 N 的字符串，表示可能的最小字典序队列。

【输入/输出样例】

输入样例 1	输出样例 1
6 A C D B C B	ABCBCD
输入样例 2	输出样例 2
5 C G H A Z	CGHAZ

【提示】

$1 \leq N \leq 2000$，如果超过 80 个字符，则换行再输出。

【参考解答】

很显然，本题要用贪心算法，这里假设两个指针，a 表示头指针，也就是队列首端，b 表示尾指针，也就是队列末端。

下面是较容易想到的策略。

当 $s[a] > s[b]$ 时，选 $s[b]$，随之 $b--$。

当 $s[a] < s[b]$ 时，选 $s[a]$，随之 $a++$。

但是，通过样例可以发现，会出现 $s[a] == s[b]$ 的情况，这种情况该怎么处理呢？

其实也很简单，找距离 $s[a]$ 和 $s[b]$ 最近且不等于 $s[a]$ 或 $s[b]$ 的字符，再比较它们的大小即可。

```cpp
#include <iostream>
using namespace std;
char s[3010];
int n, i, a, b, j, p, q;
int main () {
    cin >> n;
    for (i = 1; i <= n; i++)
        cin >> s[i];
    a = 1;
    b = n;
    for (i = 1; i <= n; i++) {                    //从 i 开始枚举
        for (j = i; j <= i + 79 && j <= n; j++) { //每 80 个字符就换行
            if (s[a] == s[b]) {
```

```
                p = a;
                q = b;
                while (s[p] == s[q]) {
                    p++;
                    q--;
                }                                    //策略 3
                if (s[p] <= s[q]) {
                    cout << s[a];
                    a++;
                }                                    //这里又可以想到上面最简单的两种策略
                else {
                    cout << s[b];
                    b--;
                }
            }
            else {
                if (s[a] > s[b]) {
                    cout << s[b];
                    b--;                             //策略 1
                }
                else {
                    cout << s[a];
                    a++;                             //策略 2
                }
            }
        }
        i += 79;                                     //继续搜索下面的 80 个字符
        puts ("");
    }
    return 0;
}
```

该代码的时间复杂度为 $O(n)$。

4.6.11　课后习题

1. 详细分析 4.6.2 小节中打水问题的时间复杂度。

2. 编程实现 4.6.6 小节中的获得最多的奖金，并给出更多的输入/输出样例。

3. 证明背包问题具有贪心选择性质。

4. 如果将最优装载问题的贪心算法推广到两艘船的情形，贪心算法仍能产生最优解吗？

5. 试举例说明如果允许带权有向图中某些边的权为负实数，则 Dijkstra 算法不能正确求得从源到所有其他顶点的最短路径长度。

第5章 搜索算法

搜索算法常被称为"通用解题法"，该类算法利用计算机的高性能优势，跳跃式地搜索待求解问题的解空间，从而找到问题的一个或多个最优解。常见的有深度优先搜索、广度优先搜索、回溯、分支限界、A*等算法。随着大数据时代的到来，解空间将发生"组合爆炸"，搜索算法在具体应用时，可采用在搜索前设定条件或引入先验知识以降低搜索规模、根据问题的约束条件设置剪枝函数、利用搜索过程中的中间解避免重复计算等策略加以跳跃式搜索，可使得搜索算法的效率远高于穷举法。

5.1 树的遍历

5.1.1 遍历方法

树是一种基本数据结构，它是由 n（$n \geq 0$）个有限结点组成的具有层次关系的集合。把它称为"树"是因为它看起来像一棵倒挂的树，即根朝上，叶朝下。树具有的特点：每个结点有 0 个或多个子结点；没有父结点的结点称为根结点；每个非根结点有且只有一个父结点；除了叶结点外，每个子结点可以分为多棵不相交的子树。

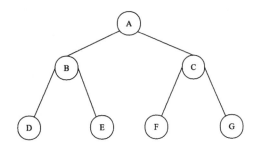

图 5.1 简单的二叉树 T

树的遍历是树的一个重要操作，是指按某种次序访问树上的所有结点。以图 5.1 所示的简单二叉树 T 为例，有哪些方法可以遍历其所有的结点呢？通常有先序遍历、中序遍历、后序遍历以及层次遍历 4 种方法。

先序遍历、中序遍历和后序遍历都可以运用前面章节的递归算法加以描述。先序遍历、中序遍历和后序遍历都将子树的遍历与根结点的访问看作相同的问题，从而形成递归调用，只是它们在根结点和子树的遍历顺序存在差异。

在二叉树 T 的先序遍历中，首先访问 T 的根 A，然后递归遍历以其子结点为根的左子树 B

直至没有叶子结点为止，此时再遍历上一个结点的右子树 C。因此二叉树 T 的先序遍历序列是 ABDECFG。

在二叉树 T 的中序遍历中，首先要访问的是根结点的左子树，然后访问根结点，最后再访问右子树。因此，二叉树 T 的中序遍历序列是 DBEAFCG。

二叉树 T 的后序遍历则是按照根结点的左子树到右子树再到根结点进行递归遍历。二叉树 T 的后序遍历序列是 DEBFGCA。

二叉树 T 的层次遍历需要借用队列来存放每次需要递归遍历树的结点。根据队列先进先出的特点，可从根结点出发，将根结点压入队列。此时队列中只有根结点一个结点，所以将其子结点全部压入队列，再将子结点已经加入队列的父结点遍历后压出队列。这样便完成了树的某一层次的遍历。最后重复上述操作直至队列为空。因此，二叉树 T 的层次遍历序列是 ABCDEFG。

5.1.2　子集树与排列树

当所给的问题是从包含有 n 个元素的集合中找出满足某种性质的子集时，相应的解空间树称为子集树。例如，包含有 n 个物品的 0-1 背包问题相应的解空间树就是一棵子集树。这类子集树通常有 2^n 个叶子结点，结点总数为 $2^{n+1}-1$。遍历该子集树的任何算法，其计算时间复杂度都是 $O(2^n)$。带有剪枝策略的深度搜索方法称为回溯法，利用回溯法搜索子集树的过程描述为算法 5.1。

算法 5.1

```
//形参 t 为树的深度，根为 1
void backtrack(int t)
{
 if(t>n) update(x);                   //到达叶子结点，更新解 x
 else
 for(int i = 0; i <= 1; i++)          //每个结点只有两棵子树
 {
  x[t] = i;                           //0、1 分别表示访问左、右孩子结点
  if(constraint(t) && bound(t)) backtrack(t+1);
 }
}
```

假定已经搜索到部分解 $(x_1, x_2, ..., x_{t-1})$，接下来尝试 x_t 是否可以加入集合，即判断扩展出的 $(x_1, x_2, ..., x_t)$ 是否还是一个部分解，这由约束函数 constraint(t) 和限界函数 bound(t) 决定，这两个函数统称为剪枝函数，函数 update(x) 可以更新解向量 x。

约束函数 constraint(t) 一般可以显式地从题目描述中得出。

限界函数 bound(t) 分为两种情况：计算最大值或者最小值问题。例如，计算最大值问题，其上界值 bound(t) 包括从根结点到当前结点 t 的部分解的目标函数值，以及当前结点 t 到叶子结点的部分解的目标函数值的上界。如果当前最大目标函数值 best > bound(t)，说明正在搜索的结点 t 无法获得最优解，应该剪去该分支；否则继续。

当所给的问题是确定 n 个元素满足某种性质的排列时，可以把这个解空间组织成一棵排列树。排列树通常有 $n!$ 个叶子结点。因此当遍历排列树时，其计算时间复杂度为 $O(n!)$。例如，

5.4 节中的最长路径问题所绘制出的解空间树就是一棵排列树，如图 5.2 所示。

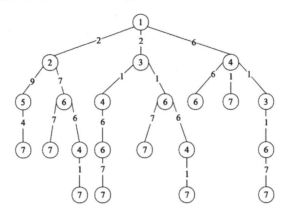

图 5.2　最长路径问题对应的排列树

回溯法搜索排列树的伪代码如算法 5.2。

算法 5.2

```
//形参 t 为树的深度，根为 1
void backtrack(int t){
if(t>n) update(x);
  else
    for(int i = 1; i <= n; i++)
    {                            //为了保证排列中每个元素不同，通过交换 x[t]和 x[i]来实现
      swap(x[t],x[i]);
      if(constraint(t)&&bound(t)) backtrack(t+1);
      swap(x[t],x[i]);           //恢复状态
    }
}
```

5.2　图 的 遍 历

　　图也是一种基本数据结构。图由顶点的有穷非空集合和顶点之间边的集合组成，通常表示为 $G(V,E)$。其中，G 表示一个图；V 是图 G 中顶点的集合；E 是图 G 中边的集合。

　　图按照边的有无向性可以分为有向图和无向图。不管是有向图还是无向图，根据顶点之间的联系方式又可以分为有向完全图、有向图、无向完全图、无向图。在有向完全图中，有向图的边称为弧，并用一个有序偶数对 $<v_i,v_j>$ 进行表示，其中 v_i 称为起始点或弧尾、v_j 称为结束点或弧头。关于图的遍历，有深度优先搜索（depth-first search，DFS）和广度优先搜索（breadth-first search，BFS）两种算法。

　　对于图的深度优先搜索算法，假设有一个由顶点 A～P 构成的图 $G(V, E; V \in$ {A,B,C,D,E,F,G,H,I,J,K,L,M,N,O,P})，如图 5.3（a）所示。图 5.3（b）～图 5.3（f）描述了从点 A 开始进行深度优先搜索的过程。

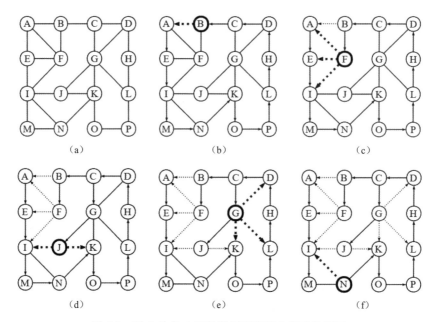

图 5.3　图 G 从点 A 开始进行深度优先搜索的例子

在深度优先搜索算法中，通过沿着遍历过程中探索各条边的方向来对边进行定向，就可以将深度优先搜索的过程可视化。在此过程中，用于发现新顶点的边称为发现边或者树边；而通向访问过的顶点的边称为后边。在图 5.3 中，实线表示发现边，虚线表示后边，加粗圆圈表示当前遍历到的顶点，带箭头的边表示已经走过的路径及其方向。从图 5.3（a）到图 5.3（b），顶点 A 出发经过了 EIMNKOPLHDCB，直到发现后边(B,A)；从图 5.3（b）到图 5.3（c），顶点 B 发现了一条到顶点 F 的发现边，于是遍历到顶点 F，但是通向顶点 F 的边全是后边，所以将搜索沿着 FBCG 的方向回溯，由顶点 G 找到了一个没遍历过的顶点 J；从图 5.3（c）到图 5.3（d），通向顶点 J 的所有边仍然全是后边，仍需要沿着最开始的路径回溯寻找新的发现边；从图 5.3（d）到图 5.3（e），回溯到顶点 G，找到了一条后边(G,D)；从图 5.3（e）到图 5.3（f），最后回溯到顶点 N，找到最后一条后边(N,I)；至此图 G 的深度优先搜索过程结束，算法遍历完成图 G 所有的顶点和边。

图的广度优先搜索算法也是一种常用的搜索算法。不同于深度优先搜索算法，广度优先搜索算法用一种更加"保守"的方式对图的顶点以及它的边进行遍历。接下来仍然以图 G 为例，类似于深度优先搜索算法，沿着遍历过程中探索各条边的方向来对边进行定向，将广度优先搜索算法按图 5.4 所示的步骤可视化。

不同于深度优先搜索，在广度优先搜索过程中那些用于发现新顶点的边称为发现边，而那些通向已访问过顶点的边称为交叉边。不称为后边的原因是：在广度优先搜索中，这些边不会连接顶点和它的一个祖先结点。广度优先搜索和深度优先搜索还有一个不同是：类似于树的层次遍历，广度优先搜索会建立一个队列存储顶点，并给顶点划分层次。以图 5.4 为例，最开始进入的开始顶点 A 被称作第 0 层，与顶点 A 所有相邻的顶点 B、F、E 为第 1 层，直到所有的顶点和边遍历完为止。

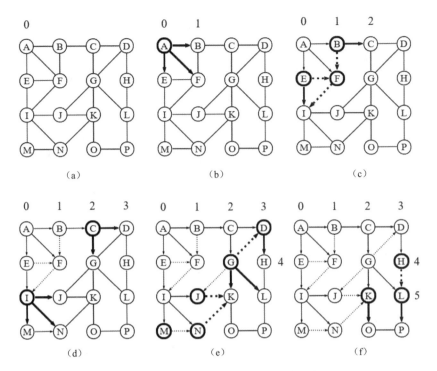

图 5.4　图 G 从点 A 进行广度优先搜索的例子

继续观察图 5.4，从图 5.4（a）到图 5.4（b），以顶点 A 为第 0 层出发遍历其所有相邻的顶点 B、F、E；从图 5.4（b）到图 5.4（c），第 1 层的顶点 B、F、E 开始各自遍历与它们相邻的顶点 C 和 I，但是顶点 F 找到的是一条交叉边；从图 5.4（c）到图 5.4（d），顶点 C 和 I 作为第 2 层也开始继续发现其他的相邻顶点 D、G 和 J、M、N；从图 5.4（d）到图 5.4（e），第 3 层的 5 个顶点找到了新的 3 个相邻顶点 H、K、L；从图 5.4（e）到图 5.4（f），第 4 层的顶点 H、K、L 找到最后两个相邻顶点 O、P 作为第 5 层；至此图 G 的广度优先搜索过程结束，算法遍历完成图 G 所有的顶点。

5.3　深度优先搜索算法

深度优先搜索算法适用于解决连通性问题、寻找路径等，尤其在解决迷宫问题、拓扑排序问题等方面有显著作用。

下面讲解如何利用深度优先搜索算法解决填涂颜色问题。

【题目描述】

在由数字 0 组成的方阵中，有一任意形状闭合圈，闭合圈由数字 1 构成，围圈时只走上、下、左、右 4 个方向。现要求把闭合圈内的所有空间都填写成 2。例如，对于 6×6 的方阵（n=6），涂色前和涂色后的方阵如下：

000000	000000
001111	001111
011001	011221
110001	112221
100001	122221
111111	111111

【输入格式】

每组测试数据的第 1 行是一个整数 $n(1 \leqslant n \leqslant 30)$，接下来 n 行是由 0 和 1 组成的 $n \times n$ 的方阵。方阵内只有一个闭合圈，圈内至少有一个 0。

【输出格式】

已经填好数字 2 的完整方阵。

【输入/输出样例】

输入样例	输出样例
6	000000
000000	001111
001111	011221
011001	112221
110001	122221
100001	111111
111111	

【提示】

$1 \leqslant n \leqslant 30$。

【题目分析】

题目的需求是先在数字方阵中找到以数字 1 为边界的闭合圈，然后将闭合圈内所有的数字 0 改写成数字 2。以图 5.5（a）为例，需要将灰色部分的数字 0 改写成 2。仔细观察图 5.5（a），发现闭合圈外有数字 0，但不在闭合圈内，如图 5.5（b）中的灰色部分的数字所示。

那么如何才能将非闭合圈内的数字 0 排除在外呢？如图 5.5（c）所示，在图 5.5（b）的基础上在四周增加一圈数字 0，即可使非闭合圈内的数字 0 形成一块整体；对数字方阵进行深度优先遍历时，先遍历灰色部分的数字 0，将其改为数字 3，再遍历寻找闭合圈内的数字 0，将其改为数字 2，最后将数字 3 更改回数字 0。

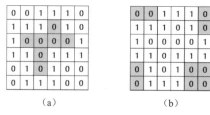

图 5.5　数字方阵的填色步骤

0	0	0	0	0	0	0	0
0	0	0	1	1	1	0	0
0	1	1	1	0	1	0	0
0	1	0	0	0	0	1	0
0	1	1	0	1	1	1	0
0	0	1	0	1	0	0	0
0	0	1	1	1	0	0	0
0	0	0	0	0	0	0	0

（c）

3	3	3	3	3	3	3	3
3	3	3	1	1	1	3	3
3	1	1	1	2	1	3	3
3	1	2	2	2	2	1	3
3	1	1	2	1	1	1	3
3	3	1	2	1	3	3	3
3	3	1	1	1	3	3	3
3	3	3	3	3	3	3	3

（d）

图 5.5（续）

参考代码如算法 5.3 所示。

算法 5.3

```
#include<bits/stdc++.h>
using namespace std;
int a[32][32];                    //定义一个二维数组 a，大小为 32×32
int dx[4]={0,0,-1,1};             //定义数组 dx，表示 x 方向的移动：上、下、左、右
int dy[4]={1,-1,0,0};             //定义数组 dy，表示 y 方向的移动：上、下、左、右
int n;                            //定义整数 n，用于存储输入的边界大小
void dfs(int x,int y)
{                                 //坐标不能超出范围，如果碰到数字 1 或已经被换成的数字 3，返回
   if(x<0||y<0||x>n+1||y>n+1||a[x][y]==1||a[x][y]==3) return;
   a[x][y]=3;                     //标记成数字 3（也就是圈外面的 0）
   //递归调用深度优先搜索，遍历相邻的结点
   for(int i=0;i<4;i++) dfs(x+dx[i],y+dy[i]);
}
int main()
{
   cin>>n;                                 //输入边界大小 n
   for(int i=1;i<=n;i++)
      for(int j=1;j<=n;j++)
         cin>>a[i][j];                     //输入二维数组 a 的元素值
   dfs(0,0);                               //从 0 开始遍历（外面增加了一圈数字 0）
   for(int i=1;i<=n;i++)
      for(int j=1;j<=n;j++)
      {
         if(a[i][j]==3) a[i][j]=0;  //将标记为 3 的元素改为 0
         else if(a[i][j]==0) a[i][j]=2;     //将标记为 0 的元素改为 2
      }
   for(int i=1;i<=n;i++)                   //遍历输出
   {
      for(int j=1;j<=n;j++)
         cout<<a[i][j]<<" ";               //输出数组元素
         cout<<"\n";
   }
}
```

该算法的时间复杂度为 $O(n^2)$。

5.4 广度优先搜索算法

广度优先搜索算法适用于寻找最短路径、解决网络传播、图的层级遍历等问题。

下面讲解如何利用广度优先搜索算法解决最长路径问题。

【题目描述】

设 G 为有 n 个顶点的带权有向无环图，G 中各顶点的编号为 1 到 n，请设计算法，计算图 G 中 1 到 n 的最长路径。

【输入格式】

输入的第 1 行有两个整数，分别代表图的顶点数 n 和边数 m。第 2 到第 $m+1$ 行，每行有 3 个整数 u、v、$w(u<v)$，代表存在一条从 u 到 v、边权为 w 的边。

【输出格式】

输出一个整数，代表 1 到 n 的最长路径。若 1 无法到达 n，则输出-1。

【输入/输出样例】

输入样例	输出样例
7 11	19
1 2 2	
1 3 2	
1 4 6	
2 5 9	
2 6 7	
3 4 1	
3 6 1	
4 6 6	
4 7 1	
5 7 4	
6 7 7	

【提示】

$1\leqslant n\leqslant 1500$，$0\leqslant m\leqslant 5\times 10^4$，$1\leqslant u$，$v\leqslant n$，$-10^5\leqslant w\leqslant 10^5$。

【题目分析】

以输入样例画出的图如图 5.6（a）所示。

此问题可用深度优先搜索算法将结点 1 到 n 的所有路径排列，并比较大小，但该算法的时间复杂度较大，计算效率较低。对于求图的最优路径这类题目，广度优先搜索算法要优于深度优先搜索算法。图 5.6（b）展示了在广度优先搜索算法中结点搜索的路径树。从图 5.6（b）可以看出，要求得最长路径，只需将结点 1 到当前结点的最长路径算出并存放到数组中，当广度优先搜索算法队列更新时，将数组中结点 1 到每个结点的最长路径更新，即可求解。

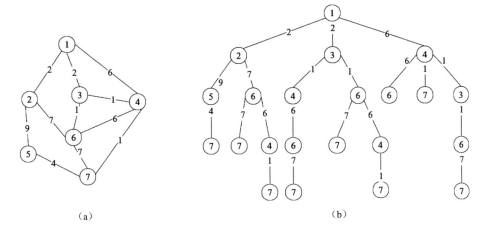

（a）　　　　　　　　　　　　　　　　　　　（b）

图 5.6　最长路径算法例图

参考代码如算法 5.4 所示。

算法 5.4

```cpp
#include<cstdio>
#include<cstring>
#include<queue>
#include<iostream>
using namespace std;
const int MAXN=1502;
queue<int>q;                        //定义一个整型队列 q，用于广度优先搜索算法
//d[i]记录结点 i 前的最长路径，mp[a][b]存储结点 a 与结点 b 之间的路径长
int d[MAXN],mp[MAXN][MAXN];
int n,m;
void bfs()
{
    //将数组 d 的所有元素初始化为-1，便于无解时输出的 d[n]为-1
    memset(d,-1,sizeof(d));
    d[1]=0;                         //第 1 个结点前的路径长为 0
    q.push(1);                      //将结点 1 入队
    while(!q.empty())
    {
        int t=q.front();            //取出队列头的结点 t
        q.pop();                    //弹出队列头的结点
        for(int i=1;i<=n;i++)
            //如果从结点 t 到当前结点 i 有边，且不是最长路径
            if(mp[t][i]&&d[i]<d[t]+mp[t][i])
            {
                d[i]=d[t]+mp[t][i]; //更新最长路径
                q.push(i);          //进入队列，搜索下一个结点
            }
    }
```

```
}
int main()
{
    cin>>n>>m;                          //输入结点数 n 和边数 m
    int a,b,v;
    for(int i=1;i<=m;i++){
        cin>>a>>b>>v;
        mp[a][b]=max(mp[a][b],v);       //如果两点之间有多条连边，只需保留最长边
    }
    bfs();                              //调用 bfs() 函数
    cout<<d[n];                         //输出最后一点的最长路径
    return 0;
}
```

假设图的顶点数为 n，边数为 m，则该算法的时间复杂度为 $O(n+m)$。

5.5 回 溯 法

5.5.1 回溯法的基本思想

带有剪枝策略的深度优先遍历方法称为回溯法。在应用回溯法求解时，需要明确定义问题的解空间。问题的解空间应至少包含问题的一个（最优）解。例如，对于有 n 种物品可选择的 0-1 背包问题，其解空间由长度为 n 的 0-1 向量组成，0 代表不选当前物品，1 代表选中当前物品。当 $n=3$ 时，解空间为 $\{(0,0,0),(0,1,0),(0,0,1),(1,0,0),(0,1,1),(1,0,1),(1,1,0),(1,1,1)\}$。

在定义了问题的解空间后，应当选择一种合适的数据结构将解空间里的解组织起来。由于只有 0 和 1 两种选择，很容易联想到用完全二叉树来表达解空间的所有解，如图 5.7 所示。从树根到叶子结点的任一路径即为解空间的一个元素。从图 5.7 中可以看出，根结点 A 到叶子结点 K 所表示的解为 (1,0,0)。

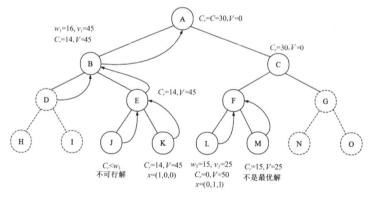

图 5.7 0-1 背包问题的回溯过程

在生成解空间树时，定义以下几个概念。

（1）活结点。如果已经生成一个结点，而它的所有儿子结点还未全部生成，则将此结点称

为活结点。

（2）扩展结点。当前正在生成儿子结点的活结点称为扩展结点（正扩展结点）。

（3）死结点。不再进一步扩展或者儿子结点已全部生成的结点称为死结点。

在确定了解空间的组织结构后，回溯法从开始结点（根结点）出发，深度优先搜索整个解空间。这个开始结点成为一个活结点，同时成为当前的扩展结点，通过当前的扩展结点，搜索向深度方向进入一个新的结点。这个新结点成为一个新的活结点，并成为当前的扩展结点。若在当前扩展结点处不能再向深度方向移动，则当前的扩展结点成为死结点，即该活结点成为死结点。此时回溯到最近的一个活结点处，并使这个活结点成为当前的扩展结点。

回溯法以这样的方式递归搜索整个解空间树，直到满足终止条件。

对于一个 0-1 背包问题，假设背包容量 $C=30$，$w=\{16,15,15\}$，$V=\{45,25,25\}$，其回溯搜索过程见图 5.7。

（1）开始时，根结点 A 是唯一的活结点，也是当前扩展结点。定义背包的剩余容量为 C_r，装入背包的总价值为 V，则 $C_r=C=30$，$V=0$。

（2）扩展结点 A，可以向深度方向到达结点 B 或者 C。假设先到达结点 B，则 $C_r=C_r-w_1=14$，$V=V+v_1=45$。此时 A、B 为活结点，B 成为当前扩展结点。

（3）扩展结点 B，可以向深度方向到达结点 D 或者 E。假设先到达结点 D，则 $C_r<w_2=15$，结点 D 导致一个不可行解，回溯到结点 B。

（4）再次扩展结点 B 到达结点 E。由于结点 E 不需要占用背包容量，是可行解。此时 A、B、E 是活结点，结点 E 成为新的扩展结点。

（5）扩展结点 E，可以向深度方向到达结点 J 或者 K。假设先到达结点 J，则 $C_r<w_3=15$，结点 J 导致一个不可行解，回溯到结点 E。

（6）再次扩展结点 E 到达结点 K。由于结点 K 不需要占用背包容量，是可行解。结点 K 是叶子结点，即得到一个可行解 $x=(1,0,0)$，$V=45$。

（7）结点 K 不可扩展，成为死结点，回溯到结点 E。结点 E 没有可扩展结点，成为死结点，返回到结点 B。结点 B 没有可扩展结点，成为死结点，返回到结点 A。

（8）结点 A 再次成为扩展结点，扩展结点 A 到达结点 C。由于结点 C 不需要占用背包容量，是可行解，则 $C_r=C=30$，$V=0$。此时 A、C 为活结点，C 成为当前扩展结点。

（9）扩展结点 C，可以向深度方向到达结点 F 或者 G。假设先到达结点 F，则 $C_r=C_r-w_2=15$，$V=V+v_2=25$。此时 A、C、F 为活结点，F 成为当前扩展结点。

（10）扩展结点 F，可以向深度方向到达结点 L 或者 M。假设先到达结点 L，则 $C_r=C_r-w_3=0$，$V=V+v_3=50$。结点 L 是叶子结点，即得到一个可行解 $x=(0,1,1)$，$V=50$。

以此方式继续搜索，可搜索整个解空间树。搜索结束后，找到的最好解即为相应 0-1 背包问题的最优解，即 $x=(0,1,1)$，$V=50$。

在利用回溯法搜索解空间树时，通常采用两种策略避免无效搜索进而提高回溯搜索的效率。

（1）用约束函数在扩展结点处剪去不满足条件的子树。

（2）用限界函数剪去不能得到最优解的子树。

例如，求解 0-1 背包问题时用剪枝函数剪去导致不可行解的子树。在旅行商问题中，如果从根结点到当前扩展结点的周游路线费用已经超过当前找出的最优路线费用，说明该子树不可能包含最优解，可直接将这棵子树剪去。综上所述，采用回溯法解题的 3 个步骤如下：

（1）针对所给问题，定义问题的解空间。

（2）确定一种易于搜索的结构将解空间组织起来。

（3）以深度优先的方式搜索解空间树，并在搜索过程中用剪枝函数避免无效搜索。

5.5.2　装载问题

1．题目描述

将 n 个集装箱装入两艘重量分别为 c_1 和 c_2 的轮船，其中集装箱 i 的重量为 w_i，且 $\sum_{i=1}^{n} w_i \leq c_1 + c_2$。装载问题要求确定，是否有一个合理的装载方案将这 n 个集装箱装入这两艘轮船。如果有，找出一种装载方案。

例如，当 $n=3$，$c_1=c_2=50$，$w=[10,40,40]$ 时，得到一种装载方案是将集装箱 1 和集装箱 2 装入第 1 艘轮船，而将集装箱 3 装入第 2 艘轮船；如果 $w=[20,40,40]$，则无法将这 3 个集装箱都装入轮船。当 $\sum_{i=1}^{n} w_i = c_1 + c_2$ 时，装载问题等价于子集和问题。当 $c_1=c_2$ 且 $\sum_{i=1}^{n} w_i = 2c_2$ 时，装载问题等价于划分问题。

至此容易证明，采用如下策略可以使一个给定且有解的装载问题得到最优装载方案。首先将第 1 艘轮船尽可能地装满；然后将剩余的集装箱装入第 2 艘轮船。

将第 1 艘轮船尽可能地装满等于选取全体集装箱的一个子集，使该子集中集装箱重量之和最接近 c_1。由此可知，装载问题等价于一个特殊的 0-1 背包问题。

2．无限界函数的递归回溯

从题目描述可知，该问题的目标是选取全体集装箱的一个子集，使该子集中集装箱重量之和最接近 c_1，那么用子集树表示其解空间显然是最合适的。记 cw 为当前解空间树结点所对应的装载重量，bestw 记录当前最大装载重量。在回溯法搜寻解空间树的过程中，使用可行性约束函数可以剪去不满足约束条件的子树。在子集树的第 $j+1$ 层的结点 M 处，用 cw 记当前的装载重量，即 $cw = \sum_{i=1}^{j} w_i x_i$；当 $cw > c_1$ 时，以结点 M 为根的子树中的所有结点都不满足约束条件，因此该子树中的解均为不可行解，可将该子树剪去。

在算法 5.5 中，函数 backtrack 在 $i > n$ 时，会搜索至叶子结点，其相应的装载重量为 cw。如果 cw>bestw，则表示当前解优于当前最优解，此时应更新 bestw。

而当 $i \leq n$ 时，当前扩展结点 M 是子集树中的内部结点。该结点有 $x[i]=1$ 和 $x[i]=0$ 两个儿子结点。其左儿子结点表示 $x[i]=1$ 的情形，仅当 $cw+w[i] \leq c$ 时进入左子树，并对左子树递归搜索。又由于 $cw+w[i] \leq c$，因此其右儿子结点表示 $x[i]=0$ 的情形总是可行的，此时进入右子树时不需要利用约束函数检查其可行性。

算法 5.5

```
void backtrack (int i)
    {                               //搜索第 i 层结点
    if (i > n)                      //到达叶子结点
    {                               //判断解是否更好，如果是，则更新
    bestw;
    return;
    }
    //搜索子树
    if (cw + w[i] <= c) {           //利用约束函数搜索左子树
        cw += w[i];
        backtrack(i + 1);
        cw -= w[i];
    }
    //搜索右子树
    backtrack(i + 1);
}
```

算法时间复杂度采用 $T=Nt$ 的形式加以分析，其中 N 表示搜索过程所遍历的结点数量，t 表示搜索单个结点所消耗的时间，可见搜索结点数量的上界为 $O(2^n)$，而每个结点上需要开展一次约束函数计算，消耗时间与问题规模无关，因此总的时间复杂度为 $O(2^n)$。

3. 引入限界函数的递归回溯

引入限界函数，可以进一步剪去不含最优解的右子树。可以想象：某个集装箱 i 是构造最优解的关键，而一旦选择不将集装箱 i 装入轮船，那么在此之后，即使将所有剩余的集装箱都装入轮船，都不可能超过之前某个叶子结点对应的集装箱重量之和，那么该右子树可以直接被剪枝，即无须访问。

设 Z 是解空间树第 i 层上的当前扩展结点。cw 是当前载重量；bestw 是当前最优载重量；r 是剩余集装箱的重量。定义上界函数为 Bound=cw+r。在以 Z 为根的子树中，任意一个叶子结点所对应的载重量均不超过 cw+r。因此，当 cw+r≤bestw 时，可将 Z 的右子树剪去，如图 5.8 所示。其实现如算法 5.6 所示。

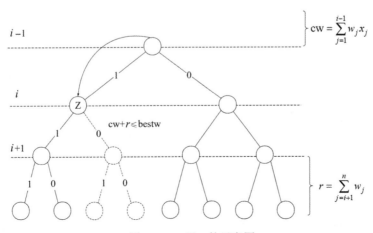

图 5.8　cw 及 r 的示意图

算法 5.6

```
void backtrack (int i)
  {                              //搜索第 i 层结点
    if (i > n)                   //到达叶子结点
    //更新 bestw
    bestw = bestw + w[i];
    return;
    r -= w[i];                   //第 i 个集装箱已考查完毕
    if (cw + w[i] <= c) {        //搜索左子树
      cw += w[i];
      backtrack(i + 1);
      cw -= w[i];      }
    if (cw + r > bestw) {        //限界函数
       backtrack(i + 1);      }
    r += w[i];                   //返回上一层
  }
```

为什么在进入左子树时，不需要实施限界函数？如图 5.9 所示，进入左子树后，所对应的结点的上界 Bound′ 与父结点的上界 Bound 一样。

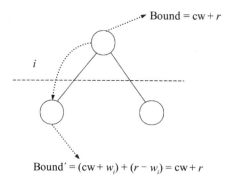

图 5.9 左子树的上界与扩展结点相同

引入该限界函数后，搜索结点数量的上界仍然为 $O(2^n)$，而每个结点上需要开展一次限界函数计算，限界函数的消耗时间与问题规模无关，因此总的时间复杂度为 $O(2^n)$。但值得注意的是，在实际求解过程中，通常会删去较多的右子树，从而使该算法在平均情况下得到较大效率的提升。

4．构造最优解

以上求解过程，仅计算了第 1 艘轮船的最大载重量，即仅确定了最优值，但尚未保存最优解。为构造最优解，必须在搜索过程中记录从根结点至叶子结点的路径。可增加两个数组 x 和 bestw，分别存放临时路径和最优解对应的路径。每当到达叶子结点时，更新 bestw 值。

参考代码如算法 5.7 所示。

算法 5.7

```
void backtrack (int i)
  { //搜索第 i 层结点
```

```
    if (i > n)                      //到达叶子结点
    //更新最优解 bestw, 即复制 x 值
    {
    for (int i = 0; i < x.length(); i++)
        bestw[i] = x[i]
    return;
    }
    r -= w[i];                      //第 i 个集装箱已考查完毕
    if (cw + w[i] <= c) {           //搜索左子树
      x[i] = 1;
      cw += w[i];
      backtrack(i + 1);
      cw -= w[i];         }
    if (cw + r > bestw) {
      x[i] = 0;                     //搜索右子树
      backtrack(i + 1);    }
    r += w[i];                      //返回上一层
  }
```

算法时间复杂度采用 $T=Nt$ 的形式加以分析,其中 N 表示搜索过程所遍历的结点数量,t 表示遍历单个结点所消耗的时间,可见搜索结点数量的上界为 $O(2^n)$,注意到在叶子结点上需要执行时间复杂度为 $O(n)$ 的复制解向量计算,因此以上算法构造最优解的时间复杂度为 $O(n2^n)$。

该时间复杂度过于高昂,为进一步提升效率,可首先利用算法 5.4 仅求解最优解,接着将最优解引入限界函数,那么在搜索过程中将进入只包含最优解的叶子结点,从而仅执行一次复制操作,时间复杂度仍然为 $O(2^n)$。

5.迭代回溯

以上递归算法的搜索过程也可改为迭代算法。算法 MaxLoading 调用递归函数 backtrack(1) 实现回溯搜索。backtrack(i)搜索子集树中第 i 层子树以及类 Loading 的数据成员,并记录子集树中的结点信息,从而减少传给 backtrack 的参数。参考代码如算法 5.8 所示。

算法 5.8

```
template <class Type>
//迭代回溯法,返回最优载重量及其相应解,初始化根结点
Type MaxLoading(Type w[],Type c,int n,int bestx[])
{
    int i=1;                        //当前层, x[1:i-1]为当前路径
    int *x=new int[n+1];
    Type bestw=0,                   //当前最优载重量
         cw=0,                      //当前载重量
         r=0;                       //剩余集装箱重量
    for (int j=1;j<=n;j++){
        r+=w[j];                    //初始化剩余集装箱重量变量
}
 while(true)                        //搜索子树
{
```

```
        while(i<=n &&cw+w[i]<=c)        //进入左子树
        { r-=w[i]; cw+=w[i]; x[i]=1; i++;    }
        if (i>n)                        //到达叶子结点
        {                               //复制解并放入 bestx
            for (int j=1;j<=n;j++)
            { bestx[j]=x[j];  } bestw=cw;
        } else                          //进入右子树
        { r-=w[i];                      //同样要减去第 i 个集装箱的重量
            x[i]=0; i++;
        }
        while (cw+r<=bestw)                   //不满足限界函数，回溯
        {
            i--;                        //3 种情况的回溯
            while (i>0 && !x[i])        //如果当前是由右子树返回
            { r+=w[i];  i--;  }         //则进一步回溯
            if (i==0)                   //如果已经回溯至根结点，则结束算法
            { delete []x;  return bestw;  }
            //如果是左子树返回，则继续访问右子树
            x[i]=0; cw-=w[i];  i++;
        }
    }
```

5.5.3　旅行商问题

旅行商问题（traveling salesman problem，TSP）又称货担郎问题，是组合优化中的著名难题，也是计算复杂度理论、图论、运筹学、最优化理论等领域中的一个经典问题，具有广泛的应用背景，如军事、通信、电路板设计、大规模集成电路、基因排序等领域。旅行商问题的相关概念最早是由数学家兼经济学家 Karl Menger 在 20 世纪 20 年代提出的。

旅行商问题的一般描述为：旅行商从 n 个城市中的某个城市出发，经过每个城市一次，最后回到原点，在所有可能的路径中求出路径长度最短的一条。设 $G=(V,E)$ 是一个带权图，其每条边 $(u,v) \in E$ 的费用（权）为正数 $\omega(u,v)$。目的是要找出 G 的一条经过每个顶点一次且仅经过一次的回路，即哈密尔顿回路 $v_1, v_2, ..., v_n$，使回路的总权值最小。该问题可形式化描述为

$$\min \left\{ \sum_{i=1}^{n-1} \omega(v_i, v_{i+1}) + \omega(v_n, v_1) \right\}$$

图 5.10 所示是包含有 4 个顶点的无向带权图。其中回路有(1,2,4,3,1)、(1,4,2,3,1)等，回路(1,3,2,4,1)的总权值为 25，为最优回路。

既然回路是包括所有顶点的环，可以选择任意一个顶点为起点。假设将 n 个顶点编号为 $1,2,...,n$，并选择顶点 1 为起点，则每个回路被描述成顶点序列 $(1, x_2, ..., x_n, 1)$，其中序列 $(x_2, ..., x_n)$ 为顶点 $2,3,...,n$ 中的一个排列，因此解空间的大小为$(n-1)!$。由此可见，解空间是一棵排列树，如图 5.11 所示。

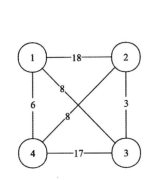

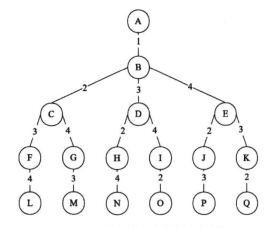

图 5.10　有 4 个顶点的无向带权图　　　　　图 5.11　旅行商问题的解空间树

用回溯法找最小费用周游路线的主要过程如下：

（1）从解空间树的根结点 A 出发，搜索至 B,C,F,L。在叶子结点 L 记录找到的周游路线 (1,2,3,4,1)，该周游路线费用合计为 44。

（2）从叶子结点 L 返回至最近活动结点 F。由于结点 F 已没有可扩展结点，算法又返回到结点 C 处。

（3）结点 C 成为新的扩展结点，由新的扩展结点，算法再移至结点 G 后又移至结点 M，得到周游路线(1,2,4,3,1)，其费用合计为 51。这个费用不比已有周游路线(1,2,3,4,1)的费用小。因此舍弃该结点。

（4）算法又依次返回至结点 G,C,B。

（5）从结点 B 开始，算法继续搜索至结点 D,H,N。在叶子结点 N，算法返回至结点 H,D，然后再从结点 D 开始继续向纵深搜索至结点 O。

（6）依次按照以上方式搜索遍历整个搜索树，最终得到(1,3,2,4,1)是一条最小费用周游路线。

5.5.4　n 皇后问题

【题目描述】

八皇后问题是 19 世纪著名的数学家高斯于 1850 年提出的。在 8×8 的棋盘上摆放 8 个皇后，使其不能互相攻击，即任意两个皇后都不能处于同一行、同一列或同一斜线上。可以把八皇后问题扩展到 n 皇后问题，即在 $n×n$ 的棋盘上摆放 n 个皇后，使任意两个皇后都不能处于同一行、同一列或同一斜线上。

【输入格式】

输入包含多组测试样例，对每个测试样例，每行只有一个数字 $n(4 \leqslant n \leqslant 12)$。

【输出格式】

对每组测试数据，输出所有可能的放置情况，最后一行是方案总数。

【输入/输出样例】

输入样例	输出样例
5	1 3 5 2 4
	1 4 2 5 3
	2 4 1 3 5
	2 5 3 1 4
	3 1 4 2 5
	3 5 2 4 1
	4 1 3 5 2
	4 2 5 3 1
	5 2 4 1 3
	5 3 1 4 2
	Total = 10

【题目分析】

由题目描述可知，棋盘的每一行上可以而且必须摆放一个皇后，所以，n 皇后问题的可能解用一个 n 元向量 $X = (x_1, x_2, …, x_n)$ 表示，其中，$1 \leq i \leq n$ 并且 $1 \leq x_i \leq n$，即第 i 个皇后放在第 i 行第 x_i 列上。

由于两个皇后不能位于同一列上，因此解向量 X 必须满足约束条件 $x_i \neq x_j$。

若两个皇后摆放的位置分别是 (i, x_i) 和 (j, x_j)，当这两个皇后在棋盘上斜率为-1的斜线上时，其摆放位置满足 $i - j = x_i - x_j$。

当这两个皇后在棋盘上斜率为1的斜线上时，其摆放位置满足 $i + j = x_i + x_j$。

综合以上两种情况，由于两个皇后不能位于同一斜线上，因此，解向量 X 必须满足约束条件 $|i - x_i| \neq |j - x_j|$。

为了简化问题，下面讨论四皇后问题，如图 5.12 所示。四皇后问题的解空间树是一棵完全四叉树，树的根结点表示搜索的初始状态。

	1	2	3	4	
1					← 皇后 1
2					← 皇后 2
3					← 皇后 3
4					← 皇后 4

图 5.12　四皇后问题

从根结点到第 2 层结点，对应皇后 1 在棋盘上第 1 行的可能摆放位置，从第 2 层结点到第 3 层结点，对应皇后 2 在棋盘上第 2 行的可能摆放位置，以此类推。

回溯法从空棋盘开始，首先把皇后 1 摆放到其所在行的第 1 个可能的位置，也就是第 1 行第 1 列，如图 5.13（a）所示；对于皇后 2，在经过第 1 列和第 2 列的失败尝试后，把它摆放到第 1 个可能的位置，也就是第 2 行第 3 列，如图 5.13（b）所示，其中"×"表示失败的尝试，"Q"表示放置皇后；对于皇后 3，把它摆放到第 3 行的任一列上都会引起冲突（违反约束条件），如图 5.13（c）所示，所以回溯到对皇后 2 的处理，把皇后 2 摆放到下一个可能的位置，也就是第 2 行第 4 列，如图 5.13（d）所示；然而，把皇后 3 摆放到第 3 行的任一列上都会引起冲突，如图 5.13（e）和图 5.13（f）所示，再次回溯，回到对皇后 2 的处理，但此时皇后 2 位于棋盘的最后一列，则继续回溯，回到对皇后 1 的处理，把皇后 1 摆放到下一个可能的位置，也就是第 1 行第 2 列，如图 5.13（g）所示；接下来，把皇后 2 摆放到第 2 行第 4 列的位置，如图 5.13（h）所示。把皇后 3 摆放到第 3 行第 1 列的位置，如图 5.13（i）所示，把皇后 4 摆放到第 4 行第 3 列的位置，如图 5.13（j）所示，这就得到四皇后问题的一个解。在 $n = 4$ 的情况下，解空间树共有 65 个结点、24 个叶子结点，但在实际搜索过程中，遍历操作只涉及 8 个结点，在 24 个叶子结点中，仅遍历一个叶子结点就找到了满足条件的解。如果需要求出所有解，回溯法继续同样的操作，或者利用棋盘的对称性来求出其他解。

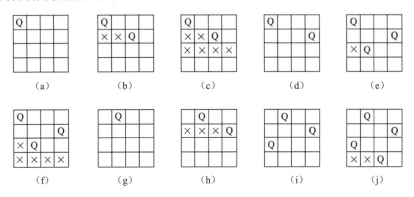

图 5.13　回溯法求解四皇后问题的搜索过程

由于棋盘的每列只有一个皇后，所以可行解可用一维向量 $\boldsymbol{X}(x_1, x_2, ..., x_n)$ 表示，其中 x_i 表示第 i 个皇后所在的列为 x_i，并且解空间的每个非叶子结点都有 n 个儿子结点，因此解空间的大小为 n^n，即 n 皇后问题的解空间树是一棵完全 n 叉树。

根据题目描述，定义 n 皇后问题的数据结构如下：

```
#define NUM 20
int n;                    //棋盘的大小
int x[NUM];               //解向量
int sum;                  //当前已经找到的可行方案数
```

使用回溯法搜索 n 皇后问题的解空间树的实现代码如算法 5.9 所示。

算法 5.9

```
void Backtrack(int t)
{
//到达叶子结点，获得一个可行方案，总数+1，输出方案
if (t>n)
{
    sum++;
    for (i=1; i<=n; i++)
    printf(" %d", x[i]);
    printf("\n");
```

```
    }
else
    for (i=1; i<=n; i++)
    {
        x[t] = i;
        if (Place(t)) Backtrack(t+1);
    }
}
```

在算法 5.9 中，BackTrack 函数搜索解空间树中第 t 层子树，因此使 $t=1$ 实现对整个解空间的回溯搜索。当 $t>n$ 时，算法搜索至叶子结点，即获得一个新的 n 个皇后互不攻击的放置方案，累计方案总数并输出方案。当 $t \leqslant n$ 时，当前扩展结点是解空间中的内部结点，该结点有 $x[i]=1,2,\dots,n$，共 n 个子结点。对当前扩展的每个子结点，由约束函数 Place 检查其可行性，并以深度优先方式递归地对可行子树进行搜索，或者剪去不可行子树。检查当前皇后位置的约束函数实现如算法 5.10 所示。

算法 5.10

```
bool Place(int t)
{
    int i;
    for (i=1; i<t; i++)
        if ((abs(t-i) == abs(x[i]-x[t])) || (x[i] == x[t]))
            return false;
    return true;
}
```

5.6 分支限界法

5.6.1 分支限界法的基本理论

分支限界法（branch and bound method）由英国运筹学家 A. H. Land 和 A. G. Doig 于 1960 年提出。分支限界法将问题可行解组织成树的形状，然后利用剪枝函数对树空间进行跳跃式搜索。该算法在具体执行时，把全部可行的解空间不断分割为越来越小的子集（分支），并为每个子集对应的解计算其上界或下界（限界），在每次分支后，对凡是界限超出可行解值的子集不再做出进一步分支，使树中对应的子结点无须访问，从而缩小搜索范围。该过程直到找出可行解为止，该可行解的值不大于任何子集的界限。

分支限界法常以广度优先或以最小耗费（最大效益）优先的方式搜索问题的解空间树。在分支限界法中，每一个活结点只有一次机会成为扩展结点。

（1）活结点一旦成为扩展结点，就一次性产生其所有儿子结点。

（2）在这些儿子结点中，导致不可行解或导致非最优解的儿子结点被舍弃，其余儿子结点被加入活结点表。

（3）从活结点表中取下一个结点成为当前扩展结点，并重复上述结点扩展过程。这个过程一直持续到找到所需的解或活结点表为空时为止。为实现跳跃式搜索，使用分支限界法需要考虑如何估算上界（下界）值，以及怎样从活结点表中选择一个结点作为扩展结点。

下面介绍两种常见的分支限界法。

1. 队列式分支限界法

按照先进先出（first in first out，FIFO）原则选取下一个结点为扩展结点。

以 0-1 背包问题为例：$n=3$，$w=[16,15,15]$，$p=[45,25,25]$，$c=30$。

首先，要对输入数据进行预处理，将各物品依其单位重量价值从大到小进行排列。

算法首先检查当前扩展结点的左儿子结点的可行性。如果该左儿子结点是可行结点，则将它加入活结点队列。由于当前扩展结点的右儿子结点一定是可行结点，所以仅当右儿子结点满足限界函数时才将它加入活结点队列。当队列为空时，算法结束。

2. 优先队列式分支限界法

按照优先队列中规定的优先级选取优先级最高的结点成为当前扩展结点，结点的优先级由已装袋的物品价值加上剩下的最大单位重量价值的物品装满剩余容量的价值和。当某一叶子结点成为扩展结点时，算法即可结束。

由于求解目标不同，导致分支限界法与回溯法在解空间树 T 上的搜索方式也不相同。回溯法以深度优先的方式搜索解空间树 T，而分支限界法则以广度优先或最小耗费优先的方式搜索解空间树 T。

分支限界法的搜索策略是：在扩展结点处，首先生成其所有的儿子结点（分支），然后从当前的活结点表中选择下一个扩展结点。为了有效地选择下一个扩展结点，以加速搜索的进程，在每一个活结点处，计算一个函数值（限界），并根据这些已计算出的函数值，从当前活结点表中选择一个最有利的结点作为扩展结点，使搜索朝着解空间树上有最优解的分支推进，以便尽快地找出一个最优解。

分支限界法常以广度优先或最小耗费优先的方式搜索问题的解空间树。问题的解空间树是一棵表示问题解空间的有序树，常见的有子集树和排列树。在搜索问题的解空间树时，分支限界法与回溯法对当前扩展结点所使用的扩展方式不同。在分支限界法中，每一个活结点只有一次机会成为扩展结点。活结点一旦成为扩展结点，就一次性产生其所有儿子结点。在这些儿子结点中，那些导致不可行解或非最优解的儿子结点被舍弃，其余儿子结点被加入活结点表。此后，从活结点表中取下一个结点成为当前扩展结点，并重复上述结点扩展过程。这个过程一直持续到找到所求的解或活结点表为空时为止。

5.6.2 装载问题

【题目描述】

将 n 个集装箱装入两艘重量分别为 c_1 和 c_2 的轮船，其中集装箱 i 的重量为 w_i，且 $\sum_{i=1}^{n} w_i \leqslant c_1 + c_2$。装载问题要求确定，是否有一个合理的装载方案将这 n 个集装箱装入两艘轮船。如果有，找出一种装载方案。

【输入格式】

第 1 行输入 3 个整数 c_1、c_2、n；第 2 行输入 w_i。

【输出格式】

输出最优解的装载重量。

【输入/输出样例】

输入样例	输出样例
80 8 4	86
18 7 25 36	

【题目分析】

该问题的实质是求第 1 艘轮船的最优装载量，其解空间是一棵子集树，在 5.5.2 小节中已经学习了如何使用回溯法求解该问题，而本小节将采用分支限界法来解决该问题，并先后介绍队列式和优先队列式分支限界法。

1. 队列式分支限界法

回溯法（深度优先）在搜索过程中，在到达叶子结点前，仅维护一条路径，即构造一个解。但是，分支限界法（广度优先）在搜索过程中，队列中将包含来自不同路径（不同解）的结点，因此当结点出队列时，需明确该结点接下来该处理哪个集装箱，即需要更新 i 的值。

对于队列式分支限界法，由于解空间树上的结点逐层自左向右加入队列，所以将同一层的最后一个结点加入一个特殊标记-1，那么当取出的元素是-1 时，需要判断队列是否为空。如果队列不为空，那么表示该层的结点都处理完毕，需要处理下一层的结点（$i+1$），并在队列尾部加入一个标记-1；如果队列为空，那么算法结束。

为便于读者理解，采用循序渐进的方式展开，以下先介绍仅包含约束函数的搜索算法以求解最优值，然后引入限界函数，最后加入构造最优解。

（1）仅包含约束函数的搜索算法。仅包含约束函数的搜索算法如算法 5.11 所示。

算法 5.11

```
int MaxLoading(int c)
{ //n 为集装箱数量，c 为轮船的载重量，w[i]为集装箱的重量数组
queue<int> Q;                    //定义活结点队列
    Q.push(-1);                  //在队列尾部增加分层标志
int i = 0;                       //初始化当前扩展结点所在层
int Ew = 0;                      //扩展结点相应的载重量
int bestw = 0;                   //初始化最优载重量
    //搜索子空间树
    while (true)
    {
        //检查左子树
        int wt = Ew+w[i];
        //检查约束条件
```

```
        if (wt<=c)
        {
            if (wt>bestw) bestw = wt;
            //加入活结点队列
            if (i<n-1) Q.push(wt);
        }
        //检查右子树
        if (i<n-1) Q.push(Ew);
        //从队列中取出活结点
        Ew = Q.front();
        Q.pop();
        //判断同层的尾部
        if (Ew==-1)
        {
            //队列为空，搜索完毕
            if (Q.empty()) return bestw;
            //同层结点尾部标志
            Q.push(-1);
            //从队列中取出活结点
            Ew = Q.front();
            Q.pop();
            //进入下一层
            i++;
        }
    }
    return bestw;
}
```

该算法对应的解空间树如图 5.14 所示，队列中元素状态的变化过程见表 5.1。

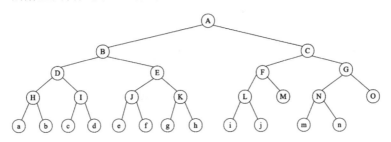

图 5.14　实例问题的解空间树

表 5.1　元素状态的变化过程

状态	Q.front() — Q.back()						
1	-1						
2	-1	18	0				
3	18	0	-1				
4	0	-1	25	18			
5	-1	25	18	7	0		
6	25	18	7	0	-1		
7	18	7	0	-1	50	25	
8	7	0	-1	50	25	43	18

算法从子集树的根结点（设为第 0 层）展开。第 0 层即集装箱 0 的重量 $w[0]=18$，存在是否装入轮船的两种状态。在第 0 层，$Ew=0$，$bestw=0$，由于 $Ew+w[0]<c$，因此结点 B 和 C 依次进入队列，如表 5.1 中的状态 2 所示。

从队列中取出活结点-1，由于队列不为空，表示当前层结束，新的一层开始，在队列尾部增加一个-1 标记，如表 5.1 中的状态 3 所示。

从队列中取出活结点 $Ew=18$，即结点 B。第 1 层即集装箱 1 的重量 $w[1]=7$，$bestw=18$，由于 $Ew+w[1]=25<c$，因此结点 D 和 E 依次进入队列，如表 5.1 中的状态 4 所示。

从队列中取出活结点 $Ew=0$，即结点 C。此时，$bestw=25$，由于 $Ew+w[1]=7<c$，因此结点 F 和 G 依次进入队列，如表 5.1 中的状态 5 所示。

此后继续如此分析，直到队列为空，算法结束。

该算法的时间复杂度和空间复杂度都为 $O(2^n)$。

（2）带有限界函数的搜索算法。由于右子树结点总是可行的（始终满足约束函数），算法 5.11 始终会进入右子树，导致遍历了许多不可能包含最优解的结点。因此有必要引入限界函数 Bound=cw+r。

$$cw = \sum_{j=1}^{i} w_j \times x_j$$

$$r = \sum_{j=i+1}^{n} w_j$$

其中 $x_i \in \{0,1\}$。引入限界函数的算法如算法 5.12 所示。

算法 5.12

```
int MaxLoading(int c)
{ //n 为集装箱数量，c 为轮船的载重量，w[i]为集装箱的重量数组
queue<int> Q;                      //定义活结点队列
    Q.push(-1);                    //在队列尾部增加分层标志
int i = 0;                         //初始化当前扩展结点所在层
int Ew = 0;                        //扩展结点相应的载重量
int bestw = 0;                     //初始化最优载重量
int r = 0;                         //剩余集装箱的重量之和
    for(int j=1; j<n; j++)
        r += w[j];
    //搜索子空间树
    while (true)
    {
        int wt = Ew+w[i];
        if (wt<=c)                 //检查左子树是否满足约束条件
        {
            if (wt>bestw) bestw = wt;
            //加入活结点队列
            if (i<n-1) Q.push(wt);
        }
```

```
        //利用限界函数检查右子树
        if (Ew+r>bestw && i<n-1) Q.push(Ew);
        //从队列中取出活结点
        Ew = Q.front();
        Q.pop();
        //判断同层的尾部
        if (Ew==-1)
        {
            //队列为空，搜索完毕
            if (Q.empty()) return bestw;
            //同层结点尾部标志
            Q.push(-1);
            //从队列中取出活结点
            Ew = Q.front();
            Q.pop();
            //进入下一层
            i++;
            //更新剩余集装箱的重量
            r -= w[i];
        }
    }
    return bestw;
}
```

在以上算法的 while 循环中，先根据约束函数（wt<=c）检测当前扩展结点的左儿子结点是否为可行结点，如果是，则将其加入活结点队列 Q；再根据限界函数（Ew+r>bestw）检查右儿子结点，如果是可行结点，则将右儿子结点加入活结点队列。

取出活结点队列中的队首元素作为当前扩展结点，由于队列中每一层结点之后都有一个尾部标记-1，因此在取队首元素时，活结点队列一定不为空。当取出的元素是-1 时，再判断当前队列是否为空。如果队列非空，则将尾部标记-1 加入活结点队列，算法开始处理下一层活结点；如果队列为空，则说明子集树搜索完毕，返回最优值 bestw。

算法 5.11 和算法 5.12 的时间复杂度上界一样，都是 $O(2^n)$，但就平均情况而言，效率会有一定的提升。

（3）构造最优解。为了构造与最优值相应的最优解，即确定将哪些集装箱装入第 1 艘轮船，算法必须存储相应子集树中从根结点到扩展结点的路径，为此，可在每个结点处设置指向其父结点的指针，并设置左、右儿子标志，如算法 5.13 所示。

算法 5.13

```
typedef struct QNode
{
    QNode *parent;
    bool lchild;                //是否为左儿子
    int weight;
}QNode;
void EnQueue(queue<QNode *> &q, int wt, int i, QNode *E, QNode *&bestE, int ch)
```

```
{
    if(i == n){
        if(wt == bestw){
            bestE = E; bestx[n] = ch;return;
        }
    }
    QNode *b;
    b = new QNode;
    b->weight = wt;
    b->lchild = ch;
    b->parent = E;
    q.push(b);
}
int MaxLoading(int c)
{
    queue<QNode *>q;
    q.push(0);                          //同层尾部标记
    int i = 1;                          //当前扩展结点所在层
    int Ew = 0,r = 0,bestw = 0;         //bestw 设为全局变量
    for(int j = 2; j <= n; ++j)
        r += w[j];
    QNode *E=0, *bestE;                 //当前扩展结点及当前最优扩展结点
    while(true)
    {
        int wt = Ew + w[i];
        if(wt <= c)
        {
            if(wt > bestw)              //提前更新 bestw，注意更新条件
                bestw = wt;
            EnQueue(q, wt, i, E, bestE, true);
        }
        if(Ew + r >= bestw)             //右儿子剪枝
        {
            EnQueue(q, Ew, i, E, bestE, false);
        }
        E = q.front();                  //取下一个扩展结点
        q.pop();
        if(!E)                          //如果是特殊标记 0，代表该处理下一层
        {
            if(q.empty())               //如果队列为空，表示该循环结束
                break;
            q.push(0);                  //如果队列非空，在该层末尾加一个特殊标记 0
            E = q.front();
            q.pop();
            i++;                        //下一层
            r -= w[i];                  //更新剩余的集装箱重量
        }
        Ew = E->weight;                 //不更新最新结点的值
```

```
    }
    for(int j = n - 1; j > 0; --j)      //w 从 1 开始存储
    {
        bestx[j] = bestE->lchild;
        bestE = bestE->parent;
    }
}
```

2. 优先队列式分支限界法

解装载问题的优先队列式分支限界法用最大优先队列存储活结点。结点 x 在优先队列中的优先级定义为 priority=Ew+r，即从根结点到结点 x 所对应路径的当前载重量加上剩余集装箱的重量之和。在出队时，选取优先级最高的结点成为下一个扩展结点。由此可见，在以结点 x 为根的子树中，所有结点所对应的载重量均不超过优先级，并且子集树的叶子结点的优先级与载重量相同（因为叶子结点处的 r 等于 0）。因此，可断言一旦叶子结点成为扩展结点，则该叶子结点所对应的载重量即为最优值，算法结束。优先队列式分支限界法如算法 5.14 所示。

算法 5.14

```
class MaxHeapQNode
{
    public:
    MaxHeapQNode *parent;           //指向父结点的指针
    bool lchild;                    //是否为左儿子
    int weight;                     //总重量
    int lev;                        //层次
};
struct cmp
{
    bool operator()(MaxHeapQNode *&a, MaxHeapQNode *&b) const
    {
        return a->weight < b->weight;
    }
};
void AddAliveNode(priority_queue<MaxHeapQNode *, vector<MaxHeapQNode *>, cmp> &q,
MaxHeapQNode *E,  int wt, int i, int ch)
{
    MaxHeapQNode *p = new MaxHeapQNode;
    p->parent = E;
    p->lchild = ch;
    p->weight = wt;
    p->lev = i + 1;
    q.push(p);                      //插入最大堆
}
void MaxLoading(int c)
{
    //大顶堆
    priority_queue<MaxHeapQNode *, vector<MaxHeapQNode *>, cmp > q;
```

```
//定义剩余重量数组 r
int r[n + 1];
r[n] = 0;
for(int j = n - 1; j > 0; --j)
    r[j] = r[j + 1] + w[j + 1];
int i = 1;
MaxHeapQNode *E;
int Ew = 0;
while(i != n + 1)
{
    if(Ew + w[i] <= c)
    {
        AddAliveNode(q, E, Ew + w[i] + r[i], i, true);
    }
    AddAliveNode(q, E, Ew + r[i], i, false);
    //取下一个结点
    E = q.top();
    q.pop();
    i = E->lev;
    Ew = E->weight - r[i - 1];
}
bestw = Ew;
for(int j = n; j > 0; --j)                  //w 从 1 开始存储
{
    bestx[j] = E->lchild;
    E = E->parent;
}
}
```

在算法的搜索进程中，要保存当前已构造出的部分解空间树，这样在算法确定了达到最优值的叶子结点时，可以在解空间树中从该叶子结点开始向根结点回溯，构造出相应的最优解。值得注意的是，优先队列中某些结点的 priority 小于 bestw，以这些结点为根的子树中肯定不含最优解。如果不将这些结点及时删除，不仅增加了优先队列加入和删除的时间代价，也增加了存储空间。因此，可以在活结点被加入优先队列之前先判断其 priority 是否大于 bestw，只有通过判断才将其加入优先队列。此外，随着 bestw 的不断增加，队列中一些结点的 priority 可能小于 bestw 从而变得无效，因此有必要及时对优先队列进行维护。

5.6.3 批处理作业调度问题

【题目描述】

给定 n 个作业的集合 $\{J_1, J_2, \ldots, J_n\}$。每个作业必须先由机器 1 处理，然后由机器 2 处理。作业 J_i 需要机器 j 的处理时间为 t_{ji}。对于一个确定的作业调度，设 F_{ji} 是作业 i 在机器 j 上完成处理的时间。所有作业在机器 2 上完成处理的时间和称为该作业调度的完成时间和。批处理作业调度问题要求对于给定的 n 个作业，制定最佳作业调度方案，使其完成时间和达到最小。设 $n=3$，考虑表 5.2 所列的作业调度实例。

表 5.2　作业调度实例

t_{ji}	机器 1	机器 2
作业 1	2	1
作业 2	3	1
作业 3	2	3

这 3 个作业的 6 种可能调度方案是 1,2,3；1,3,2；2,1,3；2,3,1；3,1,2；3,2,1；它们所相应的完成时间和分别是 19、18、20、21、19、19。因此，最佳调度方案是 1,3,2，其完成时间和为 18。

【题目分析】

批处理作业调度问题要从 n 个作业的所有排列中找出具有最小完成时间和的作业调度。批处理作业调度问题的解空间是一棵排列树，如图 5.15 所示。

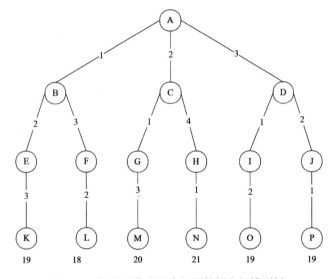

图 5.15　批处理作业调度问题的解空间排列树

1. 剪枝策略

在作业调度问题相应的排列空间树中，每个结点 E 都对应于一个已安排的作业集 $M \in \{1,2,...,n\}$。以该结点为根的子树中所含叶子结点的完成时间和可表示为

$$f = \sum_{i \in M} F_{2i} + \sum_{i \notin M} F_{2i}$$

设 $|M|=r$，且 L 是以结点 E 为根的子树中的叶子结点，相应的作业调度为 $\{p_k, k=1,2,...,n\}$，其中 p_k 是第 k 个安排的作业。如果从结点 E 到叶子结点 L 的路上，每一个作业 p_k 在机器 1 上完成处理后都能立即在机器 2 上开始处理，即从作业 p_{r+1} 开始，机器 1 没有空闲时间，则对于叶子结点 L 有：

$$\sum_{i \in M} F_{2i} \geq \sum_{k=r+1}^{n} \left[F_{1p_r} + (n-k+1)t_{1p_k} + t_{2p_k} \right] = S_1$$

其中，$(n-k+1)t_{1pk}$ 为总的完成时间和做贡献，是因为后续的$(n-k+1)$个作业完成时间和都需要算上。

如果不能做到上面这一点，则 S_1 只会增加，从而有 $\sum\limits_{i \notin M} F_{2i} \geqslant S_1$。

类似地，如果从结点 E 到结点 L 的路上，从作业 p_{r+1} 开始，机器 2 没有空闲时间，则

$$\sum_{i \notin M} F_{2i} \geqslant \sum_{k=r+1}^{n} \left[\max(F_{2p_r}, F_{1p_r} + \min_{i \notin M} t_{1i}) + (n-k+1)t_{2p_k} \right] = S_2$$

同理可知，S_2 是 $\sum\limits_{i \notin M} F_{2i}$ 的下界。由此得到，在结点 E 处相应子树中叶子结点完成时间和的下界是：

$$f \geqslant \sum_{i \in M} F_{2i} + \max\{S_1, S_2\}$$

注意到如果选择 p_k，使 t_{1pk} 在 $k \geqslant r+1$ 时依非减序排列，则 S_1 取得极小值。同理，如果选择 p_k，使 t_{2pk} 依非减序排列，则 S_2 取得极小值，如下：

$$f \geqslant \sum_{i \in M} F_{2i} + \max\{\hat{S}_2, \hat{S}_1\}$$

该函数可以作为优先队列式分支限界法中的限界函数。

2. 算法描述

算法中用最小堆表示活结点优先队列。最小堆中的元素类型是 MinHeapNode。每个 MinHeapNode 类型的结点包含域 x，用来表示结点所相应的作业调度。s 表示该作业已安排的作业时间 $x[1{:}s]$。f_1 表示当前已安排的作业在机器 1 上的最后完成时间；f_2 表示当前已安排的作业在机器 2 上的完成时间；sf_2 表示当前已安排的作业在机器 2 上的完成时间和；bb 表示当前完成时间和的下界。二维数组 M 存放所给的 n 个作业在机器 1 和机器 2 上所需的处理时间。在类 Flowshop 中用二维数组 b 存储排序后的作业处理时间。数组 a 表示数组 M 和数组 b 的对应关系。函数 Sort() 按各作业在机器 1 和机器 2 上所需的处理时间进行排序。函数 Bound() 用于计算完成时间和的下界。

函数 BBFlow() 中的 while 循环完成对排列树内部结点的有序扩展。在 while 循环体内，算法依次从活结点优先队列中取出具有最小 bb 值（完成时间和的下界）的结点作为当前扩展结点，并加以扩展。算法将当前扩展结点 E 分两种情形进行处理，分别如下：

（1）当 E.s=n 时，当前扩展结点 E 是排列树中的叶子结点。E.sf_2 是对应于该叶子结点的完成时间和。当 E.sf_2 < bestc 时，更新当前最优值 bestc 和对应的当前最优解 bestx。

（2）当 E.s<n 时，算法依次产生当前扩展结点 E 的所有儿子结点。对于当前扩展结点的每个儿子结点 node，计算出其对应的完成时间和的下界 bb。当 bb < bestc 时，将该儿子结点加入活结点优先队列，而当 bb≥bestc 时，可将儿子结点 node 舍去。

参考代码如算法 5.15 所示。

算法 5.15

//解决批处理作业调度问题的优先队列式分支限界法

```
int Flowshop::BBFlow(void)  {
    Sort();                          //按各作业在机器 1 和机器 2 上所需的处理时间进行排序
    MinHeap<MinHeapNode> H(1000);
    MinHeapNode E;
    E.Init(n);                       //初始化函数
    //搜索排列空间树
    while(E.s<=n)  {                 //叶子结点
        if(E.s == n)  {
            if(E.sf2<bestc)  {
                bestc = E.sf2;
                for(int i=0; i<n; i++)
                    bestx[i] = E.x[i];
            }
            delete []E.x;
        }
        else                         //产生当前扩展结点的儿子结点
        {
        for(int i=E.s; i<n; i++)  {
            Swap(E.x[E.s],E.x[i]);
            int f1,f2;
            int bb = Bound(E,f1,f2,y);
                if(bb<bestc)  {
                    //子树可能含有最优解
                    //结点插入最小堆
                    MinHeapNode N;
                    N.NewNode(E,f1,f2,bb,n);
                    H.Insert(N);
                }
                Swap(E.x[E.s],E.x[i]);
            }
            delete []E.x;            //完成结点扩展
        }
        if(H.Size() == 0)
                break;
            H.DeleteMin(E);          //取下一个扩展结点
    }
    return bestc;
}
```

5.6.4　单源最短路径问题

【题目描述】

给定带权有向图 $G = (V, E)$，其中每条边的权是非负实数，如图 5.16 所示。给定 V 中的一个顶点，称为源。现在要计算从源到所有其他各顶点的最短路径长度，这里的路径长度是指路径上各边权之和。这个问题通常称为单源最短路径问题。

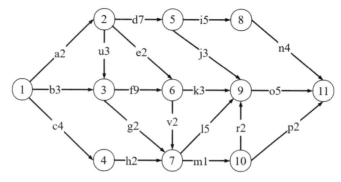

图 5.16　带权有向图 G = (V, E)

图 5.16 中的每条边上标注有字母和数字，数字表示路径长度。例如，d7 表示边名称为 d，边长度为 7。

【输入格式】

第 1 行是顶点个数 n，第 2 行是边数 edge；接下来的 edge 行是边的描述：from,to,d 表示从顶点 from 到顶点 to 的边权是 d。

后面是若干查询，从顶点 s 到顶点 t。

【输出格式】

给出所有查询，从顶点 s 到顶点 t 的最短距离。如果从顶点 s 不可到达顶点 t，则输出"No path!"。

【输入/输出样例】

输入样例	输出样例
6	No path!
8	10
1 3 10	50
1 5 30	30
1 6 100	60
2 3 5	50
3 4 50	60
4 6 10	10
5 4 20	
5 6 60	
1 2	
1 3	
1 4	
1 5	
1 6	
3 4	
3 6	
4 6	

【题目分析】

解单源最短路径问题的优先队列式分支限界法，使用 C++标准模板库的优先队列存储活结点表，其优先级是结点所对应的当前路径长度。

算法从图 G 的源顶点 s 和空优先队列开始。结点 s 被扩展后，它的儿子结点 2、3、4 被依次插入优先队列。算法从优先队列中取出具有最小当前路径长度的结点作为当前扩展结点，并依次检查与当前扩展结点相邻的所有顶点。如果从当前扩展结点 i 到顶点 j 有边可达，且从源点出发，途经顶点 i 再到顶点 j 相应的路径长度小于当前最优路径长度，则将该顶点作为活结点插入优先队列。

这个结点的扩展过程一直持续到活结点优先队列为空。如图 5.17 所示。其中，圆圈旁边的数字是从起点 s 沿树结构到当前顶点的路径长度，圆圈旁边的"×"表示该路径上的当前顶点未进入优先队列。

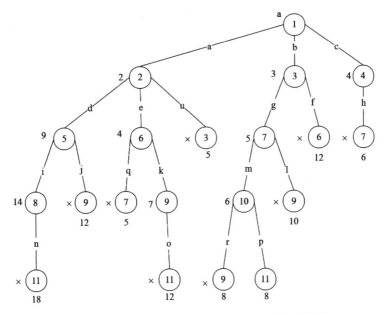

图 5.17 带权有向图的单源最短路径问题的解空间树

1. 剪枝策略

由于图 G 中各边权都是正数，在解空间树中，结点所对应的当前路径长度也是以该结点为根的子树中所有结点对应的路径长度的一个下界。在算法扩展结点的过程中，一旦发现一个结点的下界大于当前找到的最短路径长度，则剪去以该结点为根的子树。

可以利用结点间的控制关系进行剪枝。从源顶点 s 出发，如果有两条不同的路径可以到达图 G 的同一顶点 N，由于两条路径的长度不同，因此可以将路径长度较长的路径所对应的以结点 N 为根的子树剪去。

2. 优先队列分支限界法

算法从源点 s 开始扩展，3 个子结点 2、3、4 被插入优先队列，如下所示。

结点	2	3	4
路径长度	2	3	4

取出头结点 2，它有 3 棵子树。结点 2 沿边 u 扩展到结点 3 时，路径长度为 5，而结点 3 当前的路径长度为 3，该子树被剪枝。结点 2 分别沿边 d 和 e 扩展至结点 5 和 6 时，将它们加入优先队列，如下所示。

结点	3	4	6	5
路径长度	3	4	4	9

取出头结点 3，它有两棵子树。结点 3 沿边 f 扩展到结点 6 时，路径长度为 12，而结点 6 当前路径长度为 4，路径没有优化，该子树被剪枝。结点 3 沿边 g 扩展至结点 7 时，将结点 7 加入优先队列，如下所示。

结点	4	6	7	5
路径长度	4	4	5	9

取出头结点 4，它只有一棵子树，沿边 h 扩展到结点 7 时，路径长度为 6，而结点 7 当前的路径长度为 5，该子树被剪枝。

取出头结点 6，它有两棵子树。结点 6 沿边 q 扩展到结点 7 时，路径长度为 5，而结点 7 当前的路径长度为 5，路径长度没有优化，该子树被剪枝。结点 6 沿边 k 扩展至结点 9 时，将结点 9 加入优先队列，如下所示。

结点	7	9	5
路径长度	5	7	9

取出头结点 7，它有两棵子树。结点 7 沿边 l 扩展到结点 9 时，路径长度为 10，而结点 9 当前的路径长度为 7，路径没有优化，该子树被剪枝。结点 7 沿边 m 扩展至结点 10 时，将结点 10 加入优先队列，如下所示。

结点	10	9	5
路径长度	6	7	9

之后的过程同上。

根据题目描述，定义单源最短路径问题分支限界法的数据结构如下：

```
#define inf 1000000
#define NUM 100
int n;                    //顶点数
int edge;                 //边数
int c[NUM][NUM];          //邻接矩阵
int prev[NUM];            //前驱顶点数组
int dist[NUM];            //从源点到各个顶点的最短距离数组
```

```
//优先队列元素
struct MinHeapNode {
    //排序算法，升序
    friend bool operator < (const MinHeapNode& a, const MinHeapNode& b)
    {
        if(a.length > b.length)    return true;
        else return false;
    }
    int i;                              //结点编号
    int length;                         //结点路径长度
};
```

分支限界法如算法 5.16 所示。

算法 5.16

```
void ShortestPaths(int v)           //形参 v 是起始结点
{ //定义优先队列
  priority_queue <MinHeapNode, vector<MinHeapNode>, less<MinHeapNode> > H;
  //定义源结点 v 为初始扩展结点
  MinHeapNode E;
    E.i = v;
    E.length = 0;
    dist[v] = 0;                        //搜索问题的解空间
    while (true)
    {  //扩展所有子结点
      //剪枝，沿结点 i 到结点 j 有路，并且能够取得更优的路径长度
      for (int j = 1; j <= n; j++)
      if ((c[E.i][j]<inf) && (E.length+c[E.i][j]<dist[j]))
      {
          dist[j] = E.length+c[E.i][j];
          prev[j] = E.i;                //构造队列元素，加入到优先队列 H 中
          MinHeapNode N;
          N.i=j;
          N.length = dist[j];
          H.push(N);
      }
      if (H.empty()) break;             //队列为空
      else {
          E = H.top();                  //取出队列头元素
          H.pop();                      //删除队列头元素
          }
      }
}
```

在以上算法中，while 循环完成了对解空间内部结点的扩展。对于当前扩展结点，算法一次检查与当前扩展结点相邻的所有结点。如果从当前结点 i 到顶点 j 有路径（$c[E.i][j]<inf$），且从源出发，途经顶点 i 再到顶点 j 的路径长度小于当前最优路径长度（$E.length+c[E.i][j]<dist[j]$），则将顶点 j 作为活结点插入到活结点优先队列 H 中。完成对当前结点的扩展后，算法从活结点

优先队列 H 中取出下一个活结点作为当前扩展结点，重复上述结点分支扩展。这个结点的扩展过程一直持续到活结点优先队列 H 为空时结束。

算法结束后，数组 dist 保存从源到各个顶点的最短距离，相应的最短路径可利用前驱顶点数组 prev 记录信息构造出来。

5.6.5　0-1 背包问题

【题目描述】

给定一个物品集合 $s = \{1,2,3,\dots,n\}$，物品 i 的重量为 w_i，其价值为 v_i，背包容量为 W。在限定的总容量 W 内，如何选择物品才能使装入背包的物品总价值最大？

【输入格式】

第 1 个数据是背包的容量 $c\,(1 \leqslant c \leqslant 1500)$，第 2 个数据是物品数量 $n\,(1 \leqslant n \leqslant 50)$。接下来 n 行是物品 i 的重量 w_i，其价值为 v_i。所有数据全部为整数，且保证输入数据中物品总重量大于背包容量。当 $c=0$ 时，表示输入数据结束。

【输出格式】

对每组测试数据，输出装入背包中物品的最大价值和选中物品的编号。

【输入/输出样例】

输入样例 1	输出样例 2
50 3	1 3
20 100	220
10 60	
30 120	
输入样例 2	输出样例 2
50 3	2 3
10 60	220
20 100	
30 120	
输入样例 3	输出样例 3
50 3	1 2
20 100	220
30 120	
10 60	

【题目分析】

下面介绍求解 0-1 背包问题的优先队列式分支限界法。该问题的解空间是一棵子集树。

如果令 cw(i) 表示到第 i 层，扩展结点的总重量为

$$cw(i) = \sum_{j=1}^{i} w_i x_j, \ \ 1 \leqslant i \leqslant n, \ \ x_j \in \{0,1\}$$

则约束函数为 wt(i) = cw($i-1$) + $w(i)$，如果 wt(i) > c，说明左儿子结点不是可行结点，否则是可

行结点，应该将该结点放入活结点表。

上界函数的作用在于判断是否进入一个结点的子树继续搜索，因为在搜索到达叶子结点之前，无法知道已经得到的最优解是什么。因此，使用 C++标准模板库函数 priority_queue()实现活结点的优先队列，上界函数的值将作为优先级，这样一旦有一个叶子结点成为扩展结点，就表明已经找到了最优解。

1．创建物品按性价比排序的类

由于要输出"选中物品的编号"，即最优解，而限界函数的构造需要用到贪心算法，因此要创建物品按性价比排序的类，以保存物品的编号和单位重量的价值。结构如下：

```
#define NUM 100
class object
{
    friend int knapsack(int *,int *,int,int);
    public:
    int operator < (object a)const
    {
        return (ratio>a.ratio);
    }
    private:
    int ID;                    //物品的编号
    double ratio;              //单位重量的价值
};
```

2．创建结点扩展关系的类

与回溯法不同，采用优先队列搜索解空间树时，要创建结点扩展关系的类，其中结点扩展关系需要采用指针保存，对于当前结点 node，如果是左儿子结点，则 lchild = true；否则为 false，相应的父结点保存在指针 parent 中。结构如下：

```
class node
{
    friend class knap;
    friend int knapsack(int *,int *,int,int);
    private:
    node *parent;
    bool lchild;
};
```

3．创建优先队列元素的类

优先队列元素的类要保存结点的价值上界 uprofit、结点相应的价值 profit、结点相应的重量 weight、活结点在子集树中所处的层序号 level、指向活结点在子集树中相应结点的指针 ptr，并规定优先队列的优先级参数。结构如下：

```
class queueNode
{
    friend class knap;
    public:
```

```
    friend bool operator < (queueNode a,queueNode b)
    {
        if(a.uprofit<b.uprofit) return true;
        else return false;
    }
    private:
    int uprofit;          //结点的价值上界
    int profit;           //结点相应的价值
    int weight;           //结点相应的重量
    int level;            //活结点在子集树中所处的层序号
    node *ptr;            //指向活结点在子集树中相应结点的指针
};
```

4. 创建解空间树类

解空间树类要保存背包和物品的相关信息、当前结点的重量和价值、最优解等。结构如下:

```
class knap
{
    friend int knapsack(int *,int *,int,int);
    public:
    int maxKnapsack();
    private:
    priority_queue <queueNode> H;
    //上界函数
    int bound(int i);
    //增加活结点
    void addLiveNode(int up,int cp,int cw,bool ch,int level);
    node *E;              //指向扩展结点的指针
    int c;                //背包容量
    int n;                //物品总数
    int w[NUM];           //物品重量数组
    int p[NUM];           //物品价值数组
    int cw;               //当前装包重量
    int cp;               //当前装包价值
    int bestx[NUM];       //最优解
};
```

5. 计算当前结点相应价值的上界

当前结点相应价值的上界 b 是指以物品单位重量价值递减序装填剩余容量时所获得的价值,如算法 5.17 所示。

算法 5.17

```
//形参 i 是活结点编号
int knap::bound(int i)
{
    int cleft = c - cw;        //剩余容量
    int b = cp;                //价值上界
    //以物品单位重量价值递减序装填剩余容量
```

```
while(i<=n&&w[i]<=cleft)
{
    cleft -= w[i];
    b += p[i];
    i++;
}
//将背包剩余容量装满
if(i<=n) b += 1.0*cleft*p[i]/w[i];
return b;
}
```

6. 将一个新的活结点插入到子集树和优先队列中

对于一个新的活结点，其父结点是 E，如果该活结点是左儿子结点，则 ch=true; 否则为 false，然后根据 queueNode 类构造队列元素，并将其插入到队列中，如算法 5.18 所示。

算法 5.18

```
void knap::addLiveNode(int up,int cp,int cw,bool ch,int lev)
{
    node *b = new node;
    b->parent = E;              //获得指向扩展结点的指针
    b->lchild = ch;             //左儿子结点标志
    //一个临时结点
    queueNode N;
    N.uprofit = up;             //结点的价值上界
    N.profit = cp;              //结点相应的价值
    N.weight = cw;              //结点相应的重量
    //活结点在子集树中所处的层序号
    N.level = lev;
    //指向活结点在子集树中相应结点的指针
    N.ptr = b;
    //将结点 N 插入到优先队列 H 中
    H.push(N);
}
```

7. 优先队列分支限界法的实现

采用如下搜索策略：在扩展结点处，先分别生成左儿子结点和右儿子结点（分支），然后从当前的活结点表中选择下一个扩展结点。为了有效地选择下一个扩展结点，以加速搜索进程，在每一个活结点处，计算上界函数值 bound()限界，并根据这些已计算出的函数值，从当前活结点表中选择一个最有利的结点作为扩展结点，使搜索朝着解空间树上有最优解的分支推进，以便尽快找出一个最优解。

算法 maxKnapsack()实现对子集树的优先队列式分支限界搜索，其中各个物品已经根据单位重量的价值从小到大排序。算法中当前扩展结点是 E，该结点相应的重量是 cw，相应的价值是 cp，价值上界是 up。算法的 while 循环不断扩展结点，直到子集树的叶子结点成为扩展结点时为止。此时优先队列中所有活结点的价值上界均不超过该叶子结点的价值，因此该叶子结点相应的解为问题最优解，如算法 5.19 所示。

算法 5.19

```cpp
int knap::maxKnapsack()
{
    int i = 1;
    E = 0;
    cw = cp = 0;
    int bestp = 0;                          //当前最优值
    int up = bound(1);                      //价值上界
    //搜索子集树
    while(i!=n+1)                           //非叶子结点
    {
        //检查当前扩展结点的左儿子结点
        int wt = cw+w[i];
        //左儿子结点为可行结点
        if (wt<=c)
        {
            if(cp+p[i]>bestp) bestp = cp+p[i];
            addLiveNode(up,cp+p[i],cw+w[i],true,i+1);
        }
        //检查当前扩展结点的右儿子结点
        up = bound(i+1);
        //右子树可能含有最优解
        if(up>=bestp)
            addLiveNode(up,cp,cw,false,i+1);
        //构造下一个扩展结点
        queueNode N;
        //从优先队列中取出下一个结点
        N = H.top();
        H.pop();
        E = N.ptr;
        cw = N.weight;
        cp = N.profit;
        up = N.uprofit;
        i = N.level;
    }
    //构造当前最优解
    for(int j = n;j>0;j--)
    {
        bestx[j] = E->lchild;
        E = E->parent;
    }
    return cp;
}
```

5.6.6 旅行商问题

本小节将介绍求解旅行商问题的优先队列分支限界法。该问题的解空间是一棵排列树。

在计算限界函数时，令扩展结点 i 的当前费用为

$$cc(i) = \sum_{j=2}^{i} a[x[j-1], x[j]]$$

从每个剩余结点出发的最小出边费用的总和为

$$rcost(i) = \sum_{j=i+1}^{n} \sum_{k=i+1}^{n} \min\{a[x[j], x[k]]\}, \quad i < k < n, k \neq j$$

则扩展结点 i 的限界函数为

$$B(i) = cc(i) + rcost(i)$$

令 bestc 表示目前为止找到的最佳回路的费用和，如果 $B(i) \geqslant$ bestc，则不用把 $x[i]$ 放入活结点表；否则放入。

优先队列分支限界法每次从队列中选取具有最小费用 $B(i)$ 的活结点优先扩展。

1. 排列树结点的数据结构

```
#define inf 1000000
#define NUM 100
int n;                  //顶点数
int a[NUM][NUM];        //邻接矩阵
int NoEdge = inf;       //无边标志
int cc;                 //当前费用
int bestc;              //当前最小费用
```

2. 优先队列元素的数据结构

```
struct node
{
    friend bool operator < (const node& a, const node& b)
    {
        if(a.lcost > b.lcost)  return true;
        else return false;
    }
    int lcost;          //子树费用的下界
    int rcost;          //从 x[s]~x[n-1] 顶点的最小出边
    int cc;             //当前费用
    int s;              //当前结点的编号
    int x[NUM];         //搜索的路径
};
```

在以上代码中，搜索路径向量 x 一般从结点 1 开始，$x[1]=1$。当前结点的编号是 s，已经找到的路径是 $x[1]~x[s]$，需要继续搜索的路径是 $x[s+1]~x[n]$。在本小节开头部分，已经定义了变量 cc 和 rcost，这里设定 lcost=$B(i)$。

3. 旅行商问题的优先队列分支限界法

算法中 while 循环的终止条件是排列树的叶子结点成为当前扩展结点。当 $s=n$ 时，相应的扩展结点就是叶子结点，已经找到的回路前缀是 $x[1]\sim x[n]$，向量 x 包含图 G 的所有 n 个顶点。此时该叶子结点相应的回路费用等于 cc 和 lcost 的值，剩余活结点 lcost 的值不小于已经找到回路的费用，所以不可能导致费用更小的回路，即已经找到的叶子结点相应的回路是一个最小费用回路，对排列树的搜索结束，如算法 5.20 所示。

算法 5.20

```
int queueTSP()
{
    priority_queue <node> H;
    int v[NUM];
    int minOut[NUM];                //每个顶点的最小出边费用
    int minSum = 0;                 //最小出边费用之和
    //计算每个顶点的最小出边费用
    int i, j;

    for(i=1; i<=n; i++)
    {
        int Min = NoEdge;
        for(j=1; j<=n; j++)
            if(a[i][j]!=NoEdge && (a[i][j]<Min || Min==NoEdge))
                Min = a[i][j];
        //当 Min==NoEdge 时，表示无回路
        if (Min==NoEdge)  return NoEdge;
        minOut[i] = Min;
        minSum += Min;
    }

    node E;
    for(i=1; i<=n; i++)
        E.x[i] = i;
    E.s = 1;
    E.cc = 0;
    E.rcost = minSum;
    int bestc = NoEdge;
    //搜索排列树
    while (E.s<n)                //非叶子结点
    {
        //当前扩展结点是叶子结点的父结点
        if (E.s==n-1)
        {
            //再加两条边构成回路
            //所构成的回路是否优于当前最优解
            if (a[E.x[n-1]][E.x[n]]!=NoEdge && a[E.x[n]][1]!=NoEdge
```

```
        && (E.cc+a[E.x[n-1]][E.x[n]]+a[E.x[n]][1]<bestc
        || bestc==NoEdge))
    {
        //费用更小的回路
        bestc = E.cc+a[E.x[n-1]][E.x[n]]+a[E.x[n]][1];
        E.cc = bestc;
        E.lcost = bestc;
        E.s++;
        H.push(E);
    }
    //舍弃扩展结点
    else delete[] E.x;
}
else                        //搜索树的内部结点
{
    //产生当前扩展结点的叶子结点
    for (i=E.s+1; i<=n; i++)
        if (a[E.x[E.s]][E.x[i]]!=NoEdge)
        {
            //可行儿子结点
            int cc = E.cc+a[E.x[E.s]][E.x[i]];
            int rcost = E.rcost-minOut[E.x[E.s]];
            //限界函数 B(i)
            int B = cc+rcost;
            //子树可能包含最优解
            if(B<bestc || bestc==NoEdge)
            {
                //将结点 E 插入优先队列
                node N;
                for(j=1; j<=n; j++)
                    N.x[j] = E.x[j];
                    N.x[E.s+1] = E.x[i];
                    N.x[i] = E.x[E.s+1];
                    N.cc = cc;
                    N.s = E.s+1;
                    N.lcost = B;
                    N.rcost = rcost;
                    H.push(N);
            }
        }
    //完成结点扩展
    delete [] E.x;
}

//队列为空时，搜索结束
if(H.empty()) break;
else
{
```

```
        //取下一个扩展结点
        E=H.top();
        H.pop();
    }
}

//当 bestc=NoEdge 时，表示无回路
if (bestc==NoEdge) return NoEdge;
for(i=1; i<=n; i++)
    printf("%d ", E.x[i]);
printf("\n");
while (!H.empty()) H.pop();
return bestc;
}
```

5.7 A* 算 法

A*算法，全称为 A-Star 算法，是一种常用于解决路径规划问题的启发式搜索算法，它结合了最佳优先搜索（best-first search）算法和 Dijkstra 算法的优点，能够在保证找到最优解的情况下，显著降低搜索的复杂度。在探讨 A*算法之前，先回顾一下优先队列最佳优先搜索算法，该算法维护了一个优先队列（二叉堆），不断从堆中取出"当前代价最小"的状态（堆顶）进行扩展。每个状态第 1 次从堆中被取出时，就得到了从起始状态到该状态的最小代价。

如果给定一个目标状态，需要求出从起始状态到目标状态的最小代价，那么优先队列最佳优先搜索算法的这个"优先策略"显然是不完善的。一个状态的当前代价最小，只能说明从起始状态到该状态的代价很小，而在未来的搜索中，从该状态到目标状态可能会花费很大的代价。另外，虽然一些状态当前代价略大，但是未来到目标状态的代价可能会很小，于是从起始状态到目标状态的总代价反而更优。

优先队列最佳优先搜索算法会优先选择前者的分支，导致求出最优解的搜索量增大。为了提高搜索效率，可以对未来可能产生的代价进行预估，可以设计一个估价函数，以任意状态为输入，计算出从该状态到目标状态所需代价的估计值。在搜索中，仍然维护一个堆，不断从堆中取出"当前代价+未来估价"最小的状态进行扩展，从而引导算法朝着可能更接近解决方案的方向发展。为了保证第 1 次从堆中取出目标状态时得到的就是最优解，设计的估价函数需要满足以下准则。

（1）设当前状态 state 到目标状态所需代价的估计值为 $f(state)$。

（2）设在未来的搜索中，实际求出的从当前状态 state 到目标状态的最小代价为 $g(state)$。

（3）对于任意状态的 state，应该有 $f(state) \leqslant g(state)$。

总而言之，估价函数的估值不能大于未来实际代价，估价比实际代价更优。

这种带有估价函数的优先队列最佳优先搜索算法称为 A*算法。只要限定对于任意状态的 state，都有 $f(state) \leqslant g(state)$，A*算法就一定能在目标状态第 1 次从堆中取出时得到最优解，之

后再被取出可以直接忽略。估价函数 f(state)越准确，A*算法的效率就越高。如果估价始终为 0，则算法退化为普通的优先队列最佳优先搜索算法。可见，估价函数是 A*算法的关键，它用于估计从当前结点到目标结点的代价。一个好的启发式函数应当尽可能接近实际代价，同时也不能高估代价，这样可以保证 A*算法的性能和效率。

接下来用一个例子简单介绍一下 A*算法。

假设有一个简单的迷宫，其中有许多障碍物，需要找到一条从起点到终点的最短路径。迷宫地图由 S、E、#和.4 种字符组成，其中 S 表示起点；E 表示终点；"#"表示障碍物；"."表示可通过路径。A*算法的地图样式如图 5.18 所示。

S	.	.	.	.	.	.	.	.	.
#	#	.	#	#	#	.	#	.	.
.	.	.	.	.	.	.	.	.	.
#	#	#	#	.	#	#	#	#	#
.	.	.	.	.	.	.	.	.	.
.	#	#	#	#	.	.	.	.	.
.	.	.	.	.	.	.	.	#	.
#	#	.	#	#	#	#	.	E	

图 5.18　A*算法的地图样式

首先，A*算法的核心是选取好的启发式函数，这里用坐标到终点的曼哈顿距离作为算法的启发式函数。

```
int heuristic(int x, int y, int endX, int endY) {
    //使用曼哈顿距离作为启发式函数
    return abs(x - endX) + abs(y - endY);}
```

然后，定义需要维护的优先队列结点。结点中存储有上文提到的 g 值与 h 值，并定义比较函数用于比较不同队列结点的 $g+h$，即 f(state)值。

```
class Node {
public:
    int x, y;       //坐标
    int g, h;       //g 值（从起点到当前结点的路径长度）和 h 值（启发值，到终点的估计距离）

    Node(int x, int y, int g, int h) : x(x), y(y), g(g), h(h) {}
    //定义优先级队列的比较函数，用于优先级队列的排序
    bool operator (const Node & other) const {
        return (g + h) > (other.g + other.h);
    }
};
```

最后，编写 A*算法。与优先队列最佳优先搜索算法类似，当从优先队列中取出结点时，利用启发式函数来确定路径。这里需要注意的是，对于任意状态的 state，A*算法要限定 f(state) $\leqslant g$(state)，否则，该算法将退化为普通的优先队列最佳优先搜索算法。参考代码如算法 5.21 所示。

算法 5.21

```
//A*算法用于在地图中找到从起点到终点的最短路径
int astar(vector<vector<char>>& map, pair<int, int> start, pair<int, int> end) {
    //优先队列用于存储待探索的结点，并按照结点的代价排序
    priority_queue<Node, vector<Node>, greater<Node>> openSet;
    //记录结点是否已经被访问过
    vector<vector<bool>> visited(rows, vector<bool>(cols, false));
    //创建起始结点，并将其加入待探索集合
    Node startNode(startX, startY, 0, heuristic(startX, startY, endX, endY));
    openSet.push(startNode);
    //开始 A*算法的主循环
    while (!openSet.empty()) {
        Node currentNode = openSet.top();        //获取代价最小的结点
        openSet.pop();                           //从待探索集合中移除该结点
        int x = currentNode.x;
        int y = currentNode.y;
        //如果当前结点是终点，则返回从起点到达此处的代价
        if (x == endX && y == endY) {
            return currentNode.g;
        }
        visited[x][y] = true;                    //将当前结点标记为已访问
        int dx[] = {-1, 1, 0, 0};                //定义上、下、左、右 4 个方向的偏移量
        int dy[] = {0, 0, -1, 1};
        //遍历当前结点的邻居结点
        for (int i = 0; i < 4; i++) {
            int newX = x + dx[i];                //计算邻居结点的坐标
            int newY = y + dy[i];
            //检查邻居结点是否在地图内，并且不是障碍物且未被访问过
            if (newX >= 0 && newX < rows && newY >= 0 && newY < cols && map[newX][newY] !=
            '#' && !visited[newX][newY]) {
                int newG = currentNode.g + 1;    //计算新结点的代价
                //计算新结点到终点的启发式代价
                int newH = heuristic(newX, newY, endX, endY);
                Node newNode(newX, newY, newG, newH);    //创建新结点
                openSet.push(newNode);           //将新结点加入待探索集合
            }
        }
    }
    return -1;                                   //如果无法到达终点，则返回
}
```

C++完整代码如算法 5.22 所示。

算法 5.22

```
#include <iostream>
#include <vector>
#include <queue>
```

```cpp
#include <cmath>
using namespace std;
class Node {
public:
    int x, y;     //坐标
    int g, h;     //g 值（从起点到当前结点的路径长度）和 h 值（启发值，到终点的估计距离）
    Node(int x, int y, int g, int h) : x(x), y(y), g(g), h(h) {}
    //定义优先级队列的比较函数，用于优先级队列的排序
    bool operator>(const Node & other) const {
        return (g + h) > (other.g + other.h);
    }
};
int heuristic(int x, int y, int endX, int endY) {
    //使用曼哈顿距离作为启发式函数
    return abs(x - endX) + abs(y - endY);
}
//A*算法用于在地图中找到从起点到终点的最短路径
int astar(vector<vector<char>>& map, pair<int, int> start, pair<int, int> end) {
    int rows = map.size();        //获取地图的行数
    int cols = map[0].size();     //获取地图的列数
    int startX = start.first;     //获取起点的 x 坐标
    int startY = start.second;    //获取起点的 y 坐标
    int endX = end.first;         //获取终点的 x 坐标
    int endY = end.second;        //获取终点的 y 坐标
    //优先队列用于存储待探索的结点，并按照结点的代价排序
    priority_queue<Node, vector<Node>, greater<Node>> openSet;
    //记录结点是否已经被访问过
    vector<vector<bool>> visited(rows, vector<bool>(cols, false));
    //创建起始结点，并将其加入待探索集合
    Node startNode(startX, startY, 0, heuristic(startX, startY, endX, endY));
    openSet.push(startNode);
    //开始 A*算法的主循环
    while (!openSet.empty()) {
        Node currentNode = openSet.top();     //获取代价最小的结点
        openSet.pop();                        //从待探索集合中移除该结点
        int x = currentNode.x;
        int y = currentNode.y;
        //如果当前结点是终点，则返回从起点到达此处的代价
        if (x == endX && y == endY) {
            return currentNode.g;
        }
        visited[x][y] = true;         //将当前结点标记为已访问
        int dx[] = {-1, 1, 0, 0};     //定义上、下、左、右 4 个方向的偏移量
        int dy[] = {0, 0, -1, 1};
        //遍历当前结点的邻居结点
        for (int i = 0; i < 4; i++) {
            int newX = x + dx[i];     //计算邻居结点的坐标
            int newY = y + dy[i];
```

```
                    //检查邻居结点是否在地图内，并且不是障碍物且未被访问过
                    if (newX >= 0 && newX < rows && newY >= 0 && newY < cols && map[newX][newY] !=
                    '#' && !visited[newX][newY]) {
                        int newG = currentNode.g + 1;          //计算新结点的代价
                        //计算新结点到终点的启发式代价
                        int newH = heuristic(newX, newY, endX, endY);
                        Node newNode(newX, newY, newG, newH);  //创建新结点
                        openSet.push(newNode);                 //将新结点加入待探索集合
                    }
                }
            }
        }
        return -1;                                             //如果无法到达终点，则返回
    }
    int main() {
        vector<vector<char>> map = {
            {'S', '.', '.', '.', '.', '.', '.', '.', '.', '.'},
            {'#', '#', '.', '#', '#', '#', '.', '#', '.', '.'},
            {'.', '.', '.', '.', '.', '.', '.', '#', '.', '.'},
            {'#', '#', '#', '#', '.', '#', '#', '#', '#', '#'},
            {'.', '.', '.', '.', '.', '#', '.', '.', '.', '.'},
            {'.', '#', '#', '#', '#', '#', '.', '.', '.', '.'},
            {'.', '.', '.', '.', '.', '.', '.', '#', '.', '.'},
            {'#', '#', '.', '#', '#', '#', '#', '.', 'E', '.'}
        };
        pair<int, int> start = make_pair(0, 0);
        pair<int, int> end = make_pair(7, 8);
        int shortestPath = astar(map, start, end);
        if (shortestPath != -1) {
            cout << "最短路径长度为: " << shortestPath << endl;
        } else {
            cout << "无法找到路径" << endl;
        }
        return 0;
    }
```

通过上述实例问题的分析，可以得到 A*算法的基本步骤如下：

（1）初始化。

1）创建优先队列（priority_queue）。

2）将起始结点放入优先队列，并将其预估代价 $f(state)$ 设为初始值。

（2）迭代搜索。

1）从优先队列中选取 $f(state)$ 最小的结点作为当前结点。

2）如果当前结点是目标结点，则算法结束，返回解决方案；否则，将当前结点从优先队列中移除，然后扩展其相邻结点。

（3）对相邻结点进行处理。

1）对于每个相邻结点，计算其实际代价 $g(state)$ 和未来估价 $h(state)$，并计算其 $f(state)$（$f = g + h$）。

2）如果相邻结点已经在优先队列中，比较新的 $f(state)$ 和旧的 $f(state)$，选择代价较小的一个，并更新结点信息。

3）如果相邻结点不在优先队列中，将其加入优先队列，并设置其 $f(state)$。

4）重复以上步骤，直到找到目标结点或者优先队列为空。

（4）返回结果。当找到目标结点时，可以通过回溯父结点信息来获取路径。

总的来说，A*算法是一种高效的路径规划算法，广泛应用于人工智能、游戏开发、机器人导航等领域。

5.8 搜索算法实践

5.8.1 数独问题——释放你的智慧

【题目描述】

数独是源自 18 世纪的一种数学游戏，是一种运用纸、笔进行演算的逻辑游戏。玩家需要根据 9×9 盘面上的已知数字，推理出所有剩余空格的数字，并满足每一行、每一列、每一个粗线宫（3×3）内的数字均含 1～9，并且不重复。

数独盘面是一个九宫，每一宫又分为 9 个格子。在这 81 个格子中给出一定的已知数字和解题条件，利用逻辑和推理，在其他的空格子中填入 1～9 的数字。使 1～9 每个数字在每一行、每一列和每一宫中都只出现一次，所以又称"九宫格"。每一道合格的数独谜题都有且仅有一个答案，推理方法也以此为基础，任何无解或多解的题目都是不合格的。

【输入格式】

一个未被填满的数独共 9 行，每一行为 9 个数字 0～9，其中 0 表示格子为空，1～9 表示已经填写的数字。

【输出格式】

符合给出数据和数独规则的 9×9 矩阵共 9 行，每一行 9 个数字，1～9 中间用一个空格隔开并且行末不能有空格。

【输入/输出样例】

输入样例 1	输出样例 1
039657214	839657214
672941583	672941583
154832967	154832967
541283796	541283796
287496351	287496351
963715428	963715428
718329645	718329645
325164879	325164879
496578130	496578132

续表

输入样例2	输出样例2
800000000	812753649
003600000	943682175
070090200	675491283
050007000	154237896
000045700	369845721
000100030	287169534
001000068	521974368
008500010	438526917
090000400	796318452

【参考解答】

这道题可以参考深度优先搜索算法解题。先运用二维数组建立一个 10×10 的矩阵，再从二维数组的第 1 个位置(0,0)开始搜索。若二维数组的第 2 个坐标为 9，则换行；若二维数组的第 1 个坐标为 9，第 2 个坐标为 0，则表示搜索完毕，即可输出解。在搜索每一个位置时，若该位置已有数字，则继续搜索下一个位置；否则，对仍然存在 0 的位置，从 1 到 9 枚举，通过函数 ok() 判断在此空位填入该数是否满足约束，即用函数 ok() 判断同行同列同一九宫格中是否已有此元素。

```cpp
#include <iostream>
using namespace std;
int g[10][10];                      //建立矩阵
bool ok(int u,int x,int y)
{   //判断该数在矩阵中的位置是否合适
    for(int i=0;i<9;i++)
    if(g[x][i]==u||g[i][y]==u)return false;
    x=x/3*3;
    y=y/3*3;
    for(int i=x;i<x+3;i++)
    {
        for(int j=y;j<y+3;j++)
        {
            if(g[i][j]==u)return false;
        }
    }
    return true;
}
void dfs(int x,int y)               //开始搜索
{
    if(x==9&&y==0)
    {   //若第 1 个坐标为 9，第 2 个坐标为 0，则表示搜索完毕。下面给出二维数组的输出
        for(int i=0;i<9;i++)
        {
            for(int j=0;j<9;j++)
            {
```

```
            if(j)cout<<' ';
            cout<<g[i][j];
        }
        puts("");
    }
    return;
}
if(y==9)dfs(x+1,0);              //第 2 个坐标为 9 则换行，第 x 行的下一行为第 x+1 行
else
{
    if(g[x][y])dfs(x,y+1);      //若该位置已有数字，则继续搜索下一个位置
    else
    {
        for(int i=1;i<=9;i++)
        {                        //从 1 到 9 枚举
            if(ok(i,x,y))        //判断此时可以在空位(x,y)填入 i
            {
                g[x][y]=i;       //在空位(x,y)填入 i
                dfs(x,y+1);      //继续搜索下一个位置
                g[x][y]=0;       //恢复此空位，为填入其他数值做准备
            }
        }
    }
}
}
int main()
{
    for(int i=0;i<9;i++)
    for(int j=0;j<9;j++)
    scanf("%d",&g[i][j]);
    dfs(0,0);
    return 0;
}
```

该算法的时间复杂度为 $O(n^{2n^2})$。

5.8.2　斩断数列——拯救编程世界的程序员

【题目描述】

小明想要使用数学刀法斩断一个数列。假设他的刀锋为 k。对于任意一个整数数列，如果在数中间放一个符号 "+" 或 "−"，就可以构成一个表达式。如果构成的表达式的结果能被 k 整除，则视为能够斩断这个数列。请帮助小明判断他能否斩断给定的数列。

【输入格式】

第 1 行两个整数，即 n 和 k，n 表示数列中整数的个数，k 表示小明的刀锋的数值。

第 2 行 n 个整数，表示输入数列 $\{a_n\}$。数据之间用一个空格隔开。

【输出格式】

若数列能被 k 整除，则输出 Divisible；否则输出 Not divisible。

【输入/输出样例】

输入样例 1	输出样例 1
4 7 17 5 −21 15	Divisible
输入样例 2	输出样例 2
4 5 17 5 −21 15	Not divisible

【提示】

测试样例数列能被 7 整除（17+5+(-21)-15=-14），但不能被 5 整除。

$1 \leqslant n \leqslant 10^4$，$2 \leqslant k \leqslant 100$，$|a_i| \leqslant 10^4$。

【参考解答】

这道题可以参考深度优先搜索算法解题。先创建一个足够长的数组，数组元素之间都有"+"或"-"两种情况。该问题的解空间树是一棵高度为 n 的完全二叉树，可对此二叉树进行先序遍历。编写递归函数 function()，按照深度优先方式往下寻找合适的解，直到找不到为止。

```cpp
#include<iostream>
using namespace std;
int a[1000];
int answer = 0;
//递归函数用于在数组元素之间插入"+"或"-"，查找是否存在一种组合可以使结果被k整除
void function(int n, int i, int number, int k) {
    int data1 = number + a[i];
    int data2 = number - a[i];
    if (i == n) {
        //如果递归到数组末尾，检查两种情况是否能被k整除，如果可以，则设置answer为1，表示
        //找到解
        if (data1 % k == 0 || data2 % k == 0) {
            answer = 1;              //找到了解，答案变为1
        }
    } else {
        //递归继续，尝试在当前位置添加"+"或"-"
        function(n, i + 1, data1, k);    //假设此处数组元素之间是"+"，继续往下查找
        function(n, i + 1, data2, k);    //假设此处数组元素之间是"-"，继续往下查找
    }
}
int main() {
    int n, k;
    cin >> n >> k;
    for (int i = 1; i <= n; i++) {
```

```
    cin >> a[i];
}
//调用递归函数来查找答案
function(n, 1, 0, k);
if (answer == 1) {
    cout << "Divisible";              //已找到解，输出 Divisible
} else {
    cout << "Not divisible";          //没有找到解，输出 Not divisible
}
return 0;
}
```

该算法的时间复杂度为 $O(2^n)$。

5.8.3　矿工大冒险——寻找黄金的奇幻之旅

【题目描述】

给定一个 $m \times n$ 的网格。网格内的数字代表了该网格所拥有的金矿数目。出于环保和利益需要，每个网格只能进入一次，一次能挖完网格内所有的黄金，不含有金矿的网格不能进入。编写一个程序，计算一条合理的路线使得挖到的黄金数量尽可能多。

【输入格式】

第 1 行有两个整数，即 m 和 n。接下来的 m 行，每行有 n 个元素。元素与元素之间用空格隔开。

【输出格式】

输出在最佳路线上挖到的最多的黄金数量。

【输入/输出样例】

输入样例 1	输出样例 1
3 3 0 6 0 5 8 7 0 9 0	24
输入样例 2	输出样例 2
5 3 1 0 7 2 0 6 3 4 5 0 3 0 9 0 20	28

【提示】

$-1 \leqslant m, n \leqslant 15$；$-0 \leqslant \text{grid}[i][j] \leqslant 100$。

【参考解答】

这道题可以参考深度优先搜索算法解题。定义两个二维数组，分别用来存储地图和记录已访问过的网格。在每次搜索过程中，检查当前搜索的位置是否符合条件（在网格内、有金矿、未被访问过）。如果符合条件，标记网格为已访问，然后在上、下、左、右 4 个方向进行深度优先搜索，并在返回前取消已访问过的标记。

通过两层循环读取每个位置的黄金数量，并在每次调用函数 dfs() 进行搜索时，更新最大黄金数量 maxGold，最终输出 maxGold，即最多挖到的黄金数量。

```cpp
#include <iostream>
using namespace std;
int m, n;
int grid[16][16];
bool visited[16][16] = {false};
//深度优先搜索函数
int dfs(int x, int y) {
    //越界条件、无金矿或已访问过的网格，直接返回 0
    if (x < 0 || x >= m || y < 0 || y >= n || grid[x][y] == 0 || visited[x][y]) {
        return 0;
    }
    visited[x][y] = true;        //标记当前网格为已访问
    int gold = grid[x][y];
    //在上、下、左、右 4 个方向进行深度优先搜索
    int up = dfs(x-1, y);
    int down = dfs(x+1, y);
    int left = dfs(x, y-1);
    int right = dfs(x, y+1);
    visited[x][y] = false;       //恢复当前网格为未访问状态
    //返回当前网格的黄金数量以及 4 个方向的最大值
    return gold + max(max(up, down), max(left, right));
}
int main() {
    cin >> m >> n;
    //读取金矿分布情况
    for (int i = 0; i < m; ++i) {
        for (int j = 0; j < n; ++j) {
            cin >> grid[i][j];
        }
    }
    int maxGold = 0;
    //遍历所有网格，寻找最优路径
    for (int i = 0; i < m; ++i) {
        for (int j = 0; j < n; ++j) {
            if (grid[i][j] > 0) {
                maxGold = max(maxGold, dfs(i, j));
            }
        }
    }
```

```
    }
    //输出最多挖到的黄金数量
    cout << maxGold << endl;
    return 0;
}
```

假设地图大小为 $n×m$，则该算法的时间复杂度为 $O(nm)$。

5.8.4 累加数——数字世界的魔法师

【题目描述】

累加数是一个字符串，组成它的数字可以形成累加序列。一个有效的累加序列必须至少包含 3 个数。除了最开始的两个数以外，序列中的每个后续数字必须是它之前的两个数字之和。

现给定一个只包含数字 0～9 的字符串，编写一个算法来判断给定输入是不是累加数。如果是，返回 True；否则，返回 False。

【输入格式】

包含数字的字符串。

【输出格式】

布尔值，True 或者 False。

【输入/输出样例】

输入样例	输出样例
112358	True

【提示】

字符串仅由数字（0～9）组成。

累加序列里的数，除数字 0 之外，不会以 0 开头，所以不会出现 1,2,03 或者 1,02,3 的情况。

【参考解答】

这道题可以参考深度优先搜索算法解题。先创建一个足够长的数组，然后深度优先搜索该数组中的每一个元素，查看是否符合累加数的条件。如果符合，则输出 True。

```cpp
#include<iostream>
using namespace std;
bool ok = false;          //用于标记是否存在符合累加数的条件的标志
int a[100], k = 0;        //数组 a 用于存储可能的累加数，k 表示当前数组 a 中的元素个数
//深度优先搜索函数，用于判断是否存在符合累加数的条件
void dfs(string s) {
    int length = 1;       //用于标记当前数组 a 是否符合累加数的条件，初始化为 1 表示符合
    if (s.length() == 0) {
        //当输入字符串 s 为空字符串时，表示已经处理完整个输入字符串
        //需要检查数组 a 是否符合累加数的条件
        for (int j = 2; j < k; j++) {
            if (a[j - 2] + a[j - 1] != a[j]) {
```

```
            length = 0;                //不符合累加数条件, 将 length 设为 0
        }
    }
    //确认数组 a 符合累加数条件并且数组长度大于 2, 将 ok 标记为 true
    if (length == 1 && k > 2) {
        ok = true;
    }
}
//递归拆分字符串 s, 将前缀部分转换为整数并加入数组 a, 然后继续搜索
for (int i = 1; i <= s.length(); i++) {
    a[k++] = atoi((s.substr(0, i)).c_str());  //将前缀部分转换为整数并加入数组 a
    dfs(s.substr(i));                //递归搜索剩余部分
    k--;                             //回溯, 将数组 a 的元素个数减 1
}
return;
}
int main() {
    string s;
    cin >> s;                        //输入一个字符串 s
    dfs(s);                          //调用深度优先搜索函数
    if (ok) {
        cout << "True";              //如果 ok 标志为 true, 输出 True
    } else {
        cout << "False";             //否则输出 False
    }
    return 0;
}
```

该算法的时间复杂度为 $O(n^2)$。

5.8.5 调手表——在浩瀚宇宙中探索

【题目描述】

约翰是一位在浩瀚宇宙中探索新世界的船长，他目前所在的星球是马德里加尔星，那里时间的计量单位和地球上不同，马德里加尔星的 1 小时有 n 分钟。读者都知道，手表只有一个按键可以把当前的数加 1。在调分钟时，如果当前显示的数是 0，那么按一次按键就会变成 1，再按一次按键变成 2。如果当前的数是 $n-1$，按一次按键后会变成 n。

作为强迫症患者，约翰一定要把手表的时间调对。如果手表上的时间比当前时间多 1，则要按 $n-1$ 次加 1 按键才能调回正确时间。约翰想，如果手表可以再添加一个按键，能把当前的数加 k 该多好。

他想知道，如果有了这个 $+k$ 按键，按照最优策略按键，从任意一个分钟数调到另外任意一个分钟数最多要按多少次。

注意，按 $+k$ 按键时，如果加 k 后数字超过 $n-1$，则会对 n 取模。

例如，当 $n=10$，$k=6$ 时，假设当前时间是 0，连按两次 $+k$ 按键，则调为 2。

【输入格式】

输入两个整数，即 n 和 k，每个整数用一个空格隔开。

【输出格式】

输出一个整数，表示按照最优策略按键，从一个时间调到另一个时间最多要按多少次。

【输入/输出样例】

输入样例 1	输出样例 1
5 3	2
输入样例 2	输出样例 2
10 6	5

【提示】

$0 < k < n \leq 100000$。

【参考解答】

先理解题意。题目中约翰的手表上有两个按键：一个按键可以让时间+1；另一个按键可以让时间+k。现在题目的问题是在一个 $0 \sim n-1$ 的时间差里，将手表调整到其中的任意一个时间，每次调整都用最优策略而使用最少步数，在所有这些最少步数中的最大值即为所求。例如，样例总时间为 $n=5$，按键 $k=3$。具体操作如下表所列。

目标	最少步数	操作
调到 0	0	不用动
调到 1	1	按+1 键
调到 2	2	先按+1 键，再按+1 键
调到 3	1	按+3 键
调到 4	2	先按+3 键，再按+1 键

因此答案为这里面所有最少步数的最大值，即 2，表示任何一个时间点最多只需按两次按键就能调过来。

这道题可以用广度优先搜索的思想，先用一个队列存储第 1 个走到的时间状态，即时间 0，步数为 0，然后根据队列首元素往后搜索可能到达的两个时间点（+1 之后的时间和+k 之后的时间），如果这两个时间没有走过，就存进队列，对应时间状态的步数+1，最后找到这些步数里的最大值即可。

```
#include <bits/stdc++.h>
using namespace std;
int answer = 0;              //存储最终答案，最多步数
int n, k, t;                 //输入的 n 和 k，以及中间计算的时间 t
int book[100001];            //用于标记某个时间是否已经走过，初始化为 0
typedef struct {
    int number;              //当前状态里的时间
```

```
      int step;                   //走到这个状态所需的步数
   } Status;                       //定义状态结构体
   queue<Status> q;                //用于广度优先搜索函数的队列
   int main() {
       cin >> n >> k;
       Status start, f, now;
       start.step = 0;
       start.number = 0;
       book[0] = 1;
       q.push(start);              //先插入初始状态
       while (!q.empty()) {
          f = q.front();
          q.pop();
          t = (f.number + 1) % n;  //按+1键后的时间
          if (!book[t]) {          //如果这个时间没有走过
             book[t] = 1;          //标记为走过
             now.number = t;
             now.step = f.step + 1;
             answer = max(answer, now.step);    //更新答案
             q.push(now);          //把当前状态插入队列
          }
          t = (f.number + k) % n;  //按+k按键后的时间
          if (!book[t]) {
             book[t] = 1;          //标记这个时间已经走过
             now.number = t;
             now.step = f.step + 1;
             answer = max(answer, now.step);
             q.push(now);          //插入当前状态
          }
       }
       cout << answer;             //输出最多步数, 即答案
       return 0;
   }
```

该算法的时间复杂度为 $O(n)$。

5.8.6 中国象棋（一）——"马走日"

【题目描述】

中国象棋很多人都玩过，"马"是其中的一颗棋子，"马"走动的方法是一直一斜，即先横着或直着走一格，然后再斜着往前走一条对角线，俗称"马走日"。现在有一个 $n×m$ 的棋盘，在某个点 (x,y) 上有一个"马"，要求计算出"马"到达棋盘上任意一个点最少要走几步。

【输入格式】

输入一行，包含 4 个整数，分别为 n、m、x、y，每个整数用一个空格隔开。

【输出格式】

一个 $n×m$ 的矩阵，代表"马"到达某个点最少要走几步（左对齐，宽 5 格，如果不能到达，则输出-1）。

【输入/输出样例】

输入样例 1	输出样例 1		
3 3 1 1	0 　3 　2		
	3 　-1 　1		
	2 　1 　4		
输入样例 2	输出样例 2		
5 5 2 3	1 　2 　3 　2 　1		
	2 　3 　0 　3 　2		
	1 　2 　3 　2 　1		
	4 　1 　2 　1 　4		
	3 　2 　3 　2 　3		

【提示】

$1 \leq x \leq n \leq 400$，$1 \leq y \leq m \leq 400$。

【参考解答】

这道题可以采用广度优先搜索的思想，先搜索每一个格子下一个可能到达的 8 个方向，并判断越界情况，然后将搜索过的格子标记上。全部搜索完毕仍未标记的那些格子表示无法到达。

```cpp
#include <bits/stdc++.h>
using namespace std;
int n, m, startx, starty;        //输入的行数 n、列数 m，以及起始坐标 startx 和 starty
int a[401][401], book[401][401];//输出数组 a 和标记数组 book
//定义状态结构体
typedef struct {
    int x;
    int y;
    int step;                    //当前步数
} Status;
//广度优先搜索函数
int BFS(int x, int y) {
    int i, next[8][2] = {{-1, 2}, {1, 2}, {1, -2}, {-1, -2}, {-2, 1}, {2, 1},
                         {2, -1}, {-2, -1}}; //枚举 8 种下一步的状态

    Status s, f, now;
    //定义初始状态
    s.x = x;
    s.y = y;
    s.step = 0;
    book[x][y] = 1;
    a[x][y] = 0;
    queue<Status> q;
```

```
        q.push(s);                              //初始状态进入队列
        while (!q.empty()) {
            f = q.front();
            q.pop();
            for (i = 0; i < 8; i++) {           //向 8 个方向搜索
                now.x = f.x + next[i][0];
                now.y = f.y + next[i][1];
                now.step = f.step;
                if (now.x < 1 || now.y < 1 || now.x > n || now.y > m || book[now.x][now.y]==1)
                    continue;                   //越界情况和重复状态处理
                now.step++;
                book[now.x][now.y] = 1;         //标记已走过
                a[now.x][now.y] = now.step;      //把最短路径赋值给数组 a 的对应位置
                q.push(now);                    //进入队列
            }
        }
    }
    int main() {
        int i, j;
        cin >> n >> m >> startx >> starty;
        BFS(startx, starty);
        for (i = 1; i <= n; i++) {
            for (j = 1; j <= m; j++) {
                if (book[i][j] == 0) {
                    //如果广度优先搜索完仍有格子未标记，则证明无论如何都无法到达
                    if (j == m)
                        printf("%d", -1);
                    else
                        printf("%-5d", -1);
                } else {
                    if (j == m)
                        printf("%d", a[i][j]);
                    else
                        printf("%-5d", a[i][j]);
                }
            }
            printf("\n");
        }
        return 0;
    }
```

假设棋盘大小为 $n×m$，则该算法的时间复杂度为 $O(nm)$。

5.8.7　中国象棋（二）——车不打车

【题目描述】

在中国象棋中，"车"是一种很强大的棋子，无论横线、竖线均可行走，只要无子阻拦，

步数不受限制。

给定一个 $n×n$ 的棋盘,这个棋盘里只有"车"这一种棋子,每个格子中至多放置一个"车",且要保证任何"车"之间都不能相互攻击,有多少种放法("车"与"车"之间是没有差别的)。

【输入格式】

输入一个正整数 n。

【输出格式】

输出一个整数,表示"车"有多少种放法。

【输入/输出样例】

输入样例 1	输出样例 1	解　释
2	7	一个"车"都不放为一种,放置一个"车"有 4 种,放置两个"车"有两种
输入样例 2	输出样例 2	解　释
3	34	一个"车"都不放为一种,放置一个"车"有 4 种,放置两个"车"有两种

【提示】

$n≤8$。

【参考解答】

这道题考查的是搜索回溯法。中国象棋中"车"的攻击方式是直线的,也就是说,只要不把它们放在同一行或者同一列,就可以避免相互攻击。从题中可以了解到,题目要求不一定在每一行都必须放棋子,即在这一行放或者不放都是可行方案(这就是与 n 皇后问题不同的地方)。因此算法搜索需要对应两种选择,即在这一行放或者不放,每种选择都要搜索一遍。

```cpp
#include <bits/stdc++.h>
using namespace std;
int N;
long long answer=1;              //刚开始什么也不放也属于一种答案
bool visited[10];               //标志被放置的列
void dfs(int step)              //表示从第 step 行开始放棋子
{
    if(step>N) return;          //如果超过规定的棋盘边界 N,跳出
    for(int i=1;i<=N;i++)
        if(!visited[i])         //如果这一列没有放置棋子
        {
            visited[i]=true;    //在这个位置放置棋子
            answer++;           //该情况的答案+1
            dfs(step+1);        //跳到下一行
            visited[i]=false;   //回溯
        }
    dfs(step+1);
    //不一定从第 step 行开始放(第 step 行没有也可以),从 step+1 行开始放也可以
}
int main()
{
```

```
cin>>N;
dfs(1);                        //从第 1 行开始搜索
cout<<answer;
return 0;
}
```

该算法的时间复杂度为 $O(n^2)$。

5.8.8　上升的海平面——代码与大自然的激荡

【题目描述】

海平面上升现象是由全球气候变暖、极地冰川融化、上层海水变热膨胀等原因引起的。20 世纪以来，全球海平面已上升了 10～20 厘米，是一种缓发性的自然灾害。海平面的上升会淹没一些低洼的沿海地区，会使风暴潮强度加剧频次增多。

假如有一张某海域 $N×N$ 像素的照片，其中，"."表示海洋；"#"表示陆地，如下所示。

```
.   .   .   .   .   .   .
.   #   #   .   .   .   .
.   #   #   .   .   .   .
.   .   .   .   #   #   .
.   .   #   #   #   #   .
.   .   .   #   #   #   .
.   .   .   .   .   .   .
```

其中，上、下、左、右 4 个方向上连在一起的一片陆地组成一座岛屿。例如，上图就有两座岛屿。由于海平面上升，科学家预测未来几十年岛屿边缘一个像素的范围会被海水淹没。具体来说，如果一块陆地像素与海洋相邻（上、下、左、右 4 个相邻像素中有海洋），它就会被淹没。

例如，上图中的海域未来会变成如下样子。

```
.   .   .   .   .   .   .
.   .   .   .   .   .   .
.   .   .   .   .   .   .
.   .   .   .   .   .   .
.   .   .   #   .   .   .
.   .   .   .   .   .   .
.   .   .   .   .   .   .
```

依照科学家的预测，照片中有多少座岛屿会被完全淹没？

【输入格式】

第 1 行输入一个整数 N。

接下来输入 N 行 N 列代表一张海域照片。

照片保证第 1 行、第 1 列、第 N 行、第 N 列的像素都是海洋。

【输出格式】

一个整数，表示有多少座岛屿被完全淹没。

【输入/输出样例】

输入样例 1	输出样例 1

7
 	
`. . . . . . .`
`. # # . . . .`
`. # # . . . .`
`. . . . # # .`
`. . # # # # .`
`. . . # # # .`
`. . . . . . .`
	1

输入样例 2	输出样例 2

8
 	
`. . . . . . . .`
`. . . # # . . .`
`. # # # # # . .`
`. # # . . . . .`
`. . . . # # # .`
`. # # . . . . .`
`. # # . . . . .`
`. . . . . . . .`
	3

【提示】

$1 \leqslant N \leqslant 1000$。

【参考解答】

这道题可以通过建立二维数组来表示陆地和海洋，搜索到第 1 个陆地时（搜索的格子为 "#"时），算法会遍历到该岛屿其他的所有陆地（搜索所有为 "#" 的格子）。如果岛屿中只有一个陆地，假设它的四周都是陆地，那么它不会被淹没。

因此，只要看岛屿的第 1 个陆地，就可以判断其是否会被淹没（因为深度优先遍历的过程会遍历每一个陆地）。

```cpp
#include <bits/stdc++.h>
using namespace std;
const int N = 100;                  //假设最大的地图大小为100
int v[N][N];                        //用于标记已访问的区域
int answer = 0;                     //存储答案，表示可淹没的岛屿数量
int dx[4] = {0, 0, -1, 1};          //x 方向的 4 个邻居的相对坐标
int dy[4] = {1, -1, 0, 0};          //y 方向的 4 个邻居的相对坐标
int n;                              //地图的大小
char maps[N][N];                    //存储地图的二维数组
void input() {
    cin >> n;                       //读取地图大小
    for (int i = 1; i <= n; i++) {
        for (int j = 1; j <= n; j++) {
            cin >> maps[i][j];      //读取地图数据
```

```
        }
    }
}
bool dfs(int x, int y) {
    v[x][y] = 1;                                //标记当前位置已访问
    int cnt = 0;                                //用于统计当前位置周围的陆地块数量
    bool flag = true;                           //用于判断相邻的下一个陆地是否四周都是陆地
    for (int i = 0; i < 4; i++) {
        int tx = x + dx[i];
        int ty = y + dy[i];
        //判断新点的合法性
        if (tx <= 0 || tx > n || ty <= 0 || ty > n) continue;
        //只需统计该陆地四周的陆地数量，而不管其是否被访问过
        if (maps[tx][ty] == '#') {
            cnt++;
            if (!v[tx][ty]) {                   //能够保证不走回头路
                flag &= dfs(tx, ty);
                //不能回溯。岛屿的其他部分在接下来的循环中不能被访问
            }
        }
    }
    if (cnt == 4) {
        return false;                           //如果周围都是陆地，则返回 false，表示不会被淹没
    }
    return flag;                                //否则返回 true，表示该陆地所在的岛屿会被淹没
}
void deal() {
    for (int i = 1; i <= n; i++) {
        for (int j = 1; j <= n; j++) {
            if (maps[i][j] == '#' && !v[i][j] && dfs(i, j)) {
                answer++; //如果当前位置是陆地且未被访问过，并且该岛屿会被淹没，则答案加 1
            }
        }
    }
}
int main() {
    input();                                    //读取地图数据
    deal();                                     //处理地图数据，计算可淹没的岛屿数量
    cout << answer;                             //输出答案
    return 0;
}
```

该算法的时间复杂度为 $O(n^2)$。

5.8.9 寻找连通块——无畏的空间探索

【题目描述】

给定一个 $m \times n$ 的方形区域，在区域内有 w（wall）和 l（land）两种字符，需要编写一个程序将该区域内所有的连通的小室找出来。连通的小室是指该区域内的所有字符可以通过上下和左右行走到达，而不会撞到墙（wall）。

【输入格式】

第 1 行有两个整数 m 和 n，表示数组方形区域的长宽（m 表示行数，n 表示列数）；第 2 行按照上一行的输入，对方形区域进行输入，该区域只会包含 w 和 l 两种字符。

【输出格式】

只有一行输出数据，表示该连通区域具有多少个独立的连通的小室。

【输入/输出样例】

输入样例 1	输出样例 1	解　释
3 3 w w w w w w w w w	0	方形区域内全部都是 wall，没有 land

输入样例 2	输出样例 2	解　释
4 5 w l w l l l l w w l w w l w l l w w l l	4	通过分析可以得到该区域内有 4 个连通的小室，分别是： (0, 1), (1, 0), (1, 1)； (2, 2)； (3, 0)； (0, 3), (0, 4), (1, 4), (2, 4), (3, 4), (3,3) 注：从 0 开始编码

【提示】

$-1 \leqslant n \leqslant 150$，$-1 \leqslant m \leqslant 150$。

【参考解答】

题述中的小室可以看作格子，标记为 l（land）的小室就是被视作陆地的格子，相邻的陆地是连通的，此题实际上就是求解连通块的数量。这道题可以参考深度优先搜索算法解题。对于地图的每个坐标，周围 4 个方向均需要遍历一次。先定义一个搜索算法，再对周围方向各搜索一次，并在搜索过的坐标打上标记，最后统计并输出结果。

```
#include<bits/stdc++.h>
using namespace std;
int m, n, answer;                //输入的行数 n、列数 m 和结果 answer
char maps[109][109];             //存储地图的二维数组
int flag[109][109];              //标记数组，用于记录已计算过的格子
//记录 4 个方向的偏移量，用于搜索周围的格子
int c[4][2] = {{1,0},{-1,0},{0,1},{0,-1}};
//深度优先搜索函数，用于找到相邻的被视作陆地的格子并将它们标记为已计算
void dfs(char maps[][109], int x, int y, int n, int m) {
    maps[x][y] = '#';            //标记当前格子为已计算
    for (int i = 0; i < 4; i++) {
        int dx = x + c[i][0];    //计算相邻格子的坐标
        int dy = y + c[i][1];
        //限定边界条件，确保不越界并且是被视作陆地的格子
        if (maps[dx][dy] == 'l' && dx >= 1 && dy >= 1 && dx <= n && dy <= m) {
```

```
            dfs(maps, dx, dy, n, m);      //递归搜索相邻的被视作陆地的格子
        }
    }
}
int main() {
    int i, j;
    cin >> n >> m;                        //输入地图的行数和列数
    answer = 0;                           //初始化答案为 0
    //读取地图数据
    for (i = 1; i <= n; i++) {
        for (j = 1; j <= m; j++) {
            cin >> maps[i][j];
        }
    }
    //遍历整个地图，查找被视作陆地的格子并进行深度搜索
    for (i = 1; i <= n; i++) {
        for (j = 1; j <= m; j++) {
            if (maps[i][j] == 'l') {
                answer++;                 //如果当前格子是被视作陆地的格子，答案加 1
                dfs(map, i, j, n, m);     //对相邻的被视作陆地的格子进行深度搜索并标记
            }
        }
    }
    cout << answer;                       //输出答案，即连通块的数量
    return 0;
}
```

假设地图大小为 $n \times m$，则该算法的时间复杂度为 $O(nm)$。

5.8.10　地下迷宫——小青蛙闯关大冒险

【题目描述】

小青蛙有一天不小心落入了一个地下迷宫，它希望用自己仅剩的体力值 P 跳出这个地下迷宫。为了让问题简单化，假设这是一个 $n \times m$ 的格子迷宫，迷宫每个位置为 0 或者 1。0 代表这个位置有障碍物，小青蛙到达不了这个位置；1 代表小青蛙可以到达的位置。小青蛙初始在(0,0)位置，地下迷宫的出口在(0,m-1)（保证这两个位置都是 1，并且保证起点到终点一定有可达的路径），小青蛙在迷宫中水平移动一个单位距离需要消耗一个单位的体力值，向上爬一个单位距离需要消耗 3 个单位的体力值，向下移动不消耗体力值，如果小青蛙的体力值等于 0 时还没有到达出口，小青蛙将无法逃离迷宫。现在需要你帮助小青蛙计算出能否用仅剩的体力值跳出迷宫（达到(0,m-1)位置）。

【输入格式】

第 1 行为 3 个整数 n、m、P；接下来的 n 行，每行 m 个 0 或者 1，以空格分隔。

【输出格式】

如果能逃离迷宫，则输出一行体力消耗最小的路径，【输出格式】见样例所示；如果不能

逃离迷宫，则输出 "Can not escape!"。测试数据保证答案唯一。

【输入/输出样例】

输入样例 1	输出样例 1
4 4 10	[0,0],[1,0],[1,1],[2,1],[2,2],[2,3],[1,3],[0,3]
1 0 0 1	
1 1 0 1	
0 1 1 1	
0 0 1 1	
输入样例 2	输出样例 2
3 3 1	Can not escape!
1 0 0	
1 1 1	
0 1 0	

【提示】

$3 \leqslant m,n \leqslant 10$，$1 \leqslant P \leqslant 100$。

【参考解答】

这道题需要采用深度优先搜索算法，这是典型的迷宫问题。穷举完所有路径，找出剩余体力最多的路径即可。

```cpp
#include <iostream>
#include <vector>
using namespace std;
//深度优先搜索函数
void dfs(int n, int m, vector<vector<int>> array, vector<vector<int>> &path, int p,
vector<vector<int>> &res, int &minloss) {
    //获取当前位置坐标
    vector<int> curNode = path.back();
    int curX = curNode[0];
    int curY = curNode[1];
    //终止条件：到达终点
    if (curX == 0 && curY == m - 1) {
        if (p >= minloss) {
            res = path;         //更新最优路径
            minloss = p;        //更新最小损失
        }
        return;
    }
    //递归
    array[curX][curY] = 0;    //避免死循环，标记当前位置已访问
    if (curX > 0 && array[curX - 1][curY] == 1 && p - 3 >= 0) {          //向上走
        vector<int> tmp = {curX - 1, curY};
        path.push_back(tmp);
        dfs(n, m, array, path, p - 3, res, minloss);
```

```
                array[curX][curY] = 0;
                path.pop_back();
            }
        if (curX < n - 1 && array[curX + 1][curY] == 1) {           //向下走
            vector<int> tmp = {curX + 1, curY};
            path.push_back(tmp);
            dfs(n, m, array, path, p, res, minloss);
            path.pop_back();
        }
        if (curY > 0 && array[curX][curY - 1] == 1 && p - 1 >= 0) {   //向左走
            vector<int> tmp = {curX, curY - 1};
            path.push_back(tmp);
            dfs(n, m, array, path, p - 1, res, minloss);
            path.pop_back();
        }
        if (curY < m - 1 && array[curX][curY + 1] == 1 && p - 1 >= 0) {  //向右走
            vector<int> tmp = {curX, curY + 1};
            path.push_back(tmp);
            dfs(n, m, array, path, p - 1, res, minloss);
            path.pop_back();
        }
        array[curX][curY] = 1;          //恢复当前位置为未访问状态
}
//输出最佳路径
void printRes(vector<vector<int>> res) {
    for (int i = 0; i < res.size(); i++) {
        vector<int> curNode = res[i];
        int curX = curNode[0];
        int curY = curNode[1];
        if (i != res.size() - 1)
            cout << "[" << curX << "," << curY << "],";
        else
            cout << "[" << curX << "," << curY << "]";
    }
}
int main() {
    //输入读取
    int n, m, p;                        //输入迷宫的行数、列数和初始损失值
    cin >> n >> m >> p;
    vector<vector<int>> array(n, vector<int>(m, 0));        //初始化迷宫二维数组
    for (int i = 0; i < n; i++) {
        for (int j = 0; j < m; j++) {
            int tmp;
            cin >> tmp;
            array[i][j] = tmp;
        }
    }
    vector<vector<int>> path;
```

```
    vector<vector<int>> res;
    path.push_back(vector<int>(2, 0));              //初始位置为[0,0]
    int minloss = 0;                                //初始损失值为0
    dfs(n, m, array, path, p, res, minloss);        //调用深度优先搜索函数
    //输出结果
    if (res.empty())
        cout << "Can not escape!" << endl;          //未找到输出结果
    else
        printRes(res);
    return 0;
}
```

假设地图大小为 $n×m$，则该算法的时间复杂度为 $O(4^{nm})$。

5.8.11　课后习题

1．对于子集树与排列树，分别讨论它们的应用场景。

2．编程实现实践题"5.8.1　数独问题——释放你的智慧"，并给出更多输入/输出数据。

3．编程实现实践题"5.8.3　矿工大冒险——寻找黄金的奇幻之旅"，并修改答案使得能够输出矿工的最佳路线。

4．使用迭代和递归两种方法编程实现实践题"5.8.5　调手表——在浩瀚宇宙中探索"，并分析这两种算法的时间复杂度。

5．小明在学习了搜索算法章节之后，编程实现了实践题"5.8.9　寻找连通块——无畏的空间探索"。当他将代码提交给老师后，老师觉得小明的代码还可以继续优化。请你根据 A*算法的思想，帮助小明完成他的代码。

```
#include <bits/stdc++.h>
using namespace std;

int m, n, answer;
char maps[109][109];         //地图数组
int flag[109][109];          //标记数组

//定义上、下、左、右 4 个方向
int c[4][2] = {{1,0},{-1,0},1._____,{0,-1}};    //填上相应的代码

struct Node {                    //定义了一个结构体 Node，用于存储结点信息
    int x, y, dist;
    Node(int x, int y, int dist) : x(x), y(y), dist(dist) {}
    bool operator<(const Node & other) const {
        //以距离作为优先级，距离越小优先级越高
        return dist 2._____ other.dist;           //填上相应的代码
    }
};

void aStar(char maps[][109], int x, int y, int n, int m) {
    priority_queue<Node> pq;                         //定义优先队列
```

```
        pq.push(Node(x, y, 0));
        flag[x][y] = 1;                                    //记录走过的格子


        while (!pq.empty()) {
            Node current = pq.top();
            pq.pop();
            for (int i = 0; i < 4; i++) {
                int dx = current.x + c[i][0];

                int dy = current.y + 3._____;          //填上相应的代码

                if (maps[dx][dy] == 'l' && dx >= 1 && dy >= 1 && dx <= n && dy <= m
                && !flag[dx][dy]) {
                    pq.push(Node(dx, dy, current.dist + 1));

                    //对应的标记数组标记已走过
                    4._____;                     //填上相应的代码


                }
            }
        }
}

int main() {
    int i, j;
    cin >> n >> m;
    answer = 0;

    for (i = 1; i <= n; i++) {
        for (j = 1; j <= m; j++) {
            cin >> maps[i][j];
            flag[i][j] = 0;                                //初始化标记数组
        }
    }

    for (i = 1; i <= n; i++) {
        for (j = 1; j <= m; j++) {
            if (maps[i][j] == 'l' && !flag[i][j]) {
                answer++;

                //利用 A*算法得出结果
                5._____;                         //填上相应的代码
            }
        }
    }
    cout << answer;
    return 0;
}
```

第 6 章　网络流算法

图论是组合数学的一个分支，与其他数学分支，如群论、矩阵论、概率论、拓扑学、数值分析等有着密切的联系。网络流（network flows）理论是图论中的一种理论与方法，用于解决网络上的一类最优化问题。网络流的理论和应用在不断地发展，逐渐出现了增益流、多终端流、多商品流等多种形式的问题。1955 年，T.E.哈里斯在研究铁路最大通量时首先提出了在一个给定的网络上寻求两点间最大运输量的问题。1956 年，L.R.福特和 D.R.富尔克森等人给出了解决这类问题的算法，从而建立了网络流理论。此外，网络流算法也可以解决通信、运输、电力、工程规划、任务分派、生物医学以及计算机辅助设计等应用领域的相关问题。

针对特定的问题，首先将现实问题转换为抽象的网络模型，然后根据具体网络模型的优化目标设计网络流算法求解，网络流算法已成为计算机算法的重要内容，本章将介绍几类常见的优化问题及对应求解算法。

6.1　网络流及其性质

为保证网络流理论及算法叙述的完整性及正确性，相关网络流的概念和性质参考了王晓东编著的《计算机算法设计与分析》（第 5 版）。

1. 网络

设 G 是一个简单有向图，$G=(V,E)$，$V=\{1,2,...,n\}$。在 V 中，指定一个顶点 s，称为源点；指定另一个顶点 t，称为汇点。对于有向图 G 的每条边$(v,w) \in E$，对应一个值 $cap(v,w) \geqslant 0$，称为边的容量，表示每条边的最大承载量。通常把这样的有向图 G 称为一个网络，如图 6.1 所示。在图 6.1 中，顶点 1 为源点，顶点 6 为汇点，边(v,w)对应的 $cap(v,w)=2$。

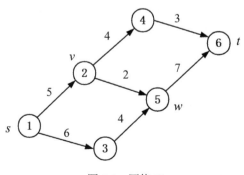

图 6.1　网络 G

2．网络流

网络流即网络上的流，是定义在网络的边集合 E 上的一个非负函数 flow = {flow(v,w)}，并且称 flow(v,w)为边(v,w)上的流量。

3．可行流

满足下述条件的流 flow 就称为可行流。

（1）容量约束：对每一条边(v,w)∈E,0 ≤flow(v,w)≤cap(v,w)。

（2）平衡约束：对于中间顶点，流出量=流入量，即对每个 $v∈V(v≠s,t)$，有：

$$顶点\ v\ 的流出量-顶点\ v\ 的流入量=0$$

即

$$\sum_{(v,w)\in E} \text{flow}(v,w) - \sum_{(w,v)\in E} \text{flow}(w,v) = 0$$

对于源点 s，有：

$$s\ 的流出量-s\ 的流入量=源点的净输出量\ f$$

即

$$\sum_{(s,v)\in E} \text{flow}(s,v) - \sum_{(v,s)\in E} \text{flow}(v,s) = f$$

对于汇点 t，有：

$$t\ 的流入量-t\ 的流出量=汇点的净输入量\ f$$

即

$$\sum_{(v,t)\in E} \text{flow}(v,t) - \sum_{(t,v)\in E} \text{flow}(t,v) = f$$

式中，f 称为这个可行流的流量，即源点的净输出量（或汇点的净输入量）。

可行流总是存在的。例如，让所有边的流量 flow(v,w) = 0，就得到一个流量 f= 0 的可行流（称为零流）。

4．边流

对于网络 G 的一个给定的可行流 flow，将网络中满足 flow(v,w) = cap(v,w)的边称为饱和边；将 flow(v,w) < cap(v,w)的边称为非饱和边；将 flow(v,w) = 0 的边称为零流边；将 flow(v,w) > 0 的边称为非零流边。当边(v,w)既不是一条零流边，又不是一条饱和边时，称为弱流边。

5．最大流

最大流问题即求网络 G 的一个可行流 flow，使其流量 f 达到最大，即 flow 满足

$$0\leqslant \text{flow}(v,w)\leqslant \text{cap}(v,w),\ (v,w)\in E$$

而且

$$\sum \text{flow}(v,w) - \sum \text{flow}(w,v) = \begin{cases} f, & v=s \\ 0, & v\neq s,t \\ -f, & v=t \end{cases}$$

6．流的费用

在实际应用中，与网络有关的问题不仅涉及流量，而且有费用因素。此时，网络的每一条边(v,w)除了给定容量 $cap(v,w)$外，还定义了一个单位流量费用 $cost(v,w)$，对于网络中一个给定的流 flow，其费用定义为

$$cost(flow) = \sum_{(v,w) \in E} cost(v,w) \times flow(v,w)$$

7．残流网络

对于一个给定的网络 G 和 G 上的一个流 flow，网络 G 关于流 flow 的残流网络 G*与 G 有相同的顶点集 V，而网络 G 中的每一条边对应于 G*中的一条边或两条边。设(v,w)是 G 的一条边。当 $flow(v,w) > 0$ 时，(w,v)是 G*中的一条边，该边的容量为 $cap^*(w,v) = flow(v,w)$；当 $flow(v,w) < cap(v,w)$ 时，(v,w)是 G*中的一条边，该边的容量为 $cap^*(v,w) = cap(v,w)-flow(u,w)$。

按照残流网络的定义，当原网络 G 中的边(v,w)是一条零流边时，残流网络 G*中有唯一的一条边(v,w)与之对应，且该边的容量为 $cap(v,w)$。当原网络 G 中的边(v,w)是一条饱和边时，残流网络 G*中有唯一的一条边(w,v)与之对应，该边的容量为 $cap(v,w)$。当原网络 G 中的边(v,w)是一条弱流边时，残流网络 G*中有两条边(v,w)和(w,v)与之对应，这两条边的容量分别为 $cap(v,w)-flow(v,w)$ 和 $flow(v,w)$。

残流网络是设计与网络流有关算法的重要工具。

6.2　最　大　流

最大流理论是由福特和富尔克森于 1956 年提出的，他们指出最大流的流值等于最小割（截集）的容量这个重要的事实，并根据这一原理设计了用标号法求最大流的方法。相关学者后续对该方法进一步加以改进，使得求解最大流的方法更加丰富和完善。最大流问题的研究与图论和运筹学密切相关，特别是与线性规划的联系，开辟了图论应用的新途径。

最大流问题是网络流理论研究的一个基本问题，求网络中的一个可行流 f^*，使其流量 $v(f)$ 达到最大，这种流 f 称为最大流，这个问题称为（网络）最大流问题。最大流问题是一个特殊的线性规划问题，就是在容量网络中，寻找流量最大的可行流。

最大流问题可以建立如下形式的线性规划数学模型。

$$\max V = f^*$$

$$s.t. \begin{cases} \sum f_{ij} - f_{ji} = 0, i \neq s,t \\ \sum f_{sj} - f_{js} = v(f), i = s \\ \sum f_{ij} - f_{ji} = -v(f), i = t \end{cases}$$

式中，$v(f)$称为这个可行流的流量、源点的净输出量或汇点的净输入量。

求解最大流问题，需涉及残留网络和增广路算法等概念。接下来通过实例具体讲解残留网络、增广路算法等概念及求解算法。

6.2.1 残留网络

残留网络是指网络流图中的一个流，其含义为此网络流图中还可以容纳的流量，这些流量组成的网络即为残留网络。用 E 表示网络中的边，e 表示残留网络中的边，假设网络中的边为 $E=(u,v)$，那么残留网络中的边可以有以下两种形式。

（1）若该边实际流量小于该边的最大流量，残留网络中的边为 $E=(u,v)$，该残留边容量为 $cap(u,v)-flow(u,v)$，表明仍在这条边上流出最大流量。

（2）若该边实际流量大于0，该残留网络中的边为 $E=(v,u)$，与该边的方向相反，这表示沿着这条边的反方向可以退回的最大流量。

图6.2是一个标准的网络流图，s 点代表这个网络流图的源点，t 点代表这个网络流图的汇点，边的权值分别代表实际流量和最大流量。所谓最大流量，就是源点（s）到汇点（t）的最大流量，然而每一次通过增广路算法更新网络流图，更新之后的流量图也可以称为残留网络，残留网络是在增广之后形成的。图6.3是图6.2经过数次增广之后形成的最终残留网络图，即最大流算法的输出结果，意味着此图不能再增广，已得到最大流量。不能增广就代表在这个残留网络图中，不会再有流量从源点流向汇点。

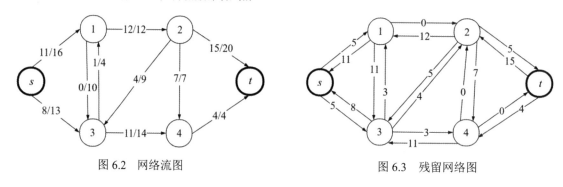

图 6.2　网络流图　　　　　　　　图 6.3　残留网络图

6.2.2 增广路算法

增广路算法可用于搜索增广路径。增广路算法的基本思想是通过搜索从源点到汇点的一条路径，判断是否有流量可以从源点到汇点，使得可以流动的流量增加，该路径称为增广所得到的增广路径。当网络流图中的源点和汇点流通时，就一定可以增广，因为一定有流量可以流向汇点，流通就意味着存在一条路径且路径上的每一条边都是实际流量小于可通过流量的。

增广路算法其实是图论中的一个基本路径搜索算法，所以可通过深度优先搜索算法或广度优先搜索算法实现该过程，但前提是存在该路径。如果不存在，就意味着残留网络不能再增广。每一次增广，算法得到的就是这条增广路径上的可以从源点流向汇点的最大流量，也就是这条增广路径上的最小实际流量。图6.4所示为增广路径图，图中加粗线对应的路径 $s\to3\to2\to t$ 就是一条增广路径，增广流量就是这条路径上的最小值，此处为流量4。

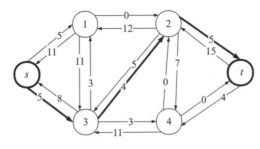

图 6.4　增广路径图

6.2.3　割和割集

当残留网络已经不能再增广时，就代表源点没有流量流向汇点，说明已经是最大流。接下来，通过最小割定理来证明其正确性。割是指将一个流网络分成两部分，割的容量是指从一个集合到另一个集合的所有边的容量之和，当然这些边定义为有方向的，而且不是反方向的，只能从这个集合到另一个集合，如只能是 $S{\rightarrow}T$，不能是 $T{\rightarrow}S$。

如图 6.5 所示，在中间画一条线，左边的集合 S 包含 $(s,1,3)$，右边的集合 T 包含 $(2,4,t)$，割的容量是指从包含源点的集合到包含汇点的集合的正向边的容量之和，对应图 6.5 中的 1→2 和 3→4 这两条边，即割的容量为 12+14=26。但在图 6.5 中，顶点 2 返回给顶点 3 的流量为 4，所以通过此割的流量只有 12+11-4=19。对于网络流图中的任意一条割，通过这条割的流量是不可能超过这条割的容量的。因此可以得出：在网络流中，源点流向汇点的最大流量不可能超过这个网络流图上的最小割的容量。

网络流必须遵守流量守恒原则。所有在网络流图中的任何一条割，通过它的实际流量都是相等的。通过对比图 6.5 和图 6.6 可以发现，与图 6.5 相比，图 6.6 的集合 S 中少了 1 和 3 这两个顶点，从源点 s 到集合 T 的所有流量其实都流向了顶点 1 和顶点 3，然后通过这两个顶点间接流向了汇点。在图 6.6 的割图中，包含源点的集合 S 到包含汇点的集合 T 的流量也等于顶点 1 和顶点 3 到集合 T 的净流量。虽然在这个过程中流经顶点 2 的流量也有流向了顶点 1 和顶点 3 的，但这条路径上的流量不能回流，因为找不到增广路径。顶点 2 流向顶点 3 的流量，既有来源于顶点 1 和顶点 3 流到顶点 2 的，又有来源于顶点 s 流向顶点 1 和顶点 3 的。在顶点 1 和顶点 3 这两个顶点之间无论怎样互相传递流量，它们最终都要流向汇点，只是会通过图中的一些顶点，但这不影响结果，所以这个流量值等于顶点 s 流向顶点 1 和顶点 3 的值的。

综上所述可以得出结论，每一条割通过包含源点的集合到包含汇点的集合的实际流量是等价的。可以将源点比喻成一条河流的源头，河流会分叉，如从 A 点流向 B 点，但流向 B 点的流量不是 A 点自己产生的，而是由源头流入各个点的，所有的流量其实都来自源点，整个河流的流量其实是固定的，所以任意一条割的净流量都是相等的。

假设该网络流图中不包含增广路径，即图中不包含从 s 到 v 的路径，也就是图中 s 能够有通路到达的点的集合，显然这个集合中不包括 t，因为 s 到 t 没有通路。这时，可以令 $T=V-S$，那么 (S,T) 是一条割。对于顶点 u 属于源点，v 属于汇点，u 到 v 的实际流量等于可通过的最大流量。

反证法证明: 假设不相等,(u,v)这条边就存在残余流量,因而源点到 u 加上 u 到 v 就刚好构成了一条通路,所以 v 就必须属于源点,这与假设的条件互相矛盾。因此,表明当前流 f 等于当前的割的容量,即 f 就是最大流。

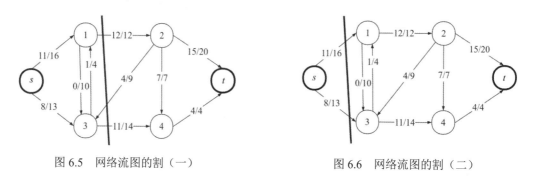

图 6.5　网络流图的割(一)　　　　　图 6.6　网络流图的割(二)

6.3　最大流在运输系统中的应用

6.3.1　运输系统流量问题

某公司有 m 个仓库和 n 个商店,每个仓库都有一定数量的货物,每个商店都需要一定数量的货物,从某个仓库到某个商店需要一定的费用。现要求设计一种运输方案,将这些货物运输给商店,要求运输的总费用最小。

假设现在有仓库 A 和仓库 B,商店 1、商店 2 和商店 3。现在仓库 A 有货物 220 个,仓库 B 有货物 280 个。商店 1 需要的货物数量为 170 个,商店 2 需要的货物数量为 120 个,商店 3 需要的货物数量为 210 个。现在仓库 A 可以给任意商店运输货物,但运输过程消费的货物单价分别是 77、39、105,即仓库 A 要向商店 1、商店 2 和商店 3 运输货物时,每运送一件的价格分别为 77、39、105,同样仓库 B 也是如此,可以给任意商店运输货物,仓库 B 在运输过程中消费的货物单价为 150、186、122。现要求设计算法找出最佳方案,使总费用达到最小。

6.3.2　运输系统流量问题模型的建立

对上述运输费用问题进行分析,可以构建一个最大流图,如图 6.7 所示。首先,构建一个源点和汇点,源点和所有仓库相连,边的权值是对应仓库的总货物量,货物单价可以设置为 0,即从源点运输到仓库 A 和仓库 B 的货物抽象成网络中大小分别为 220 和 280 的流,并且运送这些货物从源点 s 到仓库 A 和仓库 B 所需的费用为 0(可理解为 0 元)每件,图 6.7 中对应的 220/0 和 280/0 就是这个意思。

接下来,每个商店都要和汇点相连,边权对应的是商店需要的货物量,即这条边所对应的流量,因为这是商店的货物需求,不需要额外的货物,单位货物消耗也设为 0,抽象成网络中最后运回汇点的流的大小,并不需要真的付出代价,即不需要费用就能运送过来,在图 6.7 中体现为 170/0、120/0 和 210/0。

然后将各个仓库和商店相连接，它们之间如果存在货物需求关系，就必须建立边，边权流量为无穷大，因为可能运送某件货物所需的费用比其他路径更便宜，就可以尽可能地在这条路径运送货物，直到到达最大的流量限制，又因为一开始无法确定实际上需要多少，所以就需要建立一条无穷大的边来模拟这种情况，单位货物消耗就是两者之间的单位货物费用，即仓库 X 向商店 Y 运输每一件物品所需的代价。

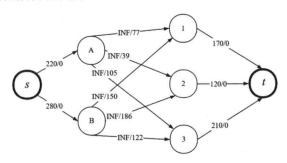

图 6.7　流量问题模型图

6.3.3　最大流求解流量问题

在图 6.7 中，流量问题模型图首先得保证流量平衡，即流入仓库 A 和仓库 B 的流量是其具备的最大货物量，单位费用为 0 表明实际情况不存在该路径，可以抽象为：所有走这条路径的费用本身就是 0，商店和汇点的关系类似。对于商店和仓库之间的关系，之所以要把流量设置为 INF（无穷大），是因为在仓库 A 和仓库 B 就已经确定了流量，这样已经保证从源点流出的总流量是固定的。由于目标是选择最近路径，因此需要满足所有选择，可以选择一直走这条路径，但这也许并不是最佳的，因此无穷大流量就代表着这条路径上可允许通过的最大流量。

求解该网络流问题中最小费用最大流，来保证最小费用的情况下满足所有商店的需求。最大流问题仅注意网络流的流通能力，没有考虑流通的费用，实际上费用因素也非常重要。例如，在交通运输问题中，往往要求在完成运输任务的前提下，寻求一个使总运输费用最省的运输方案，这就是最小费用流问题。如果只考虑单位货物的运输费用，那么这个问题变成了最短路径问题。由此可见，最短路径问题是最小费用流问题的基础，现已有一系列求最短路径的方法。最小费用流（或最小费用最大流）问题，可以交替使用求解最大流和最短路径两种方法，通过迭代得到解决。网络最大流问题和它的对偶问题——最小截问题是一对经典组合优化问题，它们在许多工程领域和科学领域有重要的应用，是计算机科学和运筹学的重要内容，读者可以进一步阅读相关书籍详细了解。

6.4　Dinic 算法

Dinic 算法是一种解决最大流问题的高效算法，Dinic 算法在求增广路时，先用广度优先搜索算法进行图的分层操作，再用深度优先搜索算法寻找增广路，逐步找到最大流，直到找不到增广路为止。概括起来就是：一次分层，多次增长。

关于 Dinic 算法的两个优化如下所示。

（1）多路增广。在进行分层时，如果在分层网络中找到汇点 t，则停止进行分层。

（2）当前弧优化。对于任意结点，每增广一条前向弧，就意味着这条弧后所有边都被多路增广过了，当再次处理该结点时，可以不用考虑这条弧。也就是说，如果一条边已经被增广过，那么它不会被增广第 2 次。因此，下一次进行增广时，就不必再走那些已经被增广过的边。

6.4.1 Dinic 算法的相关概念

1．结点的层次

在残留网络中，源点 s 的层次为 0，把从源点 s 到结点 u 的最短路径长度称为结点 u 的层次。这样分层的结果被称为层次图，如图 6.8 所示。将源点 1 的层次标记为 0，一次能够到达的点有 2 和 3，所以 $d[2] = d[3] = 1$，然后将从第 1 层一次能够到达的点记为第 2 层，即 $d[4] = 2$，接下来就是 $d[6] = 3$。注意，虽然 2 能一步到达 3，但是由于 3 的层次已经被标记为 1，因此不需要再次对 3 进行标记，这样就对图分完层了。注意分层的前提是边的权值不能为 0，如果边的权值为 0，则相当于这条边已经没办法继续分流了，所以没必要考虑权值为 0 的边。

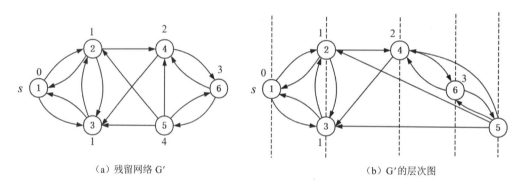

（a）残留网络 G′   （b）G′ 的层次图

图 6.8   结点的层次图

2．残留网络的性质

对残留网络进行分层后，弧可能会出现以下 3 种情况。

（1）从第 i 层结点指向第 $i+1$ 层结点。

（2）从第 i 层结点指向第 i 层结点。

（3）从第 i 层结点指向第 j 层结点，$j<i$。

在分层后的残留网络中不存在从第 i 层指向第 $i+k$ 层结点的弧，其中 $k \geqslant 2$。但并非所有残留网络都适合分层。

3．Dinic 算法的基本思想

Dinic 算法的基本思想是分阶段地在层次图中进行增广，步骤如下：

（1）初始化网络流图。

（2）构建残留网络和层次图，如果汇点不在层次图中，则 Dinic 算法结束。

（3）在层次图中用一次深度优先搜索算法进行增广，改进流量。

（4）重复步骤（2）的操作，直到汇点不在层次图中。

Dinic 算法呈循环结构，将每一次循环称为一个阶段。在每个阶段中，首先根据残留网络构建层次图（一般采用广度优先搜索算法构建层次图），然后通过深度优先搜索算法在层次图内扩展增广路，调整流量。

增广完毕，进入下一个阶段。这样不断重复，直到汇点不在层次图内出现为止。汇点不在层次图内表示在残留网络中不存在从源点到汇点的路径，即没有增广路，那么根据增广路定理可知，当前流即为最大流。显然，对于有 n 个点的网络流图，Dinic 算法最多有 n 个阶段。

6.4.2　Dinic 算法描述

Dinic 算法的程序代码如算法 6.1 所示。

设 level[] 为层次图，存储各结点的层次；edge[][] 为图，其中 edge[u][v].f 代表可行的最大流，edge[u][v].c 则代表最大的容量；在构造层次网络时，通过遍历所有的点来判断是否存在可行的增广路以添加到路径中，并记录下当前点的深度。在寻找增广路时，通过从源点开始向下深度搜索出当前增广路中可行的最大流，将其加入到最优解中，并且不断地重复这个过程，就可以得到最大流。

算法 6.1

```cpp
#include <iostream>
#include <iostream>
#include <queue>
using namespace std;
const int INF = 0x7fffffff;
int V, E;
int level[205];
int Si, Ei, Ci;
struct Dinic
{
    int c;
    int f;
}edge[205][205];
bool dinic_bfs()                         //构建层次网络
{
    queue<int> q;
    //初始化每个点为没遍历过的点，以便之后在图中寻找增广路
    memset(level, 0, sizeof(level));
    q.push(1);                           //将源点放入
    level[1] = 1;                        //初始化源点的位置
    int u, v;
    while (!q.empty()) {
        u = q.front();
```

```
                q.pop();
                for (v = 1; v <= E; v++) {
                    if (!level[v] && edge[u][v].c>edge[u][v].f) {
                        level[v] = level[u] + 1;          //记录这个点的深度
                        q.push(v);
                    }
                }
            }
        return level[E] != 0;
}
int dinic_dfs(int u, int cp) {
    int tmp = cp;                                 //当前的最大容量
    int v, t;
    if (u == E)                                   //找到源点返回流量
        return cp;
    for (v = 1; v <= E&&tmp; v++) {               //从源点开始遍历，找到增广路
        if (level[u] + 1 == level[v]) {
            if (edge[u][v].c>edge[u][v].f) {      //流量小于容量
                //继续往下深度搜索找到最大的流
                t = dinic_dfs(v, min(tmp, edge[u][v].c - edge[u][v].f));
                edge[u][v].f += t;                //正向边加上这份流量
                edge[v][u].f -= t;                //反向的边减去
                tmp -= t;
            }
        }
    }
    return cp - tmp;                              //返回此增广路中能得到的最大的流量
}
int dinic() {
    int sum=0, tf=0;
    while (dinic_bfs()) {                         //不断建立分层图寻找增广路
        while (tf = dinic_dfs(1, INF))           //然后找到路径中流量的变化
            sum += tf;
    }
    return sum;
}
int main() {
    while (scanf("%d%d", &V, &E)) {
        memset(edge, 0, sizeof(edge));
        while (V--) {
            scanf("%d%d%d", &Si, &Ei, &Ci);
            edge[Si][Ei].c += Ci;
        }
        int ans = dinic();
        printf("%d\n", ans);
    }
    return 0;
}
```

Dinic 算法的时间复杂度分析：如果网络 $G(V,E,C)$ 有 n 个结点和 m 条弧，Dinic 算法最多有

n 个阶段，即最多构建 n 个层次图。每个层次图通过一次广度优先搜索可得到，而广度优先搜索的时间复杂度为 $O(m)$，所以构建层次图的时间复杂度为 $O(m)$。在层次图内进行一次流量调整的时间复杂度为 $O(mn)$。因为最多执行 n 次，所以 Dinic 算法找增广路的时间复杂度为 $O(mn^2)$。

6.5　基于 Dinic 算法求解数学建模竞赛阅卷中的问题

随着计算机技术的迅速发展，数学建模不仅在工程技术、自然科学等领域发挥着越来越重要的作用，而且以空前的广度和深度向经济、管理、金融、生物、医学、环境、地质、人口、交通等新领域渗透。数学建模是联系数学与实际问题的桥梁，是数学在各个领域广泛应用的媒介，是数学科学技术转化的主要途径，数学建模在科学技术发展中的重要作用越来越受到数学界和工程界的普遍重视，它已成为现代科技工作者必备的重要能力之一。可见，培养学生应用数学建模的意识和能力已经成为教学的一个重要方面。为此，我国开展了许多关于数学建模的竞赛，鼓励各地学生积极参与，以提高学生的数学建模意识和能力。

6.5.1　数学建模竞赛阅卷中的问题

随着数学建模竞赛影响力的提高，参赛人数不断增长，赛事结果的公正性和准确性备受关注。数学建模竞赛后的阅卷过程是考试管理流程的一个重要环节，能否有效地进行评卷误差控制将直接影响到考试结果的信度与效度。国内外的研究认为，解决评卷误差问题必须从实施标准化考试入手，须从命题标准化、考试实施标准化、评分标准化和分数解释标准化 4 个环节严格把关。

在实际工作中，误差控制受到诸多不确定因素的影响，如命题质量、评分标准及细则规定、试卷分配、评卷教师的主观判断等。但究其主要原因，阅卷的整个工作需要依靠评卷员实现，他们是影响阅卷质量的最重要因素之一。因此，建立合理的评卷教师阅卷质量评价体系、方法和模型，保障评卷过程公平、公正、顺利地进行至关重要。

结合以上分析，就数学建模竞赛阅卷中存在的问题进行以下研究。

（1）编写一个程序，让试卷等可能随机地分发给每名教师，同时让任意两名教师批阅同一份试卷的交叉情况均匀性，且对该均匀性进行分析。

（2）对实际问题进行分析，找出影响评卷教师评分的主要因素或指标。给出两个程序的算法或框图，并选出一个好的分配任务单以供使用及对它进行评价。

（3）建立影响学生成绩的主要因素或指标之间存在联系的数学模型，并给出算法将学生的成绩标准化。

（4）根据所建立的数学模型和仿真结果，对教师的评阅效果给出评价并提出意见和建议。

6.5.2　问题重述

数学建模竞赛之后都要经过阅卷过程，除了几十名教师参与繁重的评阅试卷的工作外，许多管理工作也都有很强的技术性，如试卷的随机分发、评分的预处理、对每名教师评阅效果的评价等。这些工作是否严谨有序直接影响着评阅的准确性和公正性，工作人员力求最优、最准确的评阅效果。

一次竞赛通常有几百份试卷，评阅前已将试卷打乱编号。每份试卷就是一篇科技论文，评阅教师需要综合考虑各方面的情况给出一个成绩。每份试卷应由 3 名不同的教师评阅，所给出的 3 个成绩组成该试卷的最终成绩。每名教师应回避自己所在工作单位的试卷，该约束比较容易处理，直接假设教师都没有收到本单位的试卷。

1．试卷的随机分发

考虑有 500 份试卷、20 名阅卷教师的情况。每份试卷 3 人评阅，共需要 1500 人次，每人阅卷 75 份。提前编写程序，将试卷随机地分发到教师的任务单中。注意，应让每份试卷等概率地分给每名教师，并且任意两名教师交叉评阅一份试卷的情况也尽量均匀，即尽量不要出现交叉次数过多或过少的情况。再编写一个程序，对一次分发的任务单进行均匀性的评价。最后，可以在多次生成的任务单中选出一个评价比较好的试卷分发方案。请给出以上两个程序的算法或框图，并选出一个好的分配任务单以供使用并对其进行评价。

2．评分的预处理

试卷全部阅完之后，需要进行成绩的合成。但是，每名教师评阅的试卷不同，实际评分标准也不完全相同（尽管评阅前已经集体开会、讨论并统一评卷标准），大家的分数没有直接的可比性，所以不能简单地合成，需要预处理。例如，可能出现一份试卷的两名评阅教师都给出 70 分的评价，但是其中一个 70 分是某名教师给出的最高分，另一个评分则是另一名教师给出的最低分，能认为这个试卷就应该是 70 分吗？请设计一个评分预处理的算法把教师给出的成绩加以标准化处理，然后对 3 个标准化成绩直接合成，使得最终成绩尽量地公平、合理并且为后续评价教师评阅效果提供方便。

3．对每名教师评阅效果的评价

阅卷全部结束之后，组织者要对所聘请的教师有一个宏观的评价，要判断哪些教师比较认真、对评分标准掌握得比较好、看论文又快又准，因此可以确保他们给出的成绩比较准确，并且可以将他们作为这次阅卷的主力。下次再有类似赛事优先邀请他们参加评阅，甚至可以在阅卷后合成成绩时赋予他们更大的权值。请制定一个方法，利用每名教师给出的成绩，反过来对他们的评阅效果进行评价。

6.5.3　模型假设

为简化问题，作出如下假设。

（1）假设大部分教师都持严谨的态度批改试卷。

（2）假设所有教师都能在规定的时间内，尽可能符合标准地完成批阅工作。

（3）假设批阅过程公平、公正。

6.5.4　符号定义

符号定义见表 6.1。

表 6.1　符号定义

符　　号	定　　义
Y	教师的批阅质量
W	权值
X_1	教师的情绪
X_2	批改一份试卷的时间
X_3	受外界干扰的程度
X_4	整体成绩的标准分
$A_i(1 \leqslant i \leqslant 5)$	各项指标的模糊子集
$t_i (1 \leqslant i \leqslant 20)$	教师结点
$s_i (1 \leqslant j \leqslant 500)$	试卷结点
s	源点
t	汇点
$G = (V, E)$	网络
n	有向图定点
m	有向图边数

6.5.5　问题分析

问题分析主要涉及数学模型及实际问题的分析，要求参赛者具有一定的数学素养，同时也要具备基本的模糊数学、C 语言编程、MATLAB 编程以及概率论与数理统计等知识。该题首先要求参赛者找出影响数学建模竞赛评委教师阅卷的主要因素；然后建立要素之间的数学模型，并从多角度分析以提高模型精确度；最后对将来试卷批阅的合理性及公平性进行仿真猜测，并提出合理建议。

由此可见，建模过程中存在的主要问题有：

（1）如何找出影响数学建模竞赛评委教师阅卷的主要因素？

（2）如何建立更合理精确的数学模型？

（3）如何细化模型并对未来问题进行预测？

因此，首先考虑利用网络流方法来确定这些主要因素；其次考虑利用模糊数学中的模糊集的方差与期望来建立模型；最后用所建立的模型结合实际遇到的问题对成绩公平、公正地进行预测。

1. 问题（1）分析

对于问题（1），首先编写程序将每份试卷等可能地分发给每名教师，使得任意两名教师共同评阅一份试卷的交叉情况尽量均匀，再通过另一个程序进行评价。

2. 问题（2）分析

对于问题（2），首先从理论上分析会影响成绩公平性的因素；接着分别利用图论赋权值方法和模糊数学原理建立两个不同的数学模型；然后给出相应不同算法将成绩以不同方式进行标准化。

3. 问题（3）分析

对于问题（3），根据问题（2）的结论及模型，结合教师在评阅工作中遇到的实际情况，从概率论、数理统计及模糊数学的角度建立数学模型，对教师的评阅效果作出评价。

6.5.6　模型建立与求解

1. 分析与假设

数学建模比赛有 500 份试卷需要评阅，评阅教师有 20 名，每份试卷需要 3 名教师评阅，总共要评阅 1500 人次，每人阅卷 75 份。由于每份试卷要 3 名教师评阅，因此每次评阅都会和其他两名教师有一次交叉，每名教师总共会和其他教师交叉评阅 150 次，平均两名教师交叉评阅次数为 150/19≈7.894737 次。

为确保每份试卷分给每名教师是等可能的，模型需要事先对每名教师和每份试卷随机编号。为了避免出现交叉次数过多或者过少的情况，最理想的安排是确保任意两名教师的交叉评阅次数不小于 7 次且不大于 8 次。

2. 程序设计

首先把教师和试卷当成一个结点，教师结点用 $t_i(1 \leqslant i \leqslant 20)$ 表示，试卷结点用 $s_j(1 \leqslant j \leqslant 500)$ 表示，从每个教师结点 t_i 到试卷结点 s_j 建立一条有向边，边的容量为 1，因为同一名教师只能评阅同一份试卷一次。从每份试卷结点 s_j 到每名教师结点 t_i 建立一条有向边，边的容量为 0。加入一个源点 s，从源点 s 到每名教师结点 t_i 建立一条有向边，边的容量为 75，表示每名教师可以阅卷 75 次。加入一个汇点 t，从每个试卷结点 s_j 到汇点 t 建立一条有向边，边的容量为 3，表示每份试卷可以被评阅 3 次。这样，教师评阅试卷的关系就能构成一个图，不考虑容量为 0 的边，新构建的有向图如图 6.9 所示。

从源点 s 出发，每找到一条到达汇点 t 的路径，必定至少经过一个教师结点 t_i 和一个试卷结点 s_j。源点 s 到汇点 t 之间没有直接连接，以源点 s 为起点的有向边的终点只有教师结点 t_i，以汇点 t 为终点的有向边的起点只有试卷结点 s_j，所以每条由源点 s 到汇点 t 的路径至少包含一个教师结点 t_i 和一个试卷结点 s_j。

从源点 s 出发，任何一条到达汇点 t 的路径包含的教师结点数和试卷结点数相同。由此可见，没有一条从教师结点到教师结点的有向边，也没有一条从试卷结点到试卷结点的有向边。从一个教师结点到另一个教师结点要经过一个试卷结点，同样地，从一个试卷结点到另一个试卷结点也要经过一个教师结点。从源点 s 出发到汇点 t 经过教师结点和试卷结点最少的路径是 $s \to t_i \to s_j \to t$，它包含的教师结点数和试卷结点数相同，通过数学归纳法，任何一条从源点 s 到达汇点 t 的路径包含的教师结点数和试卷结点数相同。

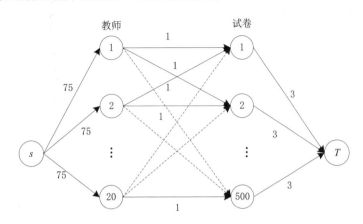

图 6.9　教师评阅试卷的关系有向图

从源点 s 出发，每找到一条到达汇点 t 的路径，就相当于安排了一次教师评阅试卷工作。如果这条路径只包含一个教师结点 t_i 和一个试卷结点 s_j，那么可以安排教师 t_i 评阅试卷 s_j。不妨设这条路径经过 k 组教师结点和试卷结点，路径经过这些结点的顺序依次为 $t_{x1}, s_{y1}, t_{x2}, s_{y2}, ..., t_{xk}, s_{yk}$，容易知道，之前已经安排了教师 $t_{xi}(i \in \{2,3,...,k\})$ 评阅试卷 $s_{y(i-1)}$，总共安排了 $k-1$ 次评阅试卷工作，现在可以安排教师 $t_{xi}(i \in \{1,2,3,...,k\})$ 评阅试卷 $s_{yj}(j \in \{1,2,3,...,500\})$，这样就相当于多安排了一次评阅试卷工作。

安排 1500 次评阅试卷工作，需要尽量使教师交叉评阅试卷的次数不低于 7 次且不高于 8 次，因为很难保证任意两名教师交叉评阅试卷的次数不低于 7 次，因此要先保证任意两名教师交叉评阅试卷的次数不高于 8 次，可以把问题转换为有交叉次数上限条件（不高于 8 次）的网络流来处理。

网络流图 $G = (V, E)$ 是一个有向图，其中每条边 $(u, v) \in E$ 均有一个非负容量 $c(u, v) \geqslant 0$。如果 $(u, v) \notin E$，则假定 $c(u, v) = 0$。网络流图 G 中有两个特别的顶点：源点 s 和汇点 t。

对于一个网络流图 $G = (V, E)$，其容量函数为 c，源点和汇点分别为 s 和 t。G 的流 f 满足下列 3 个性质。

（1）容量限制。对于所有的 $u, v \in V$，要求 $f(u, v) \leqslant c(u, v)$。

（2）反对称性。对于所有的 $u, v \in V$，要求 $f(u, v) = -f(v, u)$。

（3）流守恒性。对于所有的 $u \in V - \{s, t\}$，要求 $\sum f(u, v) = 0 (v \in V)$。

容量限制说明了从一个顶点到另一个顶点的网络流不能超过设定的容量，就好像是一个管道只能传输一定容量的水，而不可能超过管道容量的限制；反对称性说明了从顶点 u 到顶点 v 的流是其反向流求负所得，就好像是当参考方向固定后，站在不同的方向看，速度一正一负；

而流守恒性说明了从非源点或非汇点的顶点出发的点的网络流之和为 0，这有点类似于基尔霍夫电流定律，通俗地讲就是进入一个顶点的流量等于从该顶点出去的流量，如果这个等式不成立，则必定会在该顶点出现聚集或枯竭的情况，而这种情况是不应该出现在网络流中的。因此，一般的最大流问题就是在不违背上述性质的基础上求出从源点 s 到汇点 t 的最大的流量值，显然这个流量值应该定义为从源点 s 出发的总流量或者最后聚集到汇点 t 的总流量，即流 f 的值定义为 $|f| = \sum f(s, v)(v \in V)$。

3. Dinic 算法的求解模型

计算最大流的方法有福特福尔克森算法、埃德蒙兹卡普算法和 Dinic 算法等，这里参考了 Dinic 算法安排试卷评阅工作。

Dinic 算法是网络流的优化算法之一，每一步都是对原图进行分层，然后用深度优先搜索的方式求增广路。Dinic 算法的时间复杂度为 $O(mn^2)$，其中，n 为有向图的顶点数，m 为有向图的边数。

Dinic 算法的流程如下：

（1）根据残量网络计算层次图。

（2）在层次图中使用深度优先搜索的方式进行增广，直到不存在增广路。

（3）重复以上步骤直到无法增广。

求最大流时将加入一个上限值（任意两名教师交叉评阅试卷的次数不高于 8 次），这样 Dinic 算法在求最大流时可能会出现一种情况，即能够找到增广路但是不能求出真正的最大流，不过可以得到与最大流很接近的值。

Dinic 算法包含两个部分：一个是网络分层；另一个是求增广路。

（1）网络分层：首先，创建队列 $Q=\{\}$，将源点 s 加入队列 Q，并将源点 s 的度 d_s 赋值为 0；然后，从队列 Q 中移出头结点 x，遍历所有以结点 x 为起点的边，如果边的终点 y 的度 d_y 没有赋值，将结点 y 加入队列 Q，并将结点 y 的度 d_y 赋值为结点 x 的度+1；持续这样的操作，直到队列 Q 为空为止。

函数 MakeLevel()的实现流程如图 6.10 所示。

求有向图中结点的度的函数 MakeLevel()如下：

```
bool MakeLevel()
{
    memset(level,-1, sizeof(level));
    level[S] = 0;
    int head = 0;
    int tail = 0;
    q[++tail] = S;
while(head != tail)
{
    int x = q[++head];
    for(edge *p = E[x]; p; p = p-> next)
        if(p->c && level[p->v] == -1)
        level[q[++tail] = p->v] = level[x] + 1;
```

```
}
return level[T]! = -1;
```

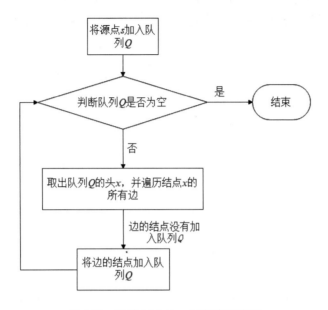

图 6.10　函数 MakeLevel() 的实现流程

对于图 6.9 中的有向图，将用函数 MakeLevel() 求度。由此可见，源点 s 的度为 0，教师结点 t_i 的度为 1，试卷结点 s_j 的度为 2，汇点的度为 3，如图 6.11 所示。

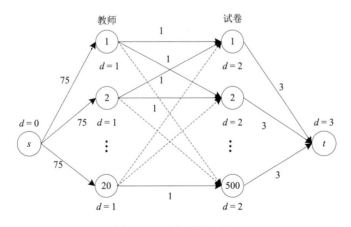

图 6.11　有向图的标度图

（2）求增广路：把源点 s 作为当前结点，流量 $f = 1500$，遍历以当前结点为起点且满足下列所有条件的边。

（1）边的容量不等于 0。

（2）边的终点度数是起点度数 +1。

（3）如果当前结点是教师结点且边的终点是试卷结点，那么安排当前结点所表示的教师评阅试卷，这样不会出现任意两名教师交叉评阅次数大于 8 的情况。

对于满足上述 3 个条件的边，以边的终点作为当前扩展结点，流量 $f' = \min(f, c)$，c 为这条边的容量，接着遍历当前结点所有满足上述 3 个条件的边，直到流量为 0 或者遍历到汇点 t，然后回溯到上一次的当前结点，遍历其他满足上述条件的边。

不妨假设找到一条增广路 $s \to t_1 \to s_1 \to t$，那么安排教师 t_1 评阅试卷 s_1，也要修改相应边的容量值，即有向图中边 (s,t_1) 的容量-1，因为每名教师评阅试卷的次数不能超过 75，每评阅一次试卷就要将可评阅试卷的次数-1，边 (t_1,s) 的容量+1，因为教师 t_1 的这次评阅可以被取消。同样地，边 (t_1,s_1) 的容量-1，边 (s_1,t_1) 的容量+1，边 (s_1,t) 的容量-1，边 (t,s_1) 的容量+1。此时得到的有向图的当前图如图 6.12 所示。

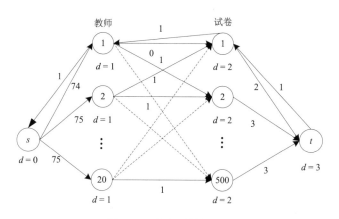

图 6.12　有向图的当前图

如果要在图 6.11 中找到另外一条增广路 $s \to t_2 \to s_1 \to t_1 \to s_2 \to t$，那么需要安排教师 t_1 评阅试卷 s_2，然后安排教师 t_2 评阅试卷 s_1。同样地，边 (s,t_2) 的容量-1，边 (t_2,s) 的容量+1，边 (t_2,s_1) 的容量-1，边 (s_1,t_2) 的容量+1，边 (s_1,t_1) 的容量-1，边 (t_1,s_1) 的容量+1，边 (s_2,t) 的容量-1，边 (t,s_2) 的容量+1。如果在原始的有向图中先找到一条增广路 $s \to t_1 \to s_2 \to t$，那么边 (s_1,t_2) 的容量-1，边 (s_2,t_1) 的容量+1，边 (s,t_1) 的容量-1，边 (t_1,s) 的容量+1，边 (s_2,t) 的容量-1，边 (t,s_2) 的容量+1，再找到另外一条增广路 $s \to s_2 \to t_1 \to t$，那么边 (t_2,s_1) 的容量-1，边 (s_1,t_2) 的容量+1，边 (s,t_2) 的容量-1，边 (t_2,s) 的容量+1，边 (s_1,t) 的容量-1，边 (t,s_1) 的容量+1，得到的剩余残图是一样的，这样就相当于分别安排了教师 t_1 评阅试卷 s_2、教师 t_2 评阅试卷 s_1。

此时得到的有向图的残图如图 6.13 所示。

对于任意的 k $(k > 2)$，如果要找到一条由源点 s 到汇点 t 的增广路，并且途经结点 $t_{x1}, s_{y1}, t_{x2}, s_{y2}, ..., t_{xk}, s_{yk}$，所以把它拆分成两部分来处理，即把结点 $s_{y(k-1)}$ 当作伪汇点和伪源点，由源点 s 到结点 $s_{y(k-1)}$ 和结点 $s_{y(k-1)}$ 到汇点 t 两条路径来处理。对于结点 $s_{y(k-1)}$ 到汇点 t 的这条路径中的两组教师结点和两组试卷结点，前面已经讲述了处理方式。这样就把这条由源点 s 到汇点 t 的经过 k 组教师结点和试卷结点的增广路，转变成一条经过两组教师结点和试卷结点的增广路和一条经过 k 组教师结点和试卷结点的增广路。对于 $k=1$ 和 $k=2$ 的情况，此处已经给出了具体的方式，由数学归纳法，对于任意 $k(k>0)$，只要找到一条从源点 s 到汇点 t 的增广路，就会多安排一次试卷评阅工作。

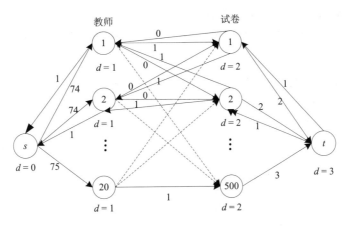

图 6.13　有向图的残图

求增广路的流程如图 6.14 所示。

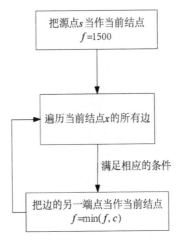

图 6.14　求增广路的流程

因为算法中加入了两名教师交叉评阅试卷次数不大于 8 的限制,所以很难得到最大流 1500,但是算法仍然能够得到一个离最大流很近的数值。程序计算出的流值范围为 1470~1499,也就是在保证两名教师交叉评阅试卷次数不大于 8 的情况下,程序可以安排 98% 的评阅次数,剩下的 2% 的评阅次数可以特殊处理。

对那些安排教师评阅次数不到 3 次的试卷逐个进行特殊处理,这时不必考虑教师交叉评阅试卷次数的限制。

对于任意一份试卷 s_j,如果已经限制教师的评阅次数小于 3,那么按下面的方式进行处理。

(1)遍历所有的教师,如果找到一名教师 t_i 的评阅次数小于 75 并且没有评阅试卷 s_j,那么安排教师 t_i 评阅试卷 s_j;否则,按方式(2)进行处理。

（2）遍历所有的教师，如果找到一名教师 t_i 没有评阅试卷 s_j，再找到一名教师 $t_k(k \in \{1,2,3,...,20\}, k \neq i)$（这名教师的评阅次数小于 75），找到教师 t_i 评阅的一份试卷 $s_r(r \in \{1,2,3,...,500\})$，如果教师 t_k 没有评阅试卷 s_r，可以分别安排教师 t_i 评阅试卷 s_j、教师 t_k 评阅试卷 s_r。

采用以上方式进行处理，总能把所有评阅次数小于 3 的试卷安排教师评阅。总共有 20 名教师，没有评阅试卷 s_j 的教师肯定存在，因为一份试卷最多被评阅 3 次。既然试卷 s_j 被评阅的次数小于 3，那么所有的评阅次数肯定小于 1500，肯定存在评阅次数小于 75 的教师 t_k。而教师 t_i 评阅的次数为 75（否则就按第 1 种方式进行处理了），所有教师 t_i 评阅的试卷中至少有一份试卷没有被教师 t_k 评阅，否则教师 t_k 的评阅次数不会小于 75。

通过以上两种方式，把所有的试卷都安排给 3 名不同的教师评阅。由于事先对所有的教师和试卷进行了随机编号，同时在程序构造有向图时通过随机数对结点的边的顺序进行了一定的干扰，因此每份试卷都能等概率地分给任何一名教师评阅。采用随机数对边的顺序进行随机插入，网络流程序能够计算出很接近最大量的试卷分配次数，所以教师的交叉评阅次数绝大部分是 8 次。

提取程序运行得出的一组数据。通过统计，教师交叉评阅次数出现的频率如图 6.15 所示。

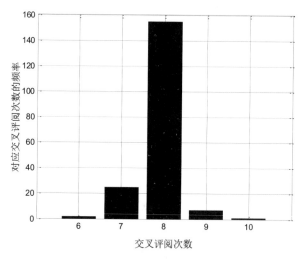

图 6.15　交叉评阅次数出现的频率

要对一次分发的任务单进行均匀性的评价，这里采用将交叉评阅次数和平均交叉评阅次数 $150/19 \approx 7.894737$ 进行比较的方式。

（1）根据交叉评阅次数为 7 或者 8 占有的比率来评价任务单的均匀性。

平均交叉评阅次数为 7.894737，最接近它的两个整数是 7 和 8，比率越大，均匀性越好。任务单数据中各交叉评阅次数出现的频率及占有的比率见表 6.2。

表 6.2　任务单数据中各交叉评阅次数出现的频率及占有的比率

交叉评阅次数	出现的频率	占有的比率/%
6	2	1.052632
7	25	13.157895
8	155	81.578947
9	7	3.684211
10	1	0.526316

交叉评阅次数为 7 和 8 占有的比率为

$$
\begin{aligned}
p &= p_7 + p_8 \\
&= 13.157895\% + 81.578947\% \\
&= 94.736842\%
\end{aligned}
$$

（2）根据方差评价任务单的均匀性。

方差是各个数据与平均数之差的平方的平均数。将根据任务单安排的同一份试卷的 3 名教师之间的交互度都增加 1，只要统计任务单中的所有试卷的评阅教师，就可以求出他们的交互度，最后把任意两名教师的交互度减去平均交叉评阅次数的平方相加，把得出的数据除以教师的交互种类数 C_{20}^2，C_{20}^2 是组合数，即从 20 个物品中无顺序地选出 2 个的种类数，其值为 190。

如果用 b_{ij} 表示教师 i 和教师 j 之间的交叉评阅数，那么方差为

$$
Z = \left(\sum_{i=1}^{20} \sum_{j=i+1}^{20} (b_{ij} - \overline{b})^2 \right) \Big/ 190
$$

对程序运行结果进行方差计算，约为 0.220499。同样地，最理想的状态是任意两名教师的交叉评阅次数不小于 7 也不大于 8，计算出方差最小的理论值为 0.094183，程序得出的方差结果与理论值非常接近。

6.5.7　基于 Dinci 算法随机分发试卷

基于 Dinci 算法随机分发试卷的代码如下：

```
/******************************************************************
 * Dinic.cpp
 * d.txt 文件用于输出
 * d.txt 每行表示一条记录 分别为试卷标识、评阅教师 A、评阅教师 B、评阅教师 C
 ******************************************************************/

#include <stdio.h>
#include <string.h>
#include <stdlib.h>
#include <algorithm>
#include <math.h>
#include <iostream>
```

```
#include <time.h>
using namespace std;

//表示一条边
struct edge {
    int v;                  //边的另外一个结点
    int c;                  //边的容量
    edge *next;             //边的兄弟边，即来自同一个结点的另外一条边
    edge *opt;              //反向边，即两端结点相同，但是方向不同的边，A→B 是 B→A 的反向边
}*E[1005],*etop,epool[210000];
//E[i]记录结点 i 的第一条边
//etop 用于静态分配内存的指针，指向可用的地址
//epool[]用于分配的内存，提前静态申请

/*
func: addEdge
desc: 将容量为 c 的边(x,y)加入图中
*/
void addEdge(int x,int y,int c)
{
    etop->v = y;                //边(x,y)的另外一个结点
    etop->c = c;                //边(x,y)的容量
    etop->next = E[x];          //用链表的形式保存兄弟边
    E[x] = etop;
    etop->opt = etop + 1;
    etop ++;

    etop->v = x;                //边(y,x)的终点
    etop->c = 0;                //边(y,x)的容量
    etop->next = E[y];          //用链表的形式保存兄弟边
    E[y] = etop;
    etop->opt = etop - 1;
    etop ++;
}
int Min(int x,int y) {return x<y?x:y;}
int level[1005],q[1005];
//int N,F,D,S,T;
int S;
int T;

int a[25][1005];
int b[1005];
int c[1005][1005];
int CommonNum = 0;

/*
func: MakeLevel
desc: 采用 Dinic 算法求度
```

```
*/
bool MakeLevel()
{
    memset(level,-1,sizeof(level));
    level[S] = 0;
    int head = 0;
    int tail = 0;
    q[++tail] = S;
    while(head != tail)
    {
        int x = q[++head];
        for(edge *p = E[x];p;p = p->next)
            if(p->c && level[p->v] == -1)
                level[q[++tail] = p->v] = level[x] + 1;
    }
    return level[T] != -1;
}
/*
func: Check
desc: 判断教师 x 评阅试卷 y 是否可以
*/
bool Check(int x, int y)
{
    int i;
    for (i = 1; i <= 20; ++ i)
    {
        if (0 != a[i][y] && i != x)
        {
            //a[i][y] != 0 表示已经安排教师 i 评阅试卷 y
            if (c[i][x] >= CommonNum)
            {
                //c[i][x]表示将教师 i 和教师 x 安排在一起评阅同一份试卷的次数
                //同时评阅试卷的次数达到预期的上限，不再安排一起评阅同一份试卷
                return false;
            }
        }
    }
    return true;
}

/*
func: Do
desc: 安排教师 x 评阅试卷 y
*/
void Do(int x, int y)
{
    int i;
    for (i = 1; i <= 20; ++ i)
```

```
    {
        if (0 != a[i][y] && i != x)
        {
            //如果教师 i 评阅了试卷 y，他们的配合数+1
            ++ c[i][x];
            ++ c[x][i];
        }
    }
    //标记教师 x 评阅了试卷 y
    a[x][y] = 1;
    return;
}


/*
func: UnDo
desc: 取消教师 x 评阅试卷 y
*/
void UnDo(int x, int y)
{
    int i;
    //取消教师 x 评阅试卷 y 的标记
    a[x][y] = 0;
    for (i = 1; i <= 20; ++ i)
    {
        if (0 != a[i][y] && i != x)
        {
            //如果教师 i 评阅了试卷 y
            //之前配合数+1 了，现在要-1
            -- c[i][x];
            -- c[x][i];
        }
    }

    return;
}


/*
func: findp
desc: Dinic 算法的核心函数，采用递归寻路
*/
int findp(int x,int low)
{
    if(x == T || !low) return low;

    int ans = 0,ret;
    //遍历每一条边
    for(edge *p = E[x];p;p = p->next)
    {
```

```
        //如果边的容量大于 0 并且度比 x 高 1，则搜索它
        if(p->c && level[p->v] == level[x] + 1)
        {
            //结点 1 到结点 20 被标记为教师
            //结点 21 到结点 520 被标记为试卷
            if (x >= 1 && x <= 20 && p->v >= 21 && p->v <= 520)
            {
                //x：教师
                //p->v：试卷
                if (false == Check(x, p->v))
                {
                    //不能安排教师 x 评阅试卷 p->v，不进行搜索
                    continue;
                }
            }
            //深度搜索
            ret = findp(p->v,Min(p->c,low-ans));
            ans += ret;
            p->c -= ret;
            p->opt->c += ret;

            //搜索出一条路径
            if (ret > 0)
            {
                //评阅试卷
                if (x >= 1 && x <= 20 && p->v >= 21 && p->v <= 520)
                {
                    Do(x, p->v);
                }
                //取消评阅试卷
                if (x >= 21 && x <= 520 && p->v >= 1 && p->v <= 20)
                {
                    UnDo(p->v, x);
                }
            }

        }
    }
    if(!ans) level[x] = -1;
    return  ans;
}
/*
func: Dinic
desc: 用 Dinic 算法求最大流
*/
int Dinic()
{
    int ans = 0;
```

```
        //教师匹配数最大为 8
        CommonNum = 8;
        //用 Dinic 算法求度
        MakeLevel();
        //用 Dinic 算法递归搜索
        ans = findp(S, 1500);
        return ans;
    }


    int d[25][520];
    /*
    stuct: Point
    desc: 辅助修改的结构
    */
    struct Point
    {
        int t;              //教师
        int s;              //试卷
    }P[1005];
    int nP = 0;
    /*
    func: GetTeacher
    desc: 给试卷 y 安排一名教师的附加处理
    */
    bool GetTeacher(int y)
    {
        int i,j,k,r,s;
        int x[21];
        int p;
        p = rand() % 20;
        for (i = 1; i <= 20; ++ i)
        {
            x[i] = (p + i) % 20;
            if (x[i] == 0)
            {
                x[i] = 20;
            }
        }
        for (p = 1; p <= 20; ++ p)
        {
            i = x[p];
            if (a[i][y] == 0)
            {
                int f = 0;
                for (j = 21; j <= 520; ++ j)
                {
                    if (a[i][j] == 1)
                    {
```

```
                    f++;
                }
            }
        if (f < 75)
        {
            a[i][y] = 1;
            return true;
        }
        for (j = 21; j <= 520; ++ j)
        {
            if (a[i][j] == 1)
            {
                for (k = 1; k <= 20; ++ k)
                {
                    if (a[k][j] == 0 && k != i)
                    {
                        r = 0;
                        for (s = 21; s <= 520; s ++)
                        {
                            if (a[k][s])
                            {
                                ++ r;
                            }
                        }
                        if (r < 75)
                        {
                            a[i][y] = 1;
                            a[i][j] = 0;
                            a[k][j] = 1;
                            return true;
                        }
                    }
                }
            }
        }
    }
    return false;
}


int main()
{
    memset(a, 0, sizeof(a));
    memset(b, 0, sizeof(b));
    memset(c, 0, sizeof(c));
    memset(d, 0, sizeof(d));

    etop = epool;
```

```
S = 0;                          //S 为源点①
T = 20 + 500 + 1;               //T 为汇点

int i,j,nF,x,nD;
for(i = 0;i <= T; ++ i)
{
    E[i] = NULL;                //所有结点的第一条边赋初值
}

for (i = 1; i <= 20; ++ i)
{
    //源点到教师 i 的结点容量为 75
    addEdge(S, i, 75);
}
//随机数种子
srand(time(NULL));
int randnum = 0;
int k = 0;
//为每名教师与每份试卷的结点建立一条容量为 1 的边
for (i = 1; i <= 20; ++ i)
{
    for (j = 21; j <= 520; ++ j)
    {
        //通过随机数随机得到 21～520 中的任意一份试卷
        randnum = rand();
        randnum = int (randnum/(RAND_MAX+1.0) * (521 - j));

        k = 21;
        while (k <= 520)
        {
            if (d[i][k] == 0)
            {
                if (randnum == 0)
                {
                    break;
                }
                -- randnum;
            }
            ++ k;
        }
        //随机得到试卷 k
        if (randnum == 0)
        {
            //添加教师 i 到试卷 k 的边，容量为 1
            addEdge(i, k, 1);
```

---

① 编者注：此处的 S（源点）与前文描述的 s（源点）对应；T（汇点）与前文描述的 t（汇点）对应。

```
            d[i][k] = 1;//标记
        }
        else
        {
            printf("Oh, my god, system error.\n");
            system("pause");
            exit(1);
        }
    }
}

for (i = 21; i <= 520; ++ i)
{
    //每份试卷到汇点的边的容量为 3
    addEdge(i, T, 3);
}

//用 Dinic 算法求出有限制的最大量
int cur = Dinic();
printf("Dinic 算法可以安排的评阅人次为%d\n", cur);
```

```
int cnt = 0;
int vtf = 0;
int r = 0;
int begin = 1;
nP = 0;
for (j = 21; j <= 520; ++ j)
{
    cnt = 0;
    for (i = 1; i <= 20; ++ i)
    {
        if (a[i][j] == 1)
        {
            ++ cnt;
        }
    }
    //if (cnt < 3)
    //printf("cnt : %d %d\n", j, cnt);
    //cnt < 3，试卷 j 没有完全安排教师评阅，附加处理
    while (cnt < 3)
    {
        //没有找到一名合适的教师评阅试卷
        if (false == GetTeacher(j))
        {
            printf("Not find\n");
        }
        ++ cnt;
```

```
        }
    }

    FILE* fp = NULL;
    //将信息保存到 d.txt 中
    fp = fopen("d.txt", "w");
    for (i = 21; i <= 520; ++ i)
    {
        cnt = 0;
        fprintf(fp, "%4d", i - 20);
        for (j = 1; j <= 20; ++ j)
        {
            if (a[j][i] == 1)
            {
                fprintf(fp, "%4d", j);
            }
        }
        fprintf(fp, "\n");
    }
    fclose(fp);

    printf("所有安排的评阅信息在文件 d.txt 中\n");
    system("pause");

    return 0;
}
```

6.5.8 对任务单进行均匀性评价

对任务单进行均匀性评价的代码如下：

```
/******************************************************************
 * Check.cpp
 * 从文件 d.txt 中读取任务分配的信息
 * 通过计算任意两名教师的交叉评阅次数，算出交叉评阅次数为 7 次和 8 次所占的比率
 * 评价任务单
 * 通过计算任意两名教师的交叉评阅次数，计算交叉评阅次数的方差评价任务单
 ******************************************************************/
#include <stdio.h>
#include <string.h>
#include <iostream>
#include <algorithm>
#include <stdlib.h>
using namespace std;

struct Node
{
    int s_id;
```

```
        int t_id_1;
        int t_id_2;
        int t_id_3;
}N[1005];
int M;
int a[21][21];          //a[i][j]：教师 i 和教师 j 同时评阅一名学生的试卷的次数
int b[21];              //b[i]：教师 i 评阅试卷的总数
int c[100];             //c[i]：两名教师交叉评阅试卷的次数
void ReadFile()
{
    M = 0;
    FILE* fp = NULL;
    fp = fopen("d.txt", "r");
    if (NULL == fp)
    {
        return;
    }

    while (fscanf(fp, "%d%d%d%d", &N[M].s_id, &N[M].t_id_1, &N[M].t_id_2,
    &N[M].t_id_3) == 4)
    {
        ++ M;
    }

    fclose(fp);
    return;
}
int main(int argc, char** argv)
{
    int i, j, k;
    int s_id;
    int t_id_1;
    int t_id_2;
    int t_id_3;
    ReadFile();
    memset(a, 0x0, sizeof(a));
    memset(b, 0x0, sizeof(b));
    memset(c, 0x0, sizeof(c));
    for (i = 0; i < M; ++ i)
    {
        s_id = N[i].s_id;
        t_id_1 = N[i].t_id_1;
        t_id_2 = N[i].t_id_2;
        t_id_3 = N[i].t_id_3;

        ++ b[t_id_1];
        ++ b[t_id_2];
        ++ b[t_id_3];
```

```
            ++ a[t_id_1][t_id_2];
            ++ a[t_id_1][t_id_3];
            ++ a[t_id_2][t_id_1];
            ++ a[t_id_2][t_id_3];
            ++ a[t_id_3][t_id_1];
            ++ a[t_id_3][t_id_2];
            if (t_id_1 == t_id_2 || t_id_1 == t_id_3 || t_id_2 == t_id_3)
            {
                    printf("yes\n");
            }
    }

    for (i = 1; i <= 20; ++ i)
    {
        if (b[i] != 75)
        {
            printf("b[%d] = %d\n", i, b[i]);
        }
    }

    for (i = 1; i <= 20; ++ i)
    {
        for (j = i+1; j <= 20; ++ j)
        {
            ++ c[a[i][j]];
        }
    }

    double ans = 0;
    double v = 150.0 / 19;
    for (i = 0; i < 50; ++ i)
    {
        if (c[i] > 0)
        {
            printf("c[%4d] = %4d 比率: %lf%%\n", i, c[i], c[i] * 100.0 / 190.0);
            ans += c[i] * (v - i) * (v - i);
        }
    }

    printf("交叉评阅次数为 7 次和 8 次所占的比率: %.6lf%%\n",
    (c[7]+c[8])*100.0 / 190);
    printf("方差为: %lf\n", ans/190.0);
    system("pause");
    return 0;
}
```

6.6 网络流算法实践

6.6.1 试题库问题

【题目描述】

假设一个试题库中有 n 道试题，每道试题都标明了所属类型，同一道试题可能有多个类型属性。现要从该试题库中抽取 m 道试题组成试卷，并要求试卷包含指定类型的试题。试设计一个满足给定要求的组卷算法，并计算满足该要求的组卷方案。

【输入格式】

第 1 行有两个正整数 k 和 n，k 表示试题库中的试题类型总数，n 表示试题库中的试题总数。

第 2 行有 k 个正整数，第 i 个正整数表示要选出的类型 i 的试题数，这 k 个正整数相加就是要选出的试题总数 m。

接下来的 n 行给出了试题库中每道试题的类型信息，其中每行的第 1 个正整数 p 表示该试题可以属于类型 p，接着的 p 个数是该试题所属的类型号。

【输出格式】

输出共 k 行，第 i 行首先输出行号 i，然后是类型 i 的试题号。

如果有多个满足要求的方案，则只需输出一个方案。

如果问题无解，则输出"No Solution!"。

【输入/输出样例】

输入样例	输出样例
3 15	1:1 6 8
3 3 4	2:7 9 10
2 1 2	3:2 3 4 5
1 3	
1 3	
1 3	
1 3	
3 1 2 3	
2 2 3	
2 1 3	
1 2	
1 2	
2 1 2	
2 1 3	
2 1 2	
1 1	
3 1 2 3	

【提示】

$2 \leqslant k \leqslant 20$，$k \leqslant n \leqslant 103$。

【参考解答】

网络流算法适用于解决各种有特定要求的匹配问题，对于这道题来说，涉及的是一个有条件的匹配问题。建立图的方法为：首先建立超源点 s 和超汇点 t，由于源点与试题为一一对应的关系，一道试题只有一个类型，但一个类型可以有多道试题，因此建立图时需要在源点 s 与试题之间连接一条限制为 1 的边，对应试题与对应类型之间连接一条限制为 1 的边，汇点 t 与类型之间连接一条限制为 k 的边（k 为某个类型的题目数量）。建立图之后，使用 Dinic 算法计算最大流即可。统计方案只需找到没有被算法切割的边（最大流=最小割），然后输出答案即可。需要注意的是，输出的答案不能是汇点。

```cpp
#include<iostream>
#include<cstring>
#include<cstdio>
#include<queue>
using namespace std;
const int N=1000+5,K=20+5;
const int inf=0x7fffffff;
template<class T>inline void read(T &num){
    char ch;
    while(!isdigit(ch=getchar()));
    num=ch-'0';
    while(isdigit(ch=getchar())) num=num*10+ch-'0';
}
int hea[N<<1],to[N*N<<1],nex[N*N<<1],val[N*N<<1],tot=1,n,k,dep[N<<1],s,t,m;
//向图中添加一条边，由 from 指向 to，权值为 w
inline void add_edge(const int x,const int y,const int w){
    to[++tot]=y,nex[tot]=hea[x],hea[x]=tot,val[tot]=w;
}
//添加有向边以及反向边，模拟无向图
inline void Add_edge(const int x,const int y,const int w){
    add_edge(x,y,w);
    add_edge(y,x,0);                    //反向边，初始流量为 0
}
queue<int> que;
//使用广度优先搜索算法寻找增广路
bool bfs(){
    memset(dep,0,sizeof(dep));
    dep[s]=1;
    while(que.size()) que.pop();
    que.push(s);
    int x;
    while(que.size()){
        x=que.front(); que.pop();
        for(int i=hea[x];i;i=nex[i]){
```

```
            int y=to[i];
            if(val[i]&&!dep[y]){
                dep[y]=dep[x]+1;
                if(y==t) return true;
                que.push(y);
            }
        }
    }
    return false;
}
//使用深度优先搜索算法寻找增广路
int dfs(const int x,const int flow){
    if(x==t) return flow;
    int rest=flow,k;
    for(int i=hea[x];i&&rest;i=nex[i]){
        int y=to[i];
        if(val[i]&&dep[y]==dep[x]+1){
            k=dfs(y,min(rest,val[i]));
            if(k){
                val[i]-=k;
                val[i^1]+=k;          //反向边流量增加
                rest-=k;
            }
            else dep[y]=0;
        }
    }
    return flow-rest;
}
//用 Dinic 算法求最大流
int dinic(){
    int maxflow=0,flow;
    while(bfs()) while(flow=dfs(s,inf)) maxflow+=flow;
    return maxflow;
}
//输出与结点 x 相连的结点
inline void print(const int x){
    for(int i=hea[x];i;i=nex[i]){
        int y=to[i];
        if(val[i]&&y<=n){
            printf(" %d",y);
        }
    }
}
int main(){
    read(k),read(n);
    s=n+k+1;                          //源点
    t=s+1;                            //汇点
    for(int i=1,w;i<=k;++i){
```

```
            read(w);
            m+=w;                         //记录总的流量需求
            Add_edge(n+i,t,w);            //添加从汇点到每个需求点的边, 权值为需求
        }
        for(int i=1,b,h;i<=n;++i){
            Add_edge(s,i,1);              //添加从源点到每个供应点的边, 权值为1
            read(h);
            for(int j=1;j<=h;++j){
                read(b);
                Add_edge(i,b+n,1);        //添加从每个供应点到对应需求点的边, 权值为1
            }
        }
        if(dinic()==m){                   //如果最大流等于总的流量需求
            for(int i=1;i<=k;++i){
                printf("%d:",i);
                print(n+i);               //输出与需求点相连的供应点
                putchar('\n');
            }
        }
        else{
            printf("No Solution!\n");
        }
        return 0;
    }
```

该算法的时间复杂度主要受 Dinic 算法的影响，最坏情况下的时间复杂度为 $O(VE^2)$，其中 V 为结点数，E 为边数。

6.6.2　飞行员配对方案问题

【题目描述】

在某次战争期间，某国皇家空军征募了大量外籍飞行员。由皇家空军派出的每一架飞机都需要配备能在航行技能和语言上互相配合的两名飞行员，其中一名是本国飞行员，另一名是外籍飞行员。在众多的飞行员中，每一名外籍飞行员都可以与其他若干名本国飞行员很好地配合。

假设一共有 n 名飞行员，其中包括 m 名外籍飞行员和 $n-m$ 名本国飞行员，外籍飞行员从 1 到 m 编号，本国飞行员从 $m+1$ 到 n 编号。对于给定的外籍飞行员与本国飞行员的配合情况，试设计一个算法，找出最佳飞行员配对方案，使皇家空军一次能派出最多的飞机。

【输入格式】

第 1 行输入的是用空格隔开的两个正整数，分别代表外籍飞行员总数 m 和飞行员总数 n。
第 2 行到倒数第 2 行，每行有两个整数 u 和 v，代表外籍飞行员 u 可以和本国飞行员 v 配合。输入的最后一行保证为-1 -1，代表输入结束。

【输出格式】

输出能派出的最多飞机数量，并给出一种可行的方案。

第 1 行输出的是一个整数，代表一次能派出的最多飞机数量，设这个整数是 k。

第 2 行到第 $k+1$ 行，每行输出两个整数 u 和 v，代表给出的方案中，外籍飞行员 u 和本国飞行员 v 配合。这 k 行的 u 与 v 应该互不相同。

【输入/输出样例】

输入样例	输出样例
5 10	4
1 7	1 7
1 8	2 9
2 6	3 8
2 9	5 10
2 10	
3 7	
3 8	
4 7	
4 8	
5 10	
-1 -1	

【提示】

$1 \leq m \leq n \leq 100$，$1 \leq u \leq m < v \leq n$，同一组配对关系只会给出一次。

注意输入的第 1 行先读入 m，再读入 n。

【参考解答】

与 6.6.1 小节中的题目的思路类似，可以将飞行员的配对问题转换成最大流问题。建图方法如下：首先建立超源点 s 和超汇点 t，虽然每一名外籍飞行员都可以与其他若干名本国飞行员很好地配合，但是每架飞机只能有两名飞行员。因此建立图时需要在源点 s 和每一名外籍飞行员之间连接一条限制为 1 的边，每一名外籍飞行员向可以匹配的本国飞行员连接一条限制为 1 的边，每一名本国飞行员向汇点 t 连接一条限制为 1 的边，之后转换为求出图的最大流即可。直接对建立的图使用 Dinic 算法，判断边是否有流量，即判断反向边的权值是否不为 0，如果大于 0，就可以作为答案输出。

```
#include <cstdio>
#include <cstring>
#include <algorithm>
#include <queue>
#define root 0
#define target 104
using namespace std;
const int maxn = 105;
const int INF = 0x3f3f3f3f;
//边的结构体定义
struct Edge {
    int to, val, nxt;
} e[maxn * maxn * 2];
```

```
int numedge, head[maxn], ans, n, m, x, y, depth[maxn];
//向图中添加一条有向边，将边的信息存储在数组 e 中，并通过链表将边与结点相连
inline void AddEdge(int from, int to, int val) {
    e[numedge].to = to;
    e[numedge].val = val;
    e[numedge].nxt = head[from];
    head[from] = numedge;
    numedge++;
}
bool bfs() {
    //使用广度优先搜索算法寻找增广路
    memset(depth, 0, sizeof(depth));
    depth[root] = 1;
    queue<int> q;
    q.push(root);
    while (!q.empty()) {
        int u = q.front();
        q.pop();
        for (int i = head[u]; ~i; i = e[i].nxt) {
            int to = e[i].to;
            if (e[i].val > 0 && !depth[to]) {
                depth[to] = depth[u] + 1;
                q.push(to);
            }
        }
    }
    return depth[target] != 0;
}
int dfs(int u, int flow) {
    //使用深度优先搜索算法寻找增广路
    if (u == target) return flow;
    for (int i = head[u]; ~i; i = e[i].nxt) {
        int to = e[i].to;
        if (e[i].val > 0 && depth[to] > depth[u]) {
            int di = dfs(to, min(flow, e[i].val));
            if (di > 0) {
                e[i].val -= di;
                e[i ^ 1].val += di;
                return di;
            }
        }
    }
    return 0;
}
//Dinic 算法的主循环
inline void Dinic() {
    ans = 0;
    while (bfs()) {
```

```
        int d;
        while (d = dfs(root, INF)) {
            ans += d;
        }
    }
}
int main() {
    memset(head, -1, sizeof(head));
    scanf("%d%d", &m, &n);
    //读入边的信息
    while (scanf("%d%d", &x, &y)) {
        if (x == -1 && y == -1) break;
        AddEdge(x, y, 1);
        AddEdge(y, x, 0);
    }
    //构建源点到 m 个结点的边，以及 n 个结点到汇点的边
    for (int i = 1; i <= m; i++) {
        AddEdge(root, i, 1);
        AddEdge(i, root, 0);
    }
    for (int i = m + 1; i <= n; i++) {
        AddEdge(i, target, 1);
        AddEdge(target, i, 0);
    }
    //使用 Dinic 算法求解最大流
    Dinic();
    //输出最大流的值
    printf("%d\n", ans);
    //输出最大流的路径
    for (int i = 1; i <= m; i++) {
        for (int j = head[i]; ~j; j = e[j].nxt) {
            int to = e[j].to;
            if (to == root) continue;
            if (!e[j].val) {
                printf("%d %d\n", i, to);
                break;
            }
        }
    }
    return 0;
}
```

该算法的时间复杂度主要受 Dinic 算法的影响，最坏情况下的时间复杂度为 $O(VE^2)$，其中 V 为结点数，E 为边数。

6.6.3　课后习题

1. 编程实现 6.6.1 小节中的试题库问题，并给出更多输入/输出样例。

2．画出一个具有 9 个顶点和 12 条边的网络流。说明 Dinic 算法在其上的执行过程。

3．设 N 是具有 n 个顶点、m 条边的网络流，证明如何用 $O((n+m)\log n)$ 时间计算具有最大剩余容量的一条增广路。

4．当前弧优化是 Dinic 算法的优化方法之一，也称为"斜边优化"。

在寻找增广路的过程中，如果算法找到了增广路，那么会直接先朝增广路流走去，一直走到汇点。在这个过程中，必然有一条边达到了满流，即流不能再经过这条边，那么算法找到的该条增广路也不能再次经过了，但是在下一次增广的过程中，如果算法再次到达这个点，而找到了不能增广的路进行增广（因为第 1 次找到的增广路可能还有流量，而无法到达汇点），就会徒增很多的时间复杂度。因此，当前弧优化中算法会引入一个数组 cur[]，记录每个点下一次该走的边（因为一个点可能有多条边可走，而在前面的一些边可能已经把当前流量花光，而且那些边也不再能增广，如果流量花光，就直接退出了循环），这样就能省下不少的时间复杂度，即每一次采用深度优先搜索算法进行增广时不从第 1 条边开始，而是用数组 cur[] 记录点 u 之前循环到了哪一条边，以此来加快 Dinic 算法的搜索过程。

请思考 Dinic 算法的其他优化方法，如层次图优化、重标定优化、翻转边优化、块状流优化等，分别在哪些方面对 Dinic 算法的时间复杂度进行了优化。

5．小明在学习了网络流算法章节之后，编程实现了 6.6.2 小节中的飞行员配对方案问题。当他将代码提交给老师后，老师觉得小明的代码还可以继续优化。请根据当前弧优化的思想，帮助小明完成他的代码。

```
//边的结构体定义
struct Edge {
int to,val,nxt;
} e[maxn * maxn * 2];
int numedge, head[maxn], ans, n, m, x, y, depth[maxn];

int cur[maxn];                    //使用 cur 数组存储每个顶点下一次该走的边

//向图中添加一条有向边，将边的信息存储在数组 e 中，并通过链表将边与结点相连
inline void AddEdge(int from, int to, int val) {
    e[numedge].to = to;
    e[numedge].val = val;
    e[numedge].nxt = head[from];
    head[from] = numedge;
    numedge++;
}
bool bfs() {
    //使用广度优先搜索算法寻找增广路
    memset(depth, 0, sizeof(depth));
    depth[root] = 1;
    queue<int> q;
    q.push(root);
    cur[root]= 1._____;              //填上相应的代码
    while (!q.empty()) {
```

```
            int u = q.front();
            q.pop();
            for (int i = head[u]; ~i; i = e[i].nxt) {
                int to = e[i].to;
                if (e[i].val > 0 && !depth[to]) {
                    depth[to] = depth[u] + 1;
                    cur[to]= 2._____;          //填上相应的代码
                    q.push(to);
                }
            }
        }
    return depth[target] != 0;
}
int dfs(int u, int flow) {
    //使用深度优先搜索算法寻找增广路
    if (u == target) return flow;
    for (int i = 3._____; ~i; i = e[i].nxt) {      //填上相应的代码
        int to = e[i].to;
        4._____=i;                              //填上相应的代码
        if (e[i].val > 0 && depth[to] > depth[u]) {
            int di = dfs(to, min(flow, e[i].val));
            if (di > 0) {
                e[i].val -= di;
                e[i ^ 1].val += di;
                return di;
            }
        }
    }
    return 0;
}
//Dinic算法的主循环
inline void Dinic() {
    ans = 0;
    while (bfs()) {
        int d;
        while (d = dfs(root, INF)) {
            ans += d;
        }
    }
}
```

第7章 随机化算法

7.1 随　机　数

　　随机数是在一定范围内以随机方式生成的数值，它是一个数值或数值序列，没有明显的可预测的模式或规律，表现出不确定性。

　　需要注意的是，现实计算机上无法产生真正的随机数，绝大多数情况下，所谓的随机数实际上是伪随机数，因为它们是通过特定概率算法生成的，在一定程度上随机。这些伪随机数是根据一个种子值（初始值）计算的，相同的种子值将产生相同的随机数序列，因此它们是可重复的。产生随机数有多种不同的方法，这些方法称为随机数生成器。随机数最重要的特性是它在产生时其后面的数与其前面的数毫无关系。

　　线性同余（linear congruential generator，LCG）法是一种常见的伪随机数生成算法。它是一种递归算法，通过不断迭代前一个数值，生成接近随机的数值序列。由线性同余法产生的随机数序列 $a_1, a_2, ..., a_n$ 满足以下公式：

$$\begin{cases} a_0 = d \\ a_n = (ba_{n-1} + c) \bmod m, \quad n = 1, 2, 3, ... \end{cases}$$

式中，$b \geq 0$，$c \geq 0$，$d \geq m$，d 就是该随机数序列的种子值，而如何选取 b、c、m，将直接关系到随机数序列的随机性能。首先定义生成随机数所需的变量：

```
//定义生成随机数所需的变量
RandomNumber::RandomNumber(unsigned long s)
#include<bits/stdc++.h>
using namespace std;                       //使用 std 命名空间
typedef long long ll;
//种子默认初值，伪随机数生成器(pseudo-random number generator, PRNG)
static ll prngSeed = 0;
const ll multiplier = 1103515245L;         //乘数
const ll adder = 12345L;                   //增量
```

　　种子 prngSeed 在程序开始可给定系统时间作为启动初值，也就是 startseed 可由 time()函数赋值，或者由用户定义固定值。函数 rand()在每次计算时用线性同余法产生新种子来重置随机数。prngSeed 变量以 static 变量方式，使函数 rand()每次执行时，prngSeed 都在前一次 prngSeed 的基础上开始运算，从而可得到不同的随机数。

　　函数 rand_between()利用函数 rand()生成一个[min,max]内的整数随机数。代码如算法 7.1 所示。

算法 7.1

```
void init_rand(ll startseed)
{
    //为伪随机数生成器设定种子
    prngSeed += startseed;          //获得种子
}
ll _rand(void)
{   //使用线性同余法更新 prngSeed
    //prngSeed 以 static 变量方式
    //使函数 rand() 每次执行时，prngSeed 都在前一次 prngSeed 的基础上开始运算
    ll value;
    prngSeed *= multiplier;
    prngSeed += adder;
    value = (prngSeed >> 16) & 0x07FF;
    prngSeed *= multiplier;
    prngSeed += adder;
    value <<= 10;
    value |= (prngSeed >> 16) & 0x03FF;
    prngSeed *= multiplier;
    prngSeed += adder;
    value <<= 10;
    value |= (prngSeed >> 16) & 0x03FF;
    //产生一个随机值
    return value;
}
ll rand_between(ll min, ll max)
{
    ll value;
    if (max > min)
    {   //在指定范围内获得随机数
        value = min + (_rand() % (max - min + 1));
    }
    else
    {
        value = min;
    }
    return value;                        //返回随机数
}
```

在下面的示例中，使用计算机生成的伪随机数来模拟投掷硬币实验。函数 getfront_back()
通过调用函数 rand_between() 随机获得硬币的正面或反面。首先随机获得 0～100 之间的整数
num，若 num 小于 50，则认为是正面；否则认为是反面。函数 main() 模拟投掷硬币 5000 次，
得到正面和反面的次数及概率。代码如算法 7.2 所示。

算法 7.2

```
bool getfront_back()
{      //随机获得硬币的正面或反面
       int num=rand_between(0,100);
```

```
        //也可以利用 C 语言自带的 rand()函数产生 0~99 的随机数
        //比如 int coin=(rand()+time(NULL))%100;
        //cout<<num<<" ";            //可调试查看产生的随机数
        if(num>=0&&num<=49)
          {
              return true;            //如果是正面，返回 true
          }
        else if(num>=50&&num<=99)
          {
              return false;           //如果是反面，返回 false
          }
}
int main()
{   init_rand(time(0));
    //可查看产生的随机数
    //比如 for(int j=1;j<=10;j++) cout<<rand_between(1,10)<<" ";
    cout<<"请输入模拟硬币的投掷次数：";
    ll n;
    cin>>n;                          //可以随便输入，如 5000，但避免输入太大的数
    ll sum_front=0,sum_back=0;
    for(ll i=0;i<n;i++)
    {
        bool face=getfront_back();

        if(face==true)
        {
            if(n<100)
            {                                      //前 100 个正反情形输出
              cout<<"   正 "<<endl;;               //代表投掷的硬币为正面
            }
            sum_front++;
        }
        else                                       //可以省略 if(face==false)
        {
            if(n<100)
            {
                cout<<" 反    "<<endl;;            //代表投掷的硬币为反面
            }
            sum_back++;
        }
    }
    double front,back;
    front=(sum_front*1.0)/n;                        //正面的概率
    back=(sum_back*1.0)/n;                          //反面的概率
    cout<<"  "<<endl;
    cout<<"共投掷硬币"<<n<<"次"<<endl;
    cout<<"正面的次数为"<<sum_front<<"次，出现正面的概率为"<<front<<endl;
    cout<<"反面的次数为"<<sum_back<<"次，出现反面的概率为"<<back<<endl;
```

```
    return 0;
}
```

这段代码用于模拟多次抛掷硬币事件,记录不同正面次数的分布。

7.2 数值随机化算法

数值随机化算法是一种常见的统计和计算方法,用于生成随机数或在一定范围内对数值进行随机分布。这种算法在模拟仿真、统计学、机器学习和数据科学等多个领域发挥着重要作用。

(1)在模拟仿真中,数值随机化算法被广泛用于模拟复杂系统中的随机性和不确定性。例如,在气象学中,数值随机化算法可用于生成随机的气象数据以模拟气候。

(2)在统计学中,数值随机化算法可以用于生成随机样本,以评估估计值的可信度或进行假设检验。这有助于评估不确定性和提供可信区间。

(3)在机器学习和数据科学中,数值随机化算法可用于生成增强的数据样本,以改善模型的性能和泛化能力。

然而,这种算法通常只能得到近似解,不过其精度会随着计算时间的增加而逐渐提高。但是,在某些情况下往往不需要求得精确的解,因此,使用数值随机化算法可能是不错的选择。

随机投点法是一种用于估算圆周率(π)值的经典方法。这种方法的基本思想是,如果在一个正方形内随机均匀地投放大量的点,并计算落在正方形包含的圆内的点的比例,则这个比例将接近于 $\pi/4$。使用随机投点法计算 π 值的步骤如下。

(1)创建一个单位正方形:以原点为中心,边长为 $2r$ 的正方形。这个正方形包含一个半径为 r 的圆。

(2)在正方形内随机生成大量的点:使用伪随机数生成器,在正方形内均匀地生成随机点,确保这些点在正方形内,如图 7.1 所示。

(3)记录落在圆内的点数:对于每个生成的点,检查它是否在圆内。

(4)计算 π 值:设投入正方形内点的数量为 n,落入圆内的点数为 k。因为投入的点在正方形内均匀分布,所以投入的点落在圆内的概率为

$$\frac{k}{n} = \frac{\pi r^2}{4r^2} = \frac{\pi}{4}$$

当 n 足够大时,比值就更加接近这一概率,从而 $\pi \approx \frac{4k}{n}$,而随着生成的随机点数不断地增加,估算的 π 值会越来越接近真实的 π 值。在实际计算过程中,考虑到圆和正方形都具有均匀对称的特性,可仅利用图形的 1/4 进行计算,以提高计算效率,如图 7.2 所示。代码如算法 7.3 所示。

图 7.1 正方形和圆

图 7.2 图形的 1/4

算法 7.3

```
//计算 π 值
#include<bits/stdc++.h>
using namespace std;                    //使用 std 命名空间
typedef long long ll;
const unsigned long long maxshort = 65536L;        //最大短整数值
//需要调用的函数 rand_between、init_rand、_rand 在算法 7.1 中
double fRand(void)                  //生成一个双精度浮点数，取值范围为[0, 1)
{
    return rand_between (0,maxshort)/double(maxshort);
    //调用 rand_between()函数生成短整数，然后将其归一化到[0, 1)范围内
}
double Darts(int n)                 //用随机投点法计算值
{
    int sum = 0;
    for(int i = 1;i <= n;i++)
    {
        double x = fRand();
        double y = fRand();
        if((x*x+y*y)<=1)
            sum++;
    }
    return 4*sum/double(n);
}
int main()
{   ll n;
    init_rand(time(0));
    //可调试输出所产生[0, 1)的随机浮点数
    //比如 for(int j=1;j<=10;j++) cout<<fRand()<<"  ";
    cin>>n;                         //可尝试输入 100、1000、10000 等观察所求 pai 的结果
    cout<<"pai="<<Darts(n)<<"  ";
    return 0;
}
```

读者还可以尝试用随机投点法计算定积分。对非线性方程组的求解，也可以通过随机生成一组初始解，然后根据一定的搜索策略进行搜索和更新，直到满足一定的停止准则，从而得到近似解。

7.3 舍伍德算法

许多算法的时间复杂度会因输入的具体实例不同而有显著的差异，如前文所述，快速排序算法的平均时间复杂度为 $O(n\log n)$，但当输入的数据已经"几乎"排好序时，这一时间复杂度就不再适用。此时，可使用舍伍德（Sherwood）算法（这是一种随机化算法）来消除这种影响。舍伍德算法总能求得问题的一个解，且求得的解总是正确的。当一个确定性算法在最坏情

况下的计算复杂度与其平均情况下的计算复杂度相差较大时，可以在这个确定性算法中引入随机性，将其转变为一个舍伍德算法，以消除或降低不同实例间的这种性能差异。舍伍德算法的精髓并不是避免算法的最坏情形行为（因为最坏情况还是有可能发生），而是设法消除这种最坏情形行为与特定实例之间的关联性，从而可以消除输入对算法性能的影响。

　　假设有一确定性算法 A，其输入实例是 x 时所需的计算时间为 $t_A(x)$。设 X_n 是算法 A 输入规模为 n 的实例的全体，当问题的输入规模为 n 时，算法 A 所需的平均时间是

$$\overline{t}_A(n) = \sum_{x \in x_n} t_A(x) / |X_n|$$

　　该式子并不能排除可能存在 $x \in X_n$，使 $t_A(x) >> \overline{t}_A(n)$。为此可以获取一个随机化算法 B，对问题的输入规模为 n 的每个实例 $x \in X_n$，都有 $t_B(x) = \overline{t}_A(n) + s(n)$。而对于某具体实例 $x \in X_n$，算法 B 偶尔要比 $\overline{t}_A(n) + s(n)$ 多一些计算时间，但这只是由算法所作的概率选择引起的，与具体实例 x 没有关联，定义算法 B 有关规模为 n 的随机实例的平均时间是

$$\overline{t}_B(n) = \sum_{x \in x_n} t_B(x) / |X_n|$$

由此可知，$\overline{t}_B(n) = \overline{t}_A(n) + s(n)$，这是舍伍德算法的基本思想，当 $s(n)$ 与 $\overline{t}_A(n)$ 相比可忽略不计时，舍伍德算法就能获得很好的平衡性。

　　随机选择的时间复杂度应该是一个平均值，所以这个时间复杂度可以消除或者减少最坏情况与实例的关联性。否则总会产生一种固定的形式，导致算法浪费大量时间，这便发生了最坏情况。但是如果采用随机选择的方法，就可以有效降低发生这种情况的概率。

　　对于线性时间选择算法，在快速排序中，如果只简单地用待划分数组的第 1 个元素作为划分基准，则算法的平均性能较好，而在最坏的情况下需要 $O(n^2)$ 计算时间。用拟中位数作为划分基准可以保证在最坏的情况下用线性时间完成选择。为了避免计算拟中位数的麻烦，又能用线性时间完成选择，可以用舍伍德选择算法在待排序区间[low,high]中随机地选择一个数组元素作为划分基准，即调用 rand_between(low,high)得到要划分的枢轴位置，而不是原来确定性算法中用固定的 low 作为划分基准，这样也保证了整个快速排序算法的平均时间性能。

　　舍伍德选择算法对一些确定性算法稍加修改，简单且易于实现。而在有些情况下，一些确定性算法并不能直接改写成舍伍德算法，这时可以采用随机预处理技术，只对输入进行重新洗牌而不改变原来的确定性算法。使用下面的随机洗牌算法（算法7.4）同样也能达到舍伍德算法效果。

算法 7.4

```
//随机洗牌算法
void Sherwood(int a[],int n)
{
    for(int i=0; i<n; i++)
    {
        int j = rand_between(0,n-i)+i;
        Swap(a[i],a[j]);
    }
}
```

算法 7.4 通过在每次迭代中随机选取一个元素，然后将其放置到已经处理过的元素中，以确保每个元素都有均等的机会被选中，从而实现了数组的随机排列。这对于模拟随机性或需要随机样本的算法和应用非常有用，如洗牌重组、生成随机测试数据等。

7.4 蒙特卡罗算法

蒙特卡罗（Monte Carlo）算法作为一种计算方法，是由美国数学家乌拉姆与美籍匈牙利数学家冯·诺伊曼在 20 世纪 40 年代中叶，为研制核武器的需要而首先提出来的。实际上，该算法的基本思想早就被统计学家所采用了。例如，早在 17 世纪，人们就知道了依频数决定概率的方法。

蒙特卡罗算法又称统计模拟法、统计试验法，它是把概率现象作为研究对象的数值模拟方法，按抽样调查法求取统计值来推定未知特性量的计算方法。蒙特卡罗算法为表明其随机抽样的本质而命名，适用于对离散系统进行计算仿真试验。在计算仿真中，通过构造一个和系统性能相近似的概率模型，并在数字计算机上进行随机试验，可以模拟系统的随机特性。蒙特卡罗算法由于能够真实地模拟实际物理过程，所以解决问题时能高概率地与实际相符，趋向于更准确的结果，但通常无法判断一个具体的解是否正确。

蒙特卡罗算法可以解决其他数值方法解决不了的复杂问题，并且有超强的适应能力，已被广泛应用于自然科学和社会科学的多个领域。虽然利用蒙特卡罗算法估计定积分的计算结果与积分精确值之间有误差，但是可以通过增加样本量或者改进抽样方法等降低计算误差，提高计算精度。

7.4.1 基本思想

蒙特卡罗算法的基本思想是使用随机性来估计或解决复杂问题，该算法的核心包括以下关键内容。

（1）随机抽样。选择随机样本或数据点，通常通过随机数生成器来获得。这些样本是从问题的可能输入空间中随机选择的。

（2）模拟或计算。对每个随机样本执行相应的计算或模拟，可以执行数学运算、模拟系统的行为或者进行其他相关操作。

（3）统计分析。根据大量的随机样本的计算结果进行统计分析。例如，计算平均值、方差、置信区间等。这些统计量提供了问题的数值估计或解决方案的一些性质。

（4）收敛性。随着随机样本数量的增加，蒙特卡罗算法通常趋向于更准确的结果。这是由大数定律支持的，即随机样本的平均值趋向于真实值。

蒙特卡罗算法通过大量的随机实验来近似问题的解决方案，尤其是在问题复杂、高维度或难以分析的情况下。它的优点在于它的通用性和适用性，但缺点在于它可能需要大量的计算资源，特别是在高维度问题中，需要获得足够准确的估计。

设实数 p，$1/2 < p < 1$，如果蒙特卡罗算法对于问题的任一实例正确解的概率不小于 p，则称该蒙特卡罗算法是 p 正确的，且 $p-1/2$ 是该算法的优势量。对于同一实例，如果蒙特卡罗算法没有给出两个不同的解答，则称该蒙特卡罗算法是一致的。

有些蒙特卡罗算法除了具有描述问题实例的输入参数外，还具有描述错误解可接受概率的参数。这类算法的计算时间复杂度通常由问题的实例规模以及错误解可接受概率的函数来描述。

对于一致的 p 正确蒙特卡罗算法，要提高获得正确解的概率，只要执行该算法若干次，然后选择出现频次最高的解即可。

蒙特卡罗算法在各种领域，包括科学、工程、金融和统计学中都有广泛的应用，用来解决复杂问题、估算积分值、模拟系统行为和进行优化等任务。

7.4.2　主元素问题

设数组 $S[1:n]$ 包含 n 个元素。当 $|\{i|S[i]=x\}|>\dfrac{n}{2}$（表示在数组 S 中，元素等于 x 的数量大于总数量 n 的一半）时，称 x 是数组 S 的主元素，对给定的输入数组 S，用蒙特卡罗算法 MainElement 判定数组 S 是否包含主元素（算法 7.5）。

算法 7.5

```
bool MainElement(int * S, int n)
{                    //判定主元素的蒙特卡罗算法
int i = rand_between(1,n);
int x = S[i];        //随机选择数组元素
int k=0;
    for(int j = i;j<=n;j++)
      if(S[j] == x) k++;
    Return(k>n/2);   //k>n/2 时 S 含有主元素
}
```

算法 7.5 利用随机数生成器选择数组中的一个随机元素 x，然后统计数组中与 x 相等的元素的数量。如果返回结果为 true，则 x 是数组 S 的主元素；如果返回结果为 false，则数组 S 未必没有主元素，因为可能数组 S 含有主元素，但主元素不是 x。因为数组 S 所含非主元素的个数小于 $n/2$，所以上述情况发生的概率也小于 1/2。如果数组 S 含有主元素，则算法返回 true 的概率大于 1/2，如果没有主元素，则肯定返回 false。

上述算法得出的错误概率其实较高，将近 1/2，所以要对上述算法作出改进。下面是重复调用函数 MainElement()两次的算法 MainElement2。

```
bool MainElement2(int * S,int n)
{   //调用两次函数 MainElement()
    if(MainElement(S,n)) return true;
    else return MainElement(S,n);
}
```

如果数组 S 中没有主元素，则每次调用 MainElement(S, n)都会返回 false。因此，MainElement2 也将返回 false。但是，当数组 S 包含主元素时，函数 MainElement(S, n)返回 true 的概率 p 大于 1/2。在这种情况下，只要 MainElement(S, n)返回 true，MainElement2 也将返回 true。

此外，MainElement2 第 1 次调用 MainElementy(S, n)时返回 false 的概率是 $1-p$。然后，第 2 次调用 MainElement(S, n)仍然以概率 p 返回 true。因此，如果数组 S 包含主元素，MainElement2

返回 true 的概率是 $p+(1-p)p=1-(1-p)^2$，它大于 3/4。这说明在这种情况下，MainElement2 是一个有偏向真的 3/4 正确的蒙特卡罗算法。

算法 MainElement2 中每次调用 MainElement(S, n)的结果是相互独立的。这意味着当数组 S 含有主元素时，调用 MainElement(S,n)返回 false 不会影响下一次调用 MainElement(S, n)返回 true 的概率。因此，进行 k 次重复调用 MainElement(S, n)并且每次返回 false 的概率小于 2^{-k}。此外，在 k 次的调用中，只要有一次返回结果为 true，就可以确定数组 S 包含主元素。

蒙特卡罗算法的优点如下：

（1）方法的误差与问题的维数无关。

（2）对于具有统计性质的问题可以直接解决。

（3）对于连续性的问题不必进行离散化处理。

蒙特卡罗算法的缺点如下：

（1）对于确定性问题需要转换成随机性问题。

（2）误差是概率误差。

（3）通常需要较多的计算步数 N。

7.5　随机化算法实践

7.5.1　寻找 mod M

【题目描述】

给定一个长度为 n 的正整数序列 $A=(A_1, A_2, ..., A_n)$，A 中所有元素 $A_i(1 \leqslant i \leqslant n)$ 都是不同的。现要求找出一个正整数 $M(3 \leqslant M \leqslant 10^9)$，使得 $A_i \bmod M$ 之后，新的序列 $A*$ 之中拥有绝对众数。

【输入格式】

第 1 行输入一个整数 n，n 表示序列中正整数的个数。

第 2 行输入 n 个整数，表示输入序列 A。数据之间用一个空格隔开。

【输出格式】

若序列能找到合适的 M 使得新序列 $A*$ 拥有绝对众数，则输出 M；否则输出-1。

【输入/输出样例】

输入样例 1	输出样例 1
5 3 17 8 14 10	7
输入样例 2	输出样例 2
10 822848257 553915718 220834133 692082894 567771297 176423255 25919724 849988238 85134228 235637759	37

续表

输入样例 3	输出样例 3
10 1 2 3 4 5 6 7 8 9 10	−1

【提示】

$3 \leqslant n \leqslant 5000$，$1 \leqslant A_i \leqslant 10^9$。

【参考解答】

绝对众数是指在一个数字集合中出现次数超过一半的数。摩尔投票法是寻找绝对众数效率比较高的方法。摩尔投票法的核心思想是：如果一个序列中存在绝对众数，那么可以通过不断删除两个不相等的数来找到它。最后剩下的数要么就是绝对众数，要么这个序列中不存在绝对众数。在本题中，首先需要将序列中的每个数字对 M 取模，然后在新的序列中寻找绝对众数。

假设序列 A 中的 A_x 和 A_y 都是绝对众数（这里假设 $x \neq y$），那么 $(A_x - A_y) \% M = 0$。如果随机化选取 k 次 x 和 y，那么能找到正确众数的概率为 $1 - \left(\dfrac{3}{4}\right)k$，即 M 是 $A_x - A_y$ 的因子，从 $A_x - A_y$ 的因子中遍历选取 M 的取值，最后判断 M 是否符合原序列条件，出现 M 次数最多的即为可能性最高的答案。

```cpp
#include <bits/stdc++.h>
using namespace std;
const int N = 5010;
int a[N], n;
//函数 check()，接收一个整数 x 作为参数
void check(int x)
{
    if(x < 3) return;
    map<int, int> mp;
    for(int i = 1; i <= n; i++) {
        if(++mp[a[i] % x] > n / 2) {        //判断是否为绝对众数
            cout << x << endl;
            exit(0);
        }
    }
}
void solve()
{
    int s = 0, t = 0;
    //在 s 和 t 相等的情况下，生成随机数，直到它们不相等
    while(s == t)
        s = rand() % n, t = rand() % n;
    s++, t++;                               //将 s 和 t 增加 1
    int val = abs(a[s] - a[t]);             //计算 a[s] 和 a[t] 的绝对值差并赋值给 val
    //遍历 val 的因数
    for(int i = 1; i <= val / i; i++)
```

```
        if(val % i == 0)                    //如果 i 是 val 的因数
            check(i), check(val / i);        //调用 check()函数,分别传入 i 和 val/i 作为参数
}

int main()
{
    ios::sync_with_stdio(false);
    cin.tie(0), cout.tie(0);
    cin >> n;
    for(int i = 1; i <= n; i++)
        cin >> a[i];
    srand(time(0));                          //使用当前时间作为随机数生成器的种子
    int T = 1000;                            //循环 1000 次
    while(T--)
        solve();
    cout << -1 << endl;
    return 0;
}
```

该算法的时间复杂度为 $O(Tn)$。其中,T 是随机化的次数;n 是序列的长度。

由于随机化算法具有一定的随机性,以至于算法得出的结果不能百分之百地正确,往往只能以正确率来衡量算法的有效性。一般来说,各个在线裁判网站(online judge,OJ)的要求十分严格,需要百分之百地通过测试用例,这显然不符合随机化算法的特征。因此,程序设计竞赛较少考查此类随机化算法,若在竞赛中出现随机化题目,则需要通过严格的数学证明才能找到有效方法,从而百分之百地通过所有测试数据。因此,即使这道题提交的代码是正确的,在线测试时也可能不能通关。

7.5.2　小明吃苹果

【题目描述】

小明有 n 个苹果,他给每个苹果定义了一个味觉值,但是小明获得舒适度的机制非常特别。他在吃完一些苹果后只能获得等同于它们味觉值最大公约数的舒适度,现在小明需要吃掉恰好一半的苹果来填饱肚子,他想知道自己能获得的最大舒适度是多少。

【输入格式】

第 1 行输入一个正偶整数 n。
第 2 行输入 n 个正整数 a_i,表示每个苹果的味觉值。

【输出格式】

一行一个整数,表示最大舒适度。

【输入/输出样例】

输入样例	输出样例
6 1 2 3 4 5 6	2

【提示】

$n \leqslant 1000$，$a_i \leqslant 1010$。

【参考解答】

本题使用随机化算法解题，其效率相对较高。通过随机选择序列中的一个数，并枚举它的所有因数，利用贪心算法选取最大的那个因数，这个因数对应的元素数量不能小于 $n/2$。由于随机选择数的正确概率仅为 50%，因此通过增加随机尝试的次数，可以显著提高找到正确答案的概率。

```cpp
#include<bits/stdc++.h>
#define REG register
#define LL long long
using namespace std;
const int maxn = 200005;
LL d[maxn], a[maxn], f[maxn], s, T = 10;
int n;
//内联函数 Read()，用于从标准输入读取一个长整数
inline LL Read(){
  char c = getchar();                     //读取一个字符
  LL x = 0, f = 1;                        //初始化变量 x 和 f
  while(c < '0' || c > '9'){              //当字符不是数字时
    if(c == '-') f = -1;                  //如果字符是减号，则将 f 置为 -1
    c = getchar();                        //读取下一个字符
  }
  while(c >= '0' && c <= '9'){            //当字符是数字时
    x = x * 10 + c - '0';                 //将字符转换为数字并累加到 x 中
    c = getchar();                        //读取下一个字符
  }
  return x * f;                           //返回最终结果
}
int main(){
  scanf("%d",&n);
  for(int i = 1; i <= n; ++i)
    a[i] = Read();                        //使用函数 Read() 读取长整数
  srand(time(NULL));                      //使用当前时间作为随机数生成器的种子
  while(T--){
    LL g = a[(rand()*32768 + rand()) % n + 1];    //从数组 a 中随机选择一个数赋给 g
    LL t = 0;                             //初始化变量 t 为 0
    for(REG int i = 1; i * i <= g; i++){  //遍历 i，直到 i*i 大于 g
      if(g % i == 0){                     //如果 i 是 g 的因数
        d[++t] = i;                       //将 i 添加到数组 d 中
        if(i * i != g)                    //如果 i 不等于 g 的平方根
          d[++t] = g / i;                 //将 g/i 添加到数组 d 中
      }
    }
    sort(d + 1, d + t + 1);               //对数组 d 进行排序（贪心）
    for(REG int i = 1; i <= t; i++)       //初始化数组 f
```

```
    f[i] = 0;
  for(REG int i = n; i; i--)              //从后往前遍历数组 a
    //计算符合条件的数量
    f[lower_bound(d + 1, d + t + 1, __gcd(a[i], g)) - d]++;
  for(REG int i = 1; i <= t; i++){
    for(REG int j = i + 1; j <= t; j++)
      if(d[j] % d[i] == 0)
        f[i] += f[j];                      //更新数组 f
    if(f[i] * 2 >= n)                       //如果 f[i] 的两倍大于等于 n
      s = max(s, d[i]);                     //更新 s 的值
  }
}
printf("%lld", s);                          //输出最终结果
return 0;
}
```

该算法的时间复杂度为 $O(T(t^2\log t + n))$。其中，T 是常数；t 和 n 都是输入数据的规模。

7.5.3 课后习题

1. 编程实现 7.5.1 小节中的"寻找 mod M"，并给出更多输入/输出样例。

2. 假设要估计一辆出租车在一天内的平均载客数量。可以使用蒙特卡罗算法进行估计，请设计一个蒙特卡罗算法模拟实验来估计平均载客数量。

3. 请以蒙特卡罗算法为背景，编制一道算法设计题，题型如同本书实践章节，有题目描述、输入/输出格式和样例，并与其他读者交换题目进行解答。

4. 给出 7.5.2 小节中的小明吃苹果更多的输入/输出样例，并详细分析该题的时间复杂度。

5. 除了本章描述的舍伍德算法和蒙特卡罗算法，还有哪些随机化算法？有兴趣的读者可以深入探究某种随机化算法的原理及应用。

第8章 群体智能优化算法

8.1 群体智能优化算法概述

随着大数据时代的到来，现实世界中涌现出规模更为庞大的优化问题，有些优化问题在现有的传统方法和计算机软硬件配置的条件下，无法在一个可接受的时间内获得令人满意的答案。因此，需要寻找更有效的方法来解决这些问题。

自然界中蕴含了极为丰富的自然规律和智慧，研究人员向大自然学习，从大自然中寻找解决复杂优化问题的方法。例如，锯子的发明受到了丝茅草边缘锯齿形的启发，雷达技术源自蝙蝠的超声波定位，飞行技术受到鸟类飞行原理的启发等。此外，自然界中有许多生物群体能够表现出群体智能的特征或行为。例如：

（1）单独一只白蚁的力量是非常单薄的，但是一群白蚁能构筑出十分复杂的大巢穴。

（2）蚁群在觅食过程中并没有蚂蚁担任指挥员或协调员的角色，但是蚁群能动态分配任务，协调完成任务。

（3）水里的鱼群能够根据附近少量的个体来确定它们游动的方向和速度。

（4）大草原上狮子群的捕食策略要比被捕获猎物的逃生策略更加高明。

（5）微小的细菌可以利用分子（类似信息素）进行通信，共同跟踪周围环境的变化。

（6）黏菌是由非常简单且能力极其有限的分子有机体组成的，它们可以在缺少食物来源的情况下抱团取暖，以便将聚集在一起的个体运送到存在新的食物源的区域。

以上都是自然界中某些物种表现出的群体智能的例子，而在现实世界中，一些非生物系统同样能表现出集体行为。从整体上看，这些非生物系统能表现出智能的行为特征。例如，现实中很多城市的交通模式并没有正式的规划，但城市的交通状况能表现出自组织的行为特征。

近些年，人们在向自然界学习的过程中，通过模拟自然界的进化过程、自然现象以及生物体的行为特征等，陆续提出一些有别于传统优化方法的启发式算法模型，如粒子群优化（particle swarm optimization，PSO）算法、烟花爆炸算法（fireworks explosion algorithm，FEA）、萤火虫算法（firefly algorithm，FA）等。这些算法范例统称为群体智能优化算法（swarm intelligence optimization algorithm，SIOA）。群体智能优化算法的特点在于：群体中单个的个体都非常简单，功能也十分有限，但是由这些简单个体组成的群体能表现出十分复杂的集体行为，具有一定的智能性。

群体智能优化算法中有相当一部分是通过模拟社会生物群体的集体行为产生的，这些群体中的个体通过交换自身局部信息并相互作用，局部信息最后通过整个种群进行传播，从而使问题的解决要比单个个体的求解更为有效。从本质上讲，群体智能优化算法是一类随机搜索算法，它们受到大自然中某种自然现象的启发而产生，算法中的群体在某种程度上体现了生物系统自组织、自适应的行为特征。群体中的个体行为以一种非线性方式集体表现出来，个体行为与集体行为之间关系紧密，也就是说，所有个体的集体行为即是该群体的行为。当然，群体的行为也会影响到每个个体的行为。

群体智能优化算法最初多被用于求解一些复杂的单目标优化问题（single-objective optimization problem，SOP），并取得了较好的求解效果。但科学研究与工程实践中的多目标优化问题（multi-objective optimization problem，MOP）不断涌现且愈加复杂，传统解决方法利用加权等方式将多目标优化问题转换成单目标优化问题，然后利用数学解析方法求解，这样每次只能得到一种权值情况下的最优解。同时，许多复杂的多目标优化问题的目标函数和约束函数可能是非线性、不可微或不连续的，这就使得传统的数学规划方法效率低下，甚至根本无法求解。鉴于此，人们从不同的视角和研究背景出发，尝试将群体智能优化算法拓展至多目标优化领域，并发展出若干个多目标群体智能算法，有效地解决了一些复杂的多目标优化问题。但必须看到，形形色色的多目标优化问题具有各种复杂且困难的特征，一些多目标群体智能算法对某些或某类多目标优化问题求解有效，但它们对其他类型或特征的多目标优化问题未必有效。因此，需要根据待求解问题的特征设计有针对性的算法，以提高多目标优化问题求解的效率和效果。

本章将介绍多目标优化问题及相关概念，同时给出了群体智能优化算法，然后介绍两种较典型的群体智能优化算法：粒子群优化算法和蚁群算法，前者源自鸟群行为模型，而后者是模拟蚂蚁群体的行为模型。

8.2 多目标优化问题及相关概念

8.2.1 多目标优化问题的模型

多目标优化问题又称多准则决策或矢量优化问题。不失一般性，一个具有 n 个决策变量、m 个目标函数的多目标优化问题可表示为

$$
\begin{cases}
\min y = F(\boldsymbol{x}) = (f_1(\boldsymbol{x}), f_2(\boldsymbol{x}), \ldots, f_m(\boldsymbol{x})) \\
\text{subject to}: g_i(\boldsymbol{x}) \leqslant 0, \ i = 1, 2, \ldots, q \\
h_j(\boldsymbol{x}) = 0, j = 1, 2, \ldots, p \\
\boldsymbol{x} = (x_1, x_2, \ldots, x_n) \in X\boldsymbol{R}^n \\
\boldsymbol{y} = (y_1, y_2, \ldots, y_m) \in Y\boldsymbol{R}^m
\end{cases}
\tag{8.1}
$$

式中，$\boldsymbol{x}=(x_1, x_2, \ldots, x_n) \in X \subset \boldsymbol{R}^n$ 称为决策向量，$x_i(i=1,2,\ldots,n)$ 称为决策变量，X 是 n 维的决策空间；$\boldsymbol{y}=(y_1, y_2, \ldots, y_m) \in Y \subset \boldsymbol{R}^m$ 称为目标向量，Y 是 m 维的目标空间；目标函数 F 定义了映射函数和需要同时优化的 m 个子目标；$g_i(\boldsymbol{x}) \leqslant 0 \ (i=1,2,\ldots,q)$ 定义了 q 个不等式约束；$h_j(\boldsymbol{x}) = 0 \ (j=1, 2, \ldots, p)$ 定义了 p 个等式约束；m 为优化问题的子目标数目。

在多目标优化中，对于不同的子目标函数可能有不同的优化目标，有的可能是最大化目标函数，有的可能是最小化目标函数，概括起来不外乎下列 3 种可能的情况。

（1）最小化所有的子目标函数。

（2）最大化所有的子目标函数。

（3）最小化部分子目标函数，而最大化其他子目标函数。

为方便起见，一般可把各子目标函数统一转换成最小化或最大化目标函数，如将最大化问题转换成最小化问题，可以使用下面简单的方式：

$$\max f_i(\boldsymbol{x}) = -\min(-f_i(\boldsymbol{x})) \tag{8.2}$$

类似地，不等式约束 $g_i(\boldsymbol{x}) \leqslant 0$ $(i=1,2,\ldots,q)$ 可以转换成如下形式：

$$-g_i(\boldsymbol{x}) \geqslant 0 \ (i=1,2,\ldots,q) \tag{8.3}$$

因此，任何不同表达形式的多目标优化问题都可以转换成统一的表达形式。如果无特别说明，本章统一为求总目标函数的最小化问题，即 $\min \boldsymbol{y} = F(\boldsymbol{x}) = (f_1(\boldsymbol{x}), f_2(\boldsymbol{x}), \ldots, f_m(\boldsymbol{x}))$。

8.2.2 多目标优化问题相关概念

在式（8.1）的基础上，下面给出与多目标优化问题密切相关的若干重要概念。

定义 8.1（可行解） 对于 $\boldsymbol{x} \in X$，如果满足约束条件 $g_i(\boldsymbol{x}) \leqslant 0$ $(i=1,2,\ldots,q)$ 和 $h_j(\boldsymbol{x})=0$ $(j=1,2,\ldots,p)$，则称 $\boldsymbol{x}$ 为可行解。

定义 8.2（可行解集） 由决策空间 X 中所有可行解组成的集合称为可行解集，记为 $X_f(X_f \subseteq X)$。

定义 8.3（Pareto 支配） 设 $\boldsymbol{x}_1, \boldsymbol{x}_2 \in X_f$，称 $\boldsymbol{x}_1$ Pareto 支配 $\boldsymbol{x}_2$（记为 $\boldsymbol{x}_1 \prec \boldsymbol{x}_2$）当且仅当式（8.4）成立。

$$\forall i = 1, 2, \ldots, m: f_i(\boldsymbol{x}_1) \leqslant f_i(\boldsymbol{x}_2) \wedge \exists j = 1, 2, \cdots, m: f_j(\boldsymbol{x}_1) < f_j(\boldsymbol{x}_2) \tag{8.4}$$

定义 8.4（Pareto 最优解） 若 $\boldsymbol{x}^* \in X_f$ 称为 Pareto 最优解，当且仅当满足式（8.5）。

$$\neg \exists \boldsymbol{x} \in X_f : \boldsymbol{x} \prec \boldsymbol{x}^* \tag{8.5}$$

Pareto 最优解又称非劣解或有效解。

定义 8.5（Pareto 最优解集） Pareto 最优解集（Pareto set，PS）是所有 Pareto 最优解的集合，即 $\text{PS}=\{\boldsymbol{x}^*\}=\{\boldsymbol{x} \in X_f | \neg \exists \boldsymbol{x}' \in X_f : \boldsymbol{x}' \prec \boldsymbol{x}^*\}$。

定义 8.6（Pareto 前沿） Pareto 前沿（Pareto front，PF）是 Pareto 最优解集 PS 在目标空间中的投影，即 $\text{PF}=\{F(\boldsymbol{x}) | \boldsymbol{x} \in \text{PS}\}$。

定义 8.3 所定义的支配关系是针对决策空间的，类似地，也可以在目标空间定义支配关系，如定义 8.7 所示。

定义 8.7（目标空间中的支配关系） 设 $a=(a_1, a_2, \ldots, a_m)$ 和 $b=(b_1, b_2, \ldots, b_m)$ 是多目标优化问题目标空间中的任意两点，称 a 支配 b（记为 $a \prec b$），当且仅当 $a_i \leqslant b_i (i=1,2,\ldots,m) \wedge \exists j \in (1,2,\ldots,m)$，使 $a_j < b_j$。

需要说明的是，决策空间中的支配关系和目标空间中的支配关系实际上是一致的，因为决策空间中的支配关系是由目标空间中的支配关系所决定的。此外，定义在多目标优化问题上的非支配关系还存在强度上的差异，下面给出弱非支配解（weakly nondominated solution）和强非支配解（strongly nondominated solution）的定义。

定义 8.8（弱非支配解） 设 $x^* \in X_f$，若 $\neg \exists x \in X_f$，使 $f_i(x) < f_i(x^*)$（$i=1,2,\dots,m$）成立，则称 x^* 为弱非支配解。

定义 8.9（强非支配解） 设 $x^* \in X_f$，若 $\neg \exists x \in X_f : f_i(x) \leqslant f_i(x^*)$（$i=1,2,\dots,m$）$\wedge j \in (1,2,\dots,m)$，$f_j(x) < f_j(x^*)$，则称 x^* 为强非支配解。

由定义 8.8 和定义 8.9 可知，如果 x^* 是强非支配解，则 x^* 一定也是弱非支配解；反之则不成立。对于 2-目标的情况，如图 8.1 所示，在目标空间中强非支配解均落在较粗的曲线上，而弱非支配解则落在较细的直线上。

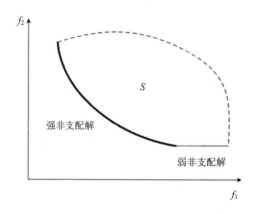

图 8.1 强非支配解和弱非支配解示意图

接下来，通过示例进一步解释强非支配解和弱非支配解的概念。设一个 3-目标优化问题 $\min F(x)=(f_1(x),f_2(x),f_3(x))$，有 3 个可行解 x_1、x_2 和 x_3，它们对应的目标值向量分别为 $F(x_1)=(3,5,8)$、$F(x_2)=(4,6,8)$ 和 $F(x_3)=(5,6,9)$，显然有 x_1 支配 x_2 和 x_3。当 x_1 和 x_2 比较时，因为在第 3 个目标值上均为 8，故 x_1 是一个弱非支配解；x_1 和 x_3 比较时，因为 x_1 所对应的目标向量的每一个分量均小于 x_3 所对应的值，故 x_1 是一个强非支配解。

定义 8.5 给出了 Pareto 最优解集的概念，但实际上，Pareto 最优解集还存在局部最优解集和全局最优解集之分，Deb 对此进行了定义。

定义 8.10（局部 Pareto 最优解集） 若决策向量集 $A \subseteq X_f$，集合 A 称为局部 Pareto 最优解集，当且仅当 $\forall x \in A : \neg \exists z \in X_f : z \prec x \wedge \| z - x \| < \varepsilon \wedge \| F(z) - F(x) \| < \delta$ 成立。其中$\| \cdot \|$是相关距离的模，且 $\varepsilon > 0, \delta > 0$。

定义 8.11（全局 Pareto 最优解集） 若决策向量集 $A \subseteq X_f$，集合 A 称为全局 Pareto 最优解集，当且仅当 $\forall x \in A : \neg \exists z \in X_f : z \prec x$ 成立。

局部和全局 Pareto 最优解集的概念可用图 8.2 所示的形式进行区分。

图 8.2 中的虚线为全局 Pareto 最优前沿，实线为局部 Pareto 最优前沿。实线代表的解点只是局部非劣的，而不是 Pareto 最优解，如 a 点表示的解点就要优于它们。不过全局 Pareto 最优

解集在一定意义上也可视为局部 Pareto 最优解集。

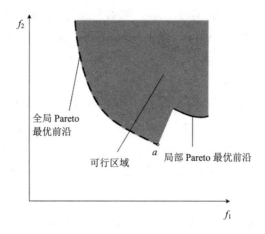

图 8.2　目标空间中局部最优解集和全局最优解集示意图

　　与单目标优化相比，多目标优化的复杂程度大大增加，由于它需要同时优化多个目标，而且这些目标往往是不可比较的，甚至是相互冲突的。一个目标值的改善可能引起另一个或另几个目标值的恶化。与单目标优化问题的本质区别在于，多目标优化问题的解不是唯一的，而是存在一个最优解的集合，集合中的元素称为 Pareto 最优解或非支配解、非劣解。Pareto 最优解是指在多目标优化问题中找到的解，该解在所有目标中都是最优的，没有其他解能在所有目标上都比它更好。换句话说，对于 Pareto 最优解来说，任何一个目标的优化都会导致其他目标的劣化，因此无法通过优化部分目标来得到更好的解。这种解决方案在多目标优化问题中非常重要，因为其代表了平衡和权衡不同目标之间的最佳解决方案。

　　Pareto 最优解集中的元素就所有目标而言是彼此不可比较的。另外，Pareto 最优解集大小往往是无穷的，显然，有限规模的种群不可能获得整个 Pareto 最优解集，这时获得一个能代表整个 PS 的有限子集也是可行的，这也是多目标进化算法（multi-objective evolutionary algorithm，MOEA）的最终目的。

　　随着优化目标数目的增加，Pareto 支配的计算复杂度以及快速增加的非支配解数量成为算法性能的羁绊，松弛形式的 Pareto 支配开始陆续提出，ε 支配是 Pareto 支配关系的弱化，其具有多种概念形式。下面采用加 ε 的形式，并且对于给定的 $\varepsilon \in \boldsymbol{R}^m$，$\varepsilon_i > 0$，$\forall\, i = 1,2,\dots,m$，其定义如下：

　　定义 8.12（ε 支配）　设 $\boldsymbol{x}_1, \boldsymbol{x}_2 \in X_f$，给定向量 $\boldsymbol{\varepsilon} > 0$，称 $\boldsymbol{x}_1\, \varepsilon$ 支配 $\boldsymbol{x}_2$（记为 $\boldsymbol{x}_1 \prec_\varepsilon \boldsymbol{x}_2$），当且仅当

$$\forall_i = 1,2,\dots,m: f_i(\boldsymbol{x}_1) - \varepsilon_i \leqslant f_i(\boldsymbol{x}_2) \tag{8.6}$$

　　定义 8.13（ε 最优解集）　所有 ε 最优解的集合构成 ε 最优解集 EP^*，公式如下：

$$\text{EP}^* = \{\boldsymbol{x}^* \mid \neg\exists \boldsymbol{x} \in X_f : \boldsymbol{x} \prec_\varepsilon \boldsymbol{x}^*\} \tag{8.7}$$

　　ε 支配把目标空间划分为不同的区域，每个区域内只允许一个解存在，这样决策者就可以通过控制区域的大小和解个体在区域内存在的规则来获得不同的解。一般规定，根据距离超网格左边界、右边界或超网格坐标点的远近来删除超网格中的解个体。考虑到 ε 支配与传统的 Pareto 支配的关系，下面研究这两种支配关系之间的一些性质。

定理 8.1　假设 $x_1, x_2 \in X_f$，且 $x_1 \prec x_2$，则 $x_1 \prec_\varepsilon x_2$。

证明：由定义 8.3 可知，如果 $x_1 \prec x_2$，则有 $\forall i=1,2,\ldots,m$: $f_i(x_1) \leqslant f_i(x_2) \wedge \exists j = 1,2,\ldots,m$: $f_j(x_1) < f_j(x_2)$ 这样的不等式存在，经过简单变换，可得不等式 $f_i(x_1) - f_i(x_2) \leqslant 0$，所以，对于任意的 $\varepsilon > 0$，有 $f_i(x_1) - f_i(x_2) \leqslant \varepsilon_i$，即式（8.6）成立。定理 8.1 得证。证毕。

定理 8.2　假设 $x_1, x_2 \in X_f$，且 $x_1 \prec_\varepsilon x_2$，则 $x_1 \prec x_2$ 未必成立。

证明：为了证明该定理，取一反例证之。不妨令 $f_i(x_1) = 0.5\varepsilon_i + f_i(x_2)$，$i=1,2,\ldots,m$，并将其代入式（8.6）中，化简得 $0.5\varepsilon_i < \varepsilon_i$，$i=1,2,\ldots,m$，即对于任意的 $\varepsilon > 0$，式（8.6）恒成立，即有 $x_1 \prec_\varepsilon x_2$。但是把上述假设的等式代入式（8.4）中，化简得到 $\forall i = 1,2,\ldots,m : \varepsilon_i \leqslant 0 \wedge \exists j = 1,2,\ldots,m : \varepsilon_j < 0$，与已知条件 $\varepsilon > 0$ 矛盾，所以式（8.4）不成立，即由 $x_1 \prec_\varepsilon x_2$ 未必能使 $x_1 \prec x_2$ 成立。定理 8.2 得证。证毕。

定理 8.3　假设 $x_1, x_2, x_3 \in X_f$，且 $x_1 \prec x_2$，$x_2 \prec_\varepsilon x_3$，则 $x_1 \prec_\varepsilon x_3$。

证明：由题设可知，$x_1 \prec x_2$，则有 $f_i(x_1) \leqslant f_i(x_2)$，且 $\exists j$ 使得 $f_j(x_1) < f_j(x_2)$。又由于 $\varepsilon_i > 0$，故可知，$\forall i = 1,2,\ldots,m : f_i(x_1) - \varepsilon_i < f_i(x_2) - \varepsilon_i$。另外，由于 $x_2 \prec_\varepsilon x_3$，根据定义可知，$\forall i = 1,2,\ldots,m: f_i(x_2) - \varepsilon_i \leqslant f_i(x_3), \exists i, f_i(x_2) - \varepsilon_i < f_i(x_3)$。显然可知，对于 $\forall i = 1,2,\ldots,m$: 有 $f_i(x_1) - \varepsilon_i < f_i(x_3)$ 成立，即 $x_1 \prec_\varepsilon x_3$。定理 8.3 得证。证毕。

由上述定理可知，ε 支配是 Pareto 支配的松弛形式，松弛的裕量是向量 $\varepsilon = (\varepsilon_1, \varepsilon_2, \ldots, \varepsilon_m), \varepsilon_i > 0$，$i=1,2,\ldots,m$。结合这两种支配机制，在 Pareto 支配的前提下再进行 ε 支配，就是给解的目标向量一个松弛的裕量，松弛的裕量构成了解的目标生存空间，该解个体的所有目标松弛裕量构成一个空间超网格。

如果目标空间中超网格的划分是均匀分布的，那么最终解的分布也将是均匀的，但是空间超网格的均匀划分较难保证，它往往会受到 Pareto 前沿分布形状的影响。例如，当 Pareto 前沿分布接近水平或垂直时，ε 支配机制将不能较好地保持非支配解的均匀性。这里考虑一个 2-目标的 ZDT1 测试问题，该测试函数的数学表达式如下：

$$\begin{cases} \min\ f_1(x_1) = x_1 \\ \min\ f_2(x) = g(x)\left(1 - \sqrt{f_1 / g(x)}\right) \\ g(x) = g(x_2, x_3, \ldots, x_m) = 1 + 9 \times \sum_{i=2}^{m} x_i \end{cases} \tag{8.8}$$

式中，$m=30$，$x_i \in [0,1]$。当 $g(x)=1$ 时可以获得 ZDT1 函数的 Pareto 最优前沿。为了测试 ε 支配的性能，这里采用了 Deb 等提出的基于 ε 支配的多目标进化算法 εMOEA。图 8.3 给出了当 $\varepsilon=0.05$ 时，εMOEA 算法在 ZDT1 函数上进行实验获得的近似最优解集。由图 8.3 可知，当 ZDT1 问题的 Pareto 前沿分布接近水平或垂直时，基于 ε 支配的 εMOEA 算法会丢失许多有效解和极端解，从而不能获得较好分布性的解集。

ε 支配关系只是众多新型占优关系的一种，2007 年，Hernández-Díaz 和 Coello Coello 等对 ε

占优机制作出了进一步改进，提出了 Pareto 自适应 ε 占优机制。同时，Brockoff 和 Zitzler 研究了利用局部占优结构进行高维目标的降维，这种占优结构是在最小允许误差下的占优关系。Korudu 等提出模糊占优的概念，利用模糊支配函数为每个占优目标加权，所有的目标加权后求和即为该个体的模糊占优程度。谢承旺等人也提出利用自适应模糊支配来精细化控制种群中的非支配解的比例，以调控进化种群的选择压力。

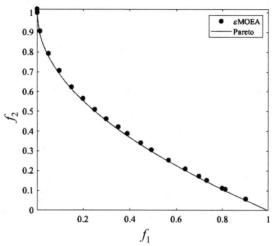

图 8.3　ZDT1 问题的 Pareto 前沿及 εMOEA 非支配解分布情况

8.2.3　多目标优化算法的设计目标

多目标优化问题自身的特点决定了求解多目标优化问题的近似解集的过程也是一个多目标优化问题。一般来说，在设计多目标优化算法时需要注意以下几个方面。

（1）所获得的最优解与 Pareto 最优前沿要尽可能地接近。

（2）所获得的最优解在 Pareto 前沿上要尽可能均匀地分布。

（3）所获得的最优解要尽可能广泛地分布在 Pareto 前沿上。

（4）算法具有较快的收敛速度。

同时满足以上 4 个目标对于任何一个求解多目标优化问题的算法而言都具有挑战性，特别是当多目标优化问题具有无穷多个 Pareto 最优解，并且 Pareto 最优解集在目标空间呈现非凸、分段、不连续或分布不均匀时，已有的一些多目标优化算法在保持所得最优解集的收敛性、均匀性以及分布的广度等方面就很难获得满意的结果。为此，在设计多目标优化算法时如何平衡算法的全局勘探和局部开采行为是算法设计的核心问题，攸关多目标优化算法的收敛性和解集的多样性。

8.2.4　群体智能优化算法基础

群体智能是计算智能和人工智能研究的重要领域之一，它通过模拟生物或物理系统中的集群和涌现行为，借助邻近个体之间简单的交互过程而无须中心控制，实现稳定的、自适应的集群行为。从宏观层面的鸟群、鱼群、蜂群及蚁群等社会动物的集群行为，到微观层面的生物形态生成，都已成为群体智能优化算法研究中模拟的对象。

群体智能的核心思想是若干简单个体构成一个群体，个体间通过合作、竞争、交互和学习等机制表现出高级和复杂的功能。群体智能优化算法在缺少局部信息和模型的情况下，仍然能够完成复杂问题的求解。它的求解过程为对求解变量进行随机初始化，经过迭代求解，计算目标函数的输出值。群体智能优化算法不依赖于梯度信息，对待求解的问题无连续、可导等要求，使得该类算法既能适应连续型数值优化，又能适应离散型组合优化。同时，群体智能优化算法潜在的并行性和分布式特点使其在处理大数据时具有显著优势。因此，群体智能优化算法越来越受到各个领域学者的关注，并已成为一个热门的研究方向。

群体智能优化算法包括了多种范例，如经典的粒子群优化算法、蚁群优化（ant colony optimization，ACO）算法等。近年来，又涌现出了不少新的算法，如头脑风暴优化（brain storm optimization，BSO）算法、烟花算法（fireworks algorithm，FWA）和萤火虫算法等。新的群体智能优化算法为求解多种类型的实际优化问题提供了新的思路和手段。以头脑风暴优化算法为例，这种算法的特点是将群体优化算法和数据挖掘/数据分析的方法进行融合，以数据分析的方法为基础去选择相对较好的解。通过对求解问题大量解的数据进行分析，并根据待求解问题特征与算法优化过程中生成解集的分布情况，建立待求解问题的结构，在待求解问题与算法关联的基础上更好地求解问题。

将最优化问题建模为在解空间上搜索最优值的搜索问题，群体智能优化算法提供启发式信息来指导搜索过程。在搜索过程中，多个个体通过竞争与协作的方式，共同对解空间进行搜索。由于有多个个体同时协作进行搜索，群体智能优化算法具有一种潜在的并行性。与常规的数值解法不同的是，群体智能优化算法对目标函数的性态（单调性、可导性、模态性）几乎没有限制，甚至不需要知道目标函数的表达式，因此群体智能优化算法极大地拓展了可求解优化问题的范围，可以广泛地应用于各种优化问题中，如单目标优化问题、多目标优化问题和高维多目标优化问题等。

群体智能优化算法是理解复杂系统、构建自组织系统以及解决复杂系统优化问题的重要工具。大部分群体智能优化算法简洁有效，并在大量实际优化问题的求解中取得了成功的应用。因此，通过模拟自然界更多、更复杂的群体行为，研发新型、高效的群体智能优化算法在进化计算及人工智能研究中十分重要。

8.3　粒子群优化算法

8.3.1　粒子群优化算法基础

1995 年，Kennedy 和 Eberhart 在一次国际学术会议上正式提出了粒子群优化算法的概念，其算法思想的产生是受到了鸟类捕食行为的启发。科学家在研究鸟类捕食行为时发现，单只的鸟其实并不知道如何寻找食物，也不知道自己距离食物究竟有多远。因此，如果鸟儿能围绕那些距离食物最近的个体的周围进行搜索，则最有可能发现食物，这也是一种最有效的觅食策略。

这种搜索方式是粒子群中个体之间信息共享或相互通信的机制，这也说明，粒子群优化算法中各粒子之间的相互作用是有生物行为基础的。

在粒子群优化算法中，粒子的行为是一种合作共生的行为，每个粒子的搜索行为受到群体中其他粒子搜索行为的影响，同时，粒子记忆自身经历过的最好位置，具备对过去经验的简单学习能力。粒子群优化算法首先生成初始种群，通常的做法是在可行的解空间中随机初始化一定规模的粒子群，每个粒子可视为待优化问题的一个候选的解，并通过目标函数（或适应度函数）为之确定一个适应值。每个粒子在解空间中运动，并由速度决定其下一时刻的运行方向和距离。通常，粒子将追随当前最优的粒子而动，并经过逐代的搜索最后逼近最优解。在每一次迭代中，粒子将跟踪两个最优值：一个是粒子自身经历过的最优值 pbest；另一个是种群迄今找到的最优解 gbest。

粒子群优化算法中，将每个粒子视为 D 维解空间中的一点，并且都具有一个速度（D 维的矢量）。对于第 i 个粒子，它的位置可表示为 $x_i = (x_{i1}, x_{i2}, \ldots, x_{iD})$，$i = 1, 2, \ldots, N$，其中 N 为种群的规模。每个粒子根据自身的飞行经验 pbest 和群体的飞行经验 gbest 来确定自身的飞行速度，调整自己的飞行轨迹，并向最佳位置靠拢。各粒子基于目标函数（或适应度函数）评估适应值，根据个体适应值评价个体的优劣。粒子根据式（8.9）更新自身的速度，按照式（8.10）更新自身的位置。

$$v_i(t+1) = \omega \cdot v_i(t) + c_1 r_1 (\text{pbest}_i - x_i(t)) + c_2 r_2 (\text{gbest}_i - x_i(t)) \qquad (8.9)$$

$$x_i(t+1) = x_i(t) + v_i(t+1) \qquad (8.10)$$

在式（8.9）中，粒子的飞行轨迹由 3 个部分组成：第 1 部分为粒子的运动惯性，包含了粒子本身原有速度 $v_i(t)$ 信息；第 2 部分为"认知部分"，这部分考虑了粒子自身的经验，并通过与自己经历的最优位置 pbest 的距离来反映；第 3 部分是"社会部分"，表示粒子之间的社会信息共享，通过与群体最好位置 gbest 的距离来反映。其中参数 r_1、r_2 为区间[0, 1]内均匀分布的随机数；ω、c_1、c_2 是控制这 3 个部分的权重，其中 ω 为惯性权重，c_1 和 c_2 为学习因子。

由式（8.9）可知，粒子在飞行过程中需要跟踪两个最优解（极值），即自身极值 pbest 和全局极值 gbest，这种类型的粒子群优化算法为全局最优粒子群优化算法，其拓扑结构如图 8.4（a）所示。另一种类型的粒子群优化算法为局部最优粒子群优化算法，是指粒子除了追随自身极值 pbest 外，不跟踪全局极值 gbest，而是追随拓扑邻近粒子中的局部极值 lbest，其拓扑结构如图 8.4（b）所示。

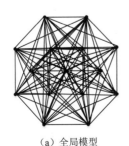

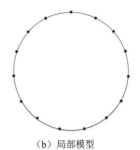

（a）全局模型 （b）局部模型

图 8.4 两类粒子群优化算法的拓扑结构

8.3.2　全局最优粒子群优化算法

在全局最优粒子群优化算法中，每个粒子的邻域都是整个种群，因此，其速度更新中的社会部分反映了整个种群中所有粒子的信息。在这种情况下，社会信息是种群迄今发现的最优位置 gbest。假设在一个 D 维的搜索空间中，$v_{ij}(t)$ 是粒子 i 在 t 时刻第 j 维上的速度，$j = 1, 2, ..., D$，$x_{ij}(t)$ 是粒子 i 在 t 时刻第 j 维上的位置，c_1 和 c_2 是正的学习因子，分别用来度量认知部分和社会部分对速度更新的贡献。$r_{1j}(t)$ 和 $r_{2j}(t)$ 服从 $U(0,1)$ 分布，即两者都是从区间 $[0,1]$ 内均匀取值的随机数，这些随机数将不确定性因素引入到算法中。对于全局最优粒子群优化算法，粒子 i 的速度由式（8.11）计算。

$$v_{ij}(t+1) = v_{ij}(t) + c_1 r_{1j}(t)[\text{pbest}_{ij}(t) - x_{ij}(t)] + c_2 r_{2j}(t)[\text{gbest}_j(t) - x_{ij}(t)] \tag{8.11}$$

个体最优位置 pbest_i 是第 i 个粒子从开始到迄今经历过的最佳位置。以最小化问题为例，个体 i 在 $t+1$ 时刻的个体最优位置由式（8.12）计算。

$$\text{pbest}_i(t+1) = \begin{cases} \text{pbest}_i(t), & \text{如果 } f(x_i(t+1)) \geqslant f(\text{pbest}_i(t)) \\ x_i(t+1), & \text{如果 } f(x_i(t+1)) < f(\text{pbest}_i(t)) \end{cases} \tag{8.12}$$

式中，$f: \mathbf{R}^D \to \mathbf{R}$ 是适应度函数，它度量了候选解与最优解之间的距离，也就是衡量了一个粒子或者一个候选解的性能或质量。

算法 8.1 给出了全局最优粒子群优化算法的伪代码。在算法 8.1 中，$\text{Pop}.x_i$ 表示群体 Pop 中第 i 个粒子的位置；$T_{\max}$ 表示最大的迭代次数。

算法 8.1　全局最优粒子群优化算法

```
1. 随机初始化一个规模为 N 的粒子群 Pop(0)，并置进化代数 t = 0
2. WHILE ( t < T_max)
3.    FOR (i =0; i < N; i ++)                //设置个体最优位置
4.       IF  (f(Pop.x_i)<f(Pop.pbest_i))
5.            Pop.pbest_i=Pop.x_i
6.       END IF
7.       IF  (f(Pop.pbest_i)<f(Pop.gbest_i))   //设置全局最优位置
8.            Pop.gbest=Pop.pbest_i
9.       END IF
10.   END FOR
11.   FOR (i =0; i < N; i ++)
12.      利用式（8.11）更新速度
13.      利用式（8.10）更新位置
13.   END FOR
14. END WHILE
```

8.3.3 局部最优粒子群优化算法

局部最优粒子群优化算法使用了一个环形的网络拓扑结构［图 8.4（b）］，相对于全局最优粒子群优化算法，局部最优粒子群优化算法中每个粒子的邻居更少，其速度更新公式中的社会部分代表了邻居之间的信息交互，反映了局部的环境信息。在速度公式中，社会部分的贡献与粒子目前的位置与邻域最优位置之间的距离成正比。式（8.13）给出了局部最优粒子群优化算法的速度更新公式。

$$v_{ij}(t+1) = v_{ij}(t) + c_1 r_{1j}(t)[\text{pbest}_{ij}(t) - x_{ij}(t)] + c_2 r_{2j}(t)[\text{lbest}_{ij}(t) - x_{ij}(t)] \qquad (8.13)$$

式中，lbest_{ij} 是粒子 i 的所有邻居在第 j 维上搜索到的最优位置。局部最优位置 lbest_i 就是在粒子 i 的邻域 $\aleph_i$ 中发现的最优位置，其定义如下（以最小优化问题为例）：

$$\text{lbest}_i(t+1) \in \{\aleph_i \mid f(\text{lbest}_i(t+1)) = \min\{f(x), \ \forall x \in \aleph_i\}\} \qquad (8.14)$$

算法 8.2 给出了局部最优粒子群优化算法的伪代码。在算法 8.2 中，$\text{Pop.}x_i$ 表示群体 Pop 中第 i 个粒子的位置；$T_{\max}$ 表示最大的迭代次数。

算法 8.2　局部最优粒子群优化算法

```
1. 随机初始化一个规模为 N 的粒子群 Pop(0)，并置进化代数 t = 0
2. WHILE ( t < T_max)
3.     FOR (i =0; i < N; i ++)                 //设置个体最优位置
4.         IF  (f(Pop.x_i)<f(Pop.pbest_i))
5.             Pop.pbest_i=Pop.x_i
6.         END IF
7.         IF  (f(Pop.pbest_i)<f(Pop.lbest_i))     //设置邻域最优位置
8.             Pop.lbest=Pop.pbest_i
9.         END IF
10.    END FOR
11.    FOR (i =0; i < N; i ++)
12.        利用式(8.13)更新速度
13.        利用式(8.10)更新位置
13.    END FOR
14. END WHILE
```

8.3.4 粒子群优化算法的应用

粒子群优化算法最初主要应用于连续函数的优化及神经网络的训练。实践证明，多数情况下使用粒子群优化算法进行神经网络训练能够获得比反向传播算法更好的结果。在组合优化领域，研究者根据优化问题的特征对算法迭代方式进行相应的调整，已成功将粒子群优化算法应用于车间调度、旅行商、整数规划等问题中。在医疗领域，粒子群优化算法也被用于分析人类帕金森综合征数据。在通信领域，粒子群优化算法被成功应用在路由规划和基站布置与优化问题中。在生物医学领域，粒子群优化算法被成功应用于生物医学图像配准或图像数据的几何排列、基因分类等问题中。在计算机领域，粒子群优化算法在数据分类、图像处理以及任务分配问题中均取得了有效的应用。除了以上领域外，粒子群优化算法在同步发电机辨识、多目标优化、动态优化、聚类分析、游戏学习训练、生物信号检测与识别、新产品投入、目标检测以及广告优化等领域的应用均取得了一定的成果。目前，对于遗传算法能够应用的领域，粒子群优化算法基本上都可以应用。随着算法理论的不断完善，应用领域的拓展已成为粒子群优化算法研究领域的热点之一。

8.4　蚁群优化算法

8.4.1　蚁群优化算法的基本思想

1992 年，意大利学者 M.Dorigo 等提出了第 1 个蚁群优化算法——蚂蚁系统。蚁群优化算法是通过模拟真实蚁群觅食过程寻找最短路径的原理实现的。科学家研究发现：蚁群中个体之间以及个体与环境之间的信息传递（信息共享）大部分是依赖于蚂蚁产生的化学物质进行的，这种化学物质通常称为信息素。蚂蚁在运动过程中能够在它所经过的路径上留下信息素，而且它也能够感知信息素的强度。一条路径上的信息素浓度越高，则其他蚂蚁选择该条路径的概率越大，从而该条路径上的信息素量会不断地增强。因此，由大量蚂蚁组成的蚁群的集体行为便表现出一种信息正反馈现象。蚂蚁个体之间就是通过这种间接的通信机制协同地搜索蚁巢到食物源之间的最短路径的。

接下来利用 M.Dorigo 所使用的简单例子来说明蚁群觅食的原理，如图 8.5 所示。

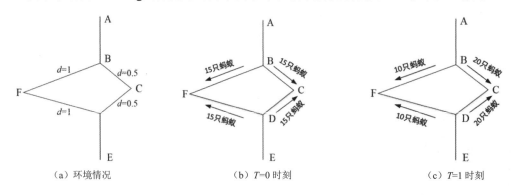

（a）环境情况　　　　　　（b）T=0 时刻　　　　　　（c）T=1 时刻

图 8.5　蚂蚁觅食行为示意图

A 点为蚁巢，E 点为食物源，A→B→C→D→E 和 A→B→F→D→E 分别为蚁巢与食物源之间的两条路径，各点之间的距离见图 8.5（a）。假设每个单位时间各有 30 只蚂蚁离开蚁巢和食物源，每只蚂蚁均以单位时间行走一个单元长度的速度往返于蚁巢和食物源之间。在图 8.5（b）中，假设 T=0 时有 30 只蚂蚁分别位于 B 点和 D 点，由于此时路径上没有信息素，这些蚂蚁将以相同的概率选择两条路径中的任意一条，因此在 B、D 点各自有 15 只蚂蚁选择往 C 点移动，其余 15 只蚂蚁则选择往 F 点移动。当 $T=1$ 时，由于路径 B→C→D 为一个单位长度，因此有 30 只蚂蚁经过，而路径 B→F→D 是两个单位长度，因此只有 15 只蚂蚁经过。假设蚂蚁在每段路径上释放的信息素量是相同的，则 B→C→D 路径上的信息素浓度是 B→F→D 路径上的两倍。此时，又分别有 30 只蚂蚁离开 B 点和 D 点，于是根据路径上的信息素浓度，在 B 点和 D 点上各有 20 只蚂蚁选择往 C 点移动，另外有 10 只蚂蚁选择往 F 点移动，这样就会有更多的信息素留在路径 B→C→D 上。重复这一过程，较短的路径 B→C→D 上的信息素浓度将会以更快的速度增长，越来越多的蚂蚁会选择这条路径。

由上面的示例可知，蚂蚁觅食行为的基本规律是：路径越短，沿路释放的信息素就越多；路径上信息素浓度越大，被选中的概率就越大。这样一来，蚁群并不需要知晓整个解空间的知识，而只是利用信息素这种局部的知识也能搜索出最短路径，这就是蚁群利用信息素实现协同工作的原理。

蚁群中蚂蚁按照信息素和待解问题的相关知识在解空间中移动以获得问题的答案。可以将蚂蚁释放的信息素视为一种分布式的记忆成分，这种记忆不是局部存留在单只蚂蚁中，而是全局地分布于整个问题空间中。当蚂蚁在问题的解空间中移动时，它们会沿路留下信息素的踪迹，这些踪迹反映了蚂蚁在问题的解空间中搜索的经历。从这个角度来看，信息素在蚁群各个体的协作和通信中起到了一种间接媒介的作用。蚂蚁在解空间中移动的过程就是构造问题的解的过程。一般地，蚂蚁会根据找到的解的质量在其路径上留下相应浓度的信息素，而蚁群中其他的蚂蚁会循着信息素浓度高的路径移动。同样地，这些蚂蚁也将在这段路径上留下自己的信息素，这种机制有利于引导算法发现更高质量的解。

随着时间的推移，作为一种特殊化学物质的信息素将不断挥发，这种挥发机制实际上有利于驱使蚂蚁个体在问题的解空间中探索新的区域，避免蚁群过早地聚集于局部最优解。另外，蚁群中的蚂蚁也会犯错误，这些蚂蚁会按照一定的概率不往信息素浓度高的路径移动，而是另辟蹊径。可以将这种行为理解为一种扰动或创新，如果这种扰动或创新能发现更短的路径，那么根据上述原理，将会有更多的蚂蚁被吸引过来，从而有利于算法收敛到全局最优解。

8.4.2　蚁群优化算法与旅行商问题

本小节对蚁群优化算法的基本思想进行描述，并利用其来求解旅行商问题以加深读者对蚁群优化算法的理解。不失一般性，设蚁群中蚂蚁的数量为 m，城市的数量为 n，城市 i 和城市 j 之间的距离为 $d_{ij}(i,j=1,2,\ldots,n)$，t 时刻城市 i 与城市 j 之间连接路径上的信息素浓度为 $\rho_{ij}(t)$。初始时刻，各个城市之间连接路径上的信息素浓度相同，不妨设为 $\rho_{ij}(0)=\rho_0$。

蚂蚁 $k(k=1,2,\ldots,m)$ 根据各个城市之间连接路径上的信息素浓度决定其下一个访问城市，设 $P_{ij}^k(t)$ 表示 t 时刻蚂蚁 k 从城市 i 移动到城市 j 的概率，其计算公式为

$$P_{ij}^k = \begin{cases} \dfrac{[\rho_{ij}(t)]^{\alpha}[\theta_{ij}(t)]^{\beta}}{\displaystyle\sum_{s\in\text{visiting}_k}[\rho_{is}(t)]^{\alpha}[\theta_{is}(t)]^{\beta}}, & s\in\text{visiting}_k \\ 0, & s\notin\text{visiting}_k \end{cases} \tag{8.15}$$

式中，$\theta_{ij}(t)$ 为启发式函数，$\theta_{ij}(t) = \dfrac{1}{d_{ij}}$，表示蚂蚁从城市 i 移动到城市 j 的期望程度；visiting_k ($k = 1,2,\dots,m$)为蚂蚁 k 待访问的城市的集合，开始时，visiting_k 中有 $n-1$ 个城市，即包含了除蚂蚁 k 出发城市以外的其他所有城市，随着蚂蚁 k 的移动，visiting_k 中的元素不断减少，直至集合为空，即所有城市遍历完毕；参数 α 为信息素重要程度因子，α 值越大，则表示信息素的浓度在蚂蚁移动中所起的作用越大；β 为启发式函数重要程度因子，β 值越大，则表示启发式函数在蚂蚁移动中所起的作用越大，即蚂蚁会以较大的概率转移到距离短的城市。

正如上文提到，在蚂蚁释放信息素的同时，路径上的信息素会随着时间的推移而不断挥发。设参数 τ ($0 < \tau < 1$)表示信息素挥发的程度，当所有蚂蚁完成一次循环后，各个城市之间连接路径上的信息素浓度需要适时更新，即

$$\begin{cases} \rho_{ij}(t+1) = (1-\tau)\rho_{ij}(t) + \Delta\rho_{ij}, \ 0 < \tau < 1 \\ \Delta\rho_{ij} = \sum_{k=1}^{n} \Delta\rho_{ij}^{k} \end{cases} \quad (8.16)$$

式中，$\Delta\rho_{ij}^{k}$ 表示第 k 只蚂蚁在城市 i 和城市 j 之间连接路径上释放的信息素浓度；$\Delta\rho_{ij}$ 表示所有蚂蚁在城市 i 和城市 j 之间连接路径上释放的信息素浓度之和。

信息素的释放是蚁群优化算法中的一个重要的问题，蚁群优化算法的发明者 M.Dorigo 等曾给出了 3 种不同的模型，分别称为 ant cycle system、ant quantity system 和 ant density system，这 3 种模型的计算方法如下。

1. ant cycle system 模型

在 ant cycle system 模型中，$\Delta\rho_{ij}^{k}$ 的计算公式如下：

$$\Delta\rho_{ij}^{k} = \begin{cases} C/L_k, & \text{第}k\text{只蚂蚁从城市}i\text{移动到城市}j \\ 0, & \text{其他} \end{cases} \quad (8.17)$$

式中，C 为一个常数，表示蚂蚁循环一次所释放的信息素总量；L_k 为第 k 只蚂蚁经过路径的长度。

2. ant quantity system 模型

在 ant quantity system 模型中，$\Delta\rho_{ij}^{k}$ 的计算公式如下：

$$\Delta\rho_{ij}^{k} = \begin{cases} C/d_{ij}, & \text{第}k\text{只蚂蚁从城市}i\text{移动到城市}j \\ 0, & \text{其他} \end{cases} \quad (8.18)$$

3. ant density system 模型

在 ant density system 模型中，$\Delta\rho_{ij}^{k}$ 的计算公式如下：

$$\Delta\rho_{ij}^{k} = \begin{cases} C, & \text{第}k\text{只蚂蚁从城市}i\text{移动到城市}j \\ 0, & \text{其他} \end{cases} \quad (8.19)$$

在上述 3 种模型中，ant cycle system 模型利用蚂蚁经过路径的整体信息（经过路径的总长）

计算释放的信息素浓度；ant quantity system 模型利用蚂蚁经过路径的局部信息（经过各个城市之间的距离）计算释放的信息素浓度；ant density system 模型则简单地将信息素释放的浓度取恒值，而并未考虑不同蚂蚁经过路径长短的影响。基于以上 3 种计算模型的特点，一般选用 ant cycle system 模型计算释放的信息素浓度，即蚂蚁经过的路径越短，释放的信息素浓度越高。

算法 8.3 给出了蚁群优化算法求解旅行商问题的步骤。

算法 8.3

1. 初始化参数，如蚁群规模 m、信息素重要程度因子 α、启发式函数重要程度因子 β、信息素挥发因子 τ、信息素释放总量 C、最大迭代次数 Tmax，并设迭代计数器 t =0
2. WHILE(t≤Tmax)
3. 将蚁群中的每只蚂蚁随机地置于不同的出发点，对每只蚂蚁 k(k =1,2,…,m)，按照式（8.15）计算其下一个待访问的城市，直至所有蚂蚁访问完所有的城市
4. 计算每只蚂蚁经过的路径长度 L_k(k=1,2,…,m)，记录当前次迭代中的最优解（最短路径）。同时，根据式（8.16）和式（8.17）对各个城市之间连接路径上的信息素浓度进行更新
5. t = t +1
6. END WHILE
7. 输出最优解

图 8.6 以旅行商问题为求解对象，给出了基本蚁群优化算法的流程图。

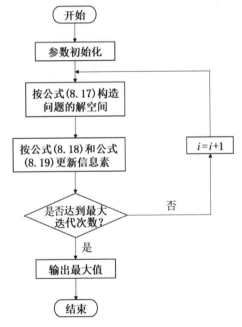

图 8.6　基本蚁群优化算法的流程图

8.4.3　蚁群优化算法的特点

可从蚁群优化算法的基本思想及其解决旅行商问题的基本原理中总结出蚁群优化算法不同于其他优化算法的一些特点。

（1）蚂蚁在觅食过程中能够找到最短路径直接依赖于最短路径上信息素的积累，而信息素的积累是一个正反馈的过程，这种反馈方式是在较优解经过的路径上留下更多的信息素，更多的信息素又会吸引更多的蚂蚁。这种正反馈机制使得搜索过程不断收敛，最终逼近最优解。

（2）蚁群中每个个体可以通过释放信息素来改变周围的环境，而且每个个体能够感知周围环境的实时变化，个体之间可以通过环境进行间接通信。

（3）蚂蚁的觅食行为体现了群体行为的分布式特征。蚁群中的个体在问题的解空间中多点同时开始搜索，而整个问题的求解则不会因为某只蚂蚁的失败而无法成功。这种多个个体同时进行的并行计算，大大提高了算法的计算能力和运行效率。

（4）蚁群优化算法采用启发式的概率搜索方式，不容易陷入局部最优解，并且易于找到问题的全局最优解。

8.4.4　蚁群优化算法的应用

随着蚁群优化算法的不断发展，研究者尝试将其用于各种优化问题的求解，并取得了大量的研究成果。蚁群优化算法最早被应用于求解旅行商问题，虽然蚁群优化算法并不是旅行商问题的最佳解决方法，但它为组合优化问题提供了新的思路，并很快被应用到其他组合优化问题，如车辆路由问题、二次分配问题、频率分配问题、图着色、集合覆盖、最短公共超序列问题等。到目前为止，蚁群优化算法已经成为求解二次分配问题性能较好的算法。蚁群优化算法在网络路由优化中也取得了一定的应用成果，如高动态网络中的路由问题也可能是蚁群优化算法大有可为的新领域。蚁群优化算法还在故障诊断、控制参数优化、参数辨识、数据挖掘、图像处理、生命科学和岩土工程等诸多领域的问题中取得了较好的成果。此外，蚁群优化算法也被应用于生物医学大数据处理，如人类基因组上有数百万个突变位点，考虑突变位点之间对于人类复杂表型或复杂疾病的关联关系，尤其是多个位点的联合效应时，将导致组合空间爆炸的现象，蚁群优化算法也被应用于求解该问题。

8.5　课后习题

1. 运用粒子群优化算法求解下列最小化函数。

Sphere 函数：　　　$f(x_1, x_2, \ldots, x_n) = \sum_{i=1}^{n} x_i^2$，$-5.12 \leqslant x_i \leqslant 5.12$，$i = 1, 2, \ldots, n$

2. 运用蚁群优化算法求解下列最小化函数。

Step 函数：　　　$f(x_1, x_2, \cdots, x_n) = 6n + \sum_{i=1}^{n} \lfloor x_i \rfloor$，$-5.12 \leqslant x_i \leqslant 5.12$，$i = 1, 2, \ldots, n$

3. 分别运用粒子群优化算法和蚁群优化算法求解下列最小化函数。

Rastrigin 函数：$f(x_1, x_2, \cdots, x_n) = \sum_{i=1}^{n} [x_i^2 - 10\cos(2\pi x_i) + 10]$，$-5.12 \leqslant x_i \leqslant 5.12$，$i = 1, 2, \ldots, n$

第 9 章 算法竞赛真题自测与解析

9.1 算法竞赛真题自测

9.1.1 分考场——相识分地考

【题目描述】

n 个考生参加某项特殊考试。

为了公平，要求任意两个认识的考生不能分在同一个考场。

求最少需要分几个考场才能满足条件。

【输入格式】

第 1 行输入一个整数 $n(1 \leqslant n \leqslant 100)$，表示参加考试的考生人数。

第 2 行输入一个整数 m，表示接下来有 m 行数据。

以下 m 行每行的格式为：两个整数，即 a 和 $b(1 \leqslant a,b \leqslant n)$，用空格分开，表示第 a 个考生与第 b 个考生认识。

【输出格式】

输出一行，一个整数，表示最少分几个考场。

【输入/输出样例】

输入样例	输出样例
5 8 1 2 1 3 1 4 2 3 2 4 2 5 3 4 4 5	4

【评测用例规模与约定】

最大运行时间：1s。

最大运行内存：256MB。

题目来源：蓝桥杯全国软件和信息技术专业人才大赛 2017 年国赛真题。

9.1.2　七段码——牵手发光才有意义

【题目描述】

小蓝要用七段码数码管来表示一种特殊的文字。

图 9.1 给出了七段码数码管的一个图示，数码管中一共有 7 段可以发光的二极管，分别标记为 a、b、c、d、e、f、g。

小蓝要选择一部分二极管（至少要有一个）发光来表达字符。在设计字符的表达时，要求所有发光的二极管是连成一片的。

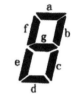

图 9.1　七段码数码管的一个图示

例如，b 发光，其他二极管不发光可以用来表达一种字符；c 发光，其他二极管不发光可以用来表达一种字符。第 2 种方案与第 1 种方案可以用来表达不同的字符，尽管看上去比较相似。

例如，a、b、c、d、e 发光，f、g 不发光可以用来表达一种字符；b、f 发光，其他二极管不发光则不能用来表达一种字符，因为发光的二极管没有连成一片。

请问小蓝可以用七段码数码管表达多少种不同的字符？

【输出格式】

这是一道结果填空题，只需算出结果后提交即可。本题的结果为一个整数，在提交答案时只输出这个整数，输出多余的内容将无法得分。

题目来源：蓝桥杯全国软件和信息技术专业人才大赛 2020 年省赛真题。

9.1.3　巧克力——保质健康最划算

【题目描述】

小蓝很喜欢吃巧克力，他每天都要吃一块巧克力。

有一天，小蓝到超市想买一些巧克力。超市的货架上有很多种巧克力，每种巧克力有自己的价格、数量和剩余的保质期天数，小蓝只吃没过保质期的巧克力，请问小蓝最少花多少钱能买到让自己吃 x 天的巧克力？

【输入格式】

输入的第 1 行包含两个整数 x 和 n，分别表示吃巧克力的天数和巧克力的种类数。接下来的 n 行描述货架上的巧克力，其中第 i 行包含 3 个整数 a_i、b_i、c_i，a_i 表示第 i 种巧克力的单价，b_i 表示巧克力剩余的保质期天数，c_i 表示巧克力的数量。

【输出格式】

输出一个整数表示小蓝的最少花费。如果不存在让小蓝吃 x 天的购买方案，则输出-1。

【输入/输出样例】

输入样例	输出样例
10 3	18
1 6 5	
2 7 3	
3 10 10	

一种最佳的方案是第 1 种买 5 块，第 2 种买 2 块，第 3 种买 3 块。前 5 天吃第 1 种，第 6 天和第 7 天吃第 2 种，第 8～10 天吃第 3 种。

【评测用例规模与约定】

对于 30% 的评测用例，$n, x \leqslant 1000$；对于所有评测用例，$1 \leqslant n \leqslant 100000, 1 \leqslant a_i, b_i, c_i \leqslant 10^9$。

题目来源： 蓝桥杯全国软件和信息技术专业人才大赛 2021 年国赛真题。

9.1.4　回路计数——尽数游历回起点

【题目描述】

蓝桥学院由 21 栋教学楼组成，教学楼编号为 1～21。对于两栋教学楼 a 和 b，当 a 和 b 互质时，a 和 b 之间有一条走廊直接相连，两个方向皆可通行，否则没有直接连接的走廊。

小蓝现在在第 1 栋教学楼，他想要访问每栋教学楼各一次，最终回到第 1 栋教学楼（走一条哈密顿回路），请问他有多少种不同的访问方案？

两种访问方案不同是指存在某个 i，小蓝在两种访问方案中访问完教学楼 i 后访问了不同的教学楼。

【输出格式】

这是一道结果填空题，只需算出结果后提交即可。本题的结果为一个整数，在提交答案时只输出这个整数，输出多余的内容将无法得分。

【运行限制】

最大运行时间：1s。

最大运行内存：128MB。

题目来源： 蓝桥杯全国软件和信息技术专业人才大赛 2021 年省赛真题。

9.1.5　汉诺塔——耐心枚举分奇偶找规律

【题目描述】

1, 2, ..., n 表示 n 个盘子，数字大盘子就大，n 个盘子放在第 1 根柱子上，大盘子不能放在小盘子上，在第 1 根柱子上的盘子是 $a[1], a[2], ..., a[n]$。$a[1]=n, a[2]=n-1, ..., a[n]=1$，即 $a[1]$ 是最下面的盘子。

把 n 个盘子移动到第 3 根柱子上，每次只能移动一个盘子，并且大盘子不能放在小盘子上，

请问第 m 次移动的是哪一个盘子,是从哪根柱子移动到了哪根柱子上?例如,$n=3$,$m=2$,那么答案是 2 1 2,即移动的是 2 号盘子,从第 1 根柱子移动到了第 2 根柱子上。

【输入格式】

第 1 行是整数 T,表示有 $T(1 \leq T \leq 200000)$ 组数据,下面有 T 行,每行两个整数,即 n 和 $m(1 \leq n \leq 63, 1 \leq m \leq 2n-1)$。

【输出格式】

输出第 m 次移动的盘子的号数和柱子的号数。

【输入/输出样例】

输入样例	输出样例
4	2 1 2
3 2	1 2 1
4 5	2 2 3
39 183251937942	2 2 3
63 3074457345618258570	

题目来源: 华东交通大学 2008 年程序设计竞赛。

9.1.6 奇数阶魔方——数字揭秘

【题目描述】

将 1, 2, 3, …,n^2 这 n^2 个数排成方阵,每行每列每条对角线上的 n 个数字之和 s 相等,$s=n(n^2+1)/2$。

【输入格式】

输入一个奇数 n,$3 \leq n \leq 21$。

【输出格式】

输出 n 阶方阵,每个数字占 4 列,右对齐。

【输入/输出样例】

输入样例	输出样例						
7	22	47	16	41	10	35	4
	5	23	48	17	42	11	29
	30	6	24	49	18	36	12
	13	31	7	25	43	19	37
	38	14	32	1	26	44	20
	21	39	8	33	2	27	45
	46	15	40	9	34	3	28

题目来源: 华东交通大学 2008 年程序设计竞赛。

9.1.7　一只迷失的羊驼——想要逃离

【题目描述】

一只羊驼与羊群走散，在慌乱中进入了猎人的迷宫陷阱，猎人在这个 $n×m$ 的迷宫陷阱内布置了大量的捕兽夹，但为了自己能出来，猎人留了一条自己能出去的路。假设出口位于 (x,y)，羊驼目前位于 (a,b)。现用二维平面描述 $n×m$ 的迷宫，用 0 表示没有捕兽夹，1 表示有捕兽夹。羊驼只能向上、下、左、右 4 个方向移动，并且不能移到放有捕兽夹的位置或移出边界。

请计算出羊驼目前的位置到达出口的最短距离，从而逃出猎人的迷宫陷阱。

【输入格式】

第 1 行输入 n 和 $m(1≤n, m≤100)$，用空格隔开。

第 2 行输入 a、b、x 和 y（a 和 x 表示第几行，b 和 y 表示第几列），用空格隔开。

接下来 n 行，每行 m 个整数，表示 $n×m$ 的区域。

【输出格式】

输出占一行，表示羊驼目前距离出口且不触碰捕兽夹的最短安全距离。

【输入/输出样例】

输入样例	输出样例
5 5 2 1 4 5 0 1 0 0 0 0 1 0 1 0 0 0 0 0 0 0 1 1 1 0 0 0 0 1 0	6

题目来源：华东交通大学 2022 年程序设计竞赛。

9.1.8　糖果店——知识拓展

【题目描述】

小张和小李是一对亲密无间的朋友，他们都非常喜欢吃糖果。这一天，他们来到了糖果店购买糖果，糖果店中从左到右摆放着 n 种糖果，第 i 种糖果有一个美味值 $a[i]$。小张和小李有一个非常奇怪的爱好，他们总是会购买美味值最低的和美味值最高的糖果。除此之外，小张购买时必定会挑选摆放在一起的糖果，小李却没有这个限制。请问小张和小李分别有几种不同的购买方式。

【输入格式】

第 1 行输入数字 t，表示接下来将输入 t $(t≤10)$ 组数据。

对于每组数据，会输入两行。

第 1 行输入数字 n，表示糖果店中有 n 种糖果（$n \leq 100000$）。

第 2 行输入 n 个数字，每个数字都小于等于 100000。第 i 个数字表示第 i 种糖果的美味值。

【输出格式】

分别输出小张和小李购买方式的数目。

【输入/输出样例】

输入样例	输出样例
2	1 2
3	3 6
1 2 3	
4	
1 4 3 4	

题目来源：华东交通大学 2020 年程序设计竞赛。

【提示】

第 1 组数据有 3 种糖果，美味值最大为 3、最小为 1，小张可以选择购买第 1～3 种糖果，小李可以购买第 1 种和第 3 种糖果或者第 1～3 种糖果，因此答案分别是 1 和 2。

第 2 组数据有 4 种糖果，美味值最大为 4、最小为 1，小张可以选择购买第 1 种和第 2 种，第 1～3 种或第 1～4 种糖果。小李可以购买第 1 种和第 2 种，第 1～3 种，第 1 种、第 2 种和第 4 种，第 1 种和第 4 种，第 1 种、第 3 种和第 4 种或第 1～4 种糖果，因此答案分别是 3 和 6。

9.2 算法竞赛真题解析

9.2.1 分考场解析

【解题要点】

（1）决策类型的搜索，使用深度优先搜索算法进行决策搜索。

（2）两个考生之间的认识关系可以使用邻接矩阵进行存储，如果认识，加一条无向边即可。

（3）深度优先搜索算法枚举的是每个考生检查现存的每一个考场，此考生依次尝试加入现存的考场，也可尝试新开一个考场加入，还需考虑剪枝优化。

【详细解析】

n 个考生参加考试，任意两个认识的考生不能分在同一个考场，求最少需要几个考场。该题看似简单，可以采用深度优先搜索算法求解，但对于初学者而言，从问题分析到数据结构设计，再到深度优先搜索函数的实现都存在一定的挑战。

首先将问题分为两个层面来看：第 1 个层面是把所有考生都合法安排进考场，所谓合法，就是每个考场中不存在互相认识的两个考生，那么要安排所有考生参加考试，会有很多种方案，每种方案有相对的考场数量 cnt；第 2 个层面就是从所有的方案中找出哪种方案的考场数量最少。因此，首先可以采用深度优先搜索算法把所有方案都列举出来，然后保留具有最少考场数量的方案即可。

本题核心是设计深度优先搜索算法，先设计数据结构，然后给出必要的功能函数，接着按部就班地给出深度优先搜索算法的递归情形，最后将递归的结束条件部分写完整，并考虑剪枝。

（1）定义以下变量。

ans：考场数量，最终的解答。

q：vector 数组，表示每个考场中有哪些考生在考试，以及每个考场的考生人数，q[i][p]表示第 i 个考场的第 p 个考生，q[i].size()表示第 i 个考场现在有 q[i].size()个考生。

g：一个二维数组，表示邻接矩阵，g[i][j]=true 表示考生 i 和考生 j 互相认识。

定义检验函数 bool check(int i,int examinee)：当考生 examinee 想加入第 i 个考场时，判断第 i 个考场是否允许考生加入。如果允许，则返回 true；如果不允许，则返回 false。判断的依据是：如果 examinee 与第 i 个考场里的所有考生都不认识，则可以尝试加入，返回 true；如果 examinee 与第 i 个考场里的任何一个考生认识，则不可以进入第 i 个考场，返回 false。

```
bool check(int i,int examinee)
{
    int len = q[i].size();    //第 i 个考场现在有 len 个考生
    for(int p=0;p < len;p++)
    {   //第 i 个考场里的第 p 个考生是 q[i][p]，这个考生与考生 examinee 认识就返回 false
        if(g[examinee][q[i][p]]) return false;
    }
    return true;              //第 i 个考场里的所有考生与考生 examinee 都不认识，返回 true
}
```

（2）深度优先搜索函数 dfs(now,cnt)的设计：在已经开设了 cnt 个考场的情况下，对于第 now 个考生来说，可以分为两种情况。第 1 种情况是当前考生加入某个已经开设的考场，即当前考生 now 可能进入前 cnt 个考场中的某一个；第 2 种情况是可能新开设第 cnt+1 个考场，让考生 now 加入新考场。

对于第 1 种情况，对已经开设的每个考场，都用 check()函数检验考生 now 是否可以加入，如果可以，就将考生 now 安排进去，然后继续深度搜索下一个考生 now+1，此时总的考场数量仍然是 cnt，即 dfs(now+1,cnt)，这里要对每个考场尝试，需要使用 for 循环。

```
for(int p=0;p<=cnt;p++)
{   //第 1 种情况：考生 now 进入已经开设的 cnt 个考场中的一个
    if(check(p,now))
    {   //考生 now 尝试进入考场 p，继续深度搜索
        q[p].push_back(now);
        dfs(now+1,cnt);            //搜索下一个考生
        q[p].pop_back();          //回退恢复，考生 now 不进入此考场
    }
}
```

对于第 2 种情况，新开设第 cnt+1 个考场，继续深度搜索下一个考生 now+1，此时考场数量是 now+1，即 dfs(now+1,cnt+1)。

```
                //第 2 种情况：为考生 now 开设新考场
        q[cnt+1].push_back(now);              //考生 now 进入新考场 cnt+1
        dfs(now+1,cnt+1);                     //搜索下一个考生 now+1，考场数量为 cnt+1
        q[cnt+1].pop_back();                  //回退恢复，考生 now 不进入此考场
```

对于每种情况，在深度搜索下一个考生之前，先尝试把当前考生 now 安排进允许的考场 p 或 cnt+1，就有 q[p].push_back(now)操作或 q[cnt+1].push_back(now)操作；深度搜索完下一个考生后，回到此层时，需要取消 now 的该尝试，也就是为第 now 个考生后面尝试加入其他考场做准备，就必须有回退操作，即 q[p].pop_back()和 q[cnt+1].pop_back()。

现在来考虑深度优先搜索算法的结束条件，当全部 n 个考生都考虑完，也就是搜索到 now==n+1 时，当前这轮的 cnt 是一种可行安排方案下的考场数量，但未必是最少的考场数量，每次深度搜索到 n+1，都用 ans=min(ans,cnt)记录下最少的考场数量。

```
if(now==n+1)
{
    ans=min(ans,cnt);              //以少的考场数量更新答案 ans
    return;
}
```

（3）剪枝函数的设计：在当前方案的搜索过程中，也就是在尚未深度搜索完时，如果 cnt 考场数量已经比之前某种方案的考场数量 ans 多，那么当前方案不值得继续搜索下去。即使 cnt 与 ans 相等，也无须再搜索下去，因为继续搜索下去，cnt 可能不变，也可能更大。

```
if(cnt>=ans)
    {   //剪枝操作
        //如果当前考场数量多于答案数量，就返回
        return;
    }
```

在 main()函数中，使用 dfs(1,0)开始深度搜索，表示在第 1 个考生进入考场时，目前考场数量为 0。注意，最后输出 ans+1，而不是 ans。因为第 0 个考场被认为是首个考场，在编程细节上注意循环语句 for(int p=0;p<=cnt;p++)中的 p<=cnt。

下面给出该题详细注解的代码，建议读者在练习时，也先给出变量定义，每输入一个变量，都能讲述其含义，接着写出函数头，并描述函数的定义，最后写每句代码时，都准确解释其含义。经过至少 3 遍的完整代码编写，对于搜索及递归实现，读者必能熟练掌握。

程序清单如下：

```
#include <iostream>
#include <vector>
using namespace std;
const int N =110;
bool g[N][N];                //建立双向边，代表判断考生 i 和考生 j 是否互相认识
vector<int>q[N];
int ans=0x3f3f3f3f;
int n,m;                     //n 个考生，m 组关系
bool check(int i,int examinee)
{ //判断考生 examinee 能否进入第 i 个考场
    //如果 examinee 与第 i 个考场里的所有考生都不认识，则就可以进入，返回 true
    //如果 examinee 与第 i 个考场里的任何一个考生认识，则不可以进入第 i 个考场，返回 false
```

```
        int len = q[i].size();    //第 i 个考场现在有 len 个考生
        for(int p=0;p < len; p++)
        {   //第 i 个考场里的第 p 个考生是 q[i][p]，这个考生与考生 examinee 认识就返回 false
            if(g[examinee][q[i][p]]) return false;
        }
        return true;                 //第 i 个考场里的所有考生与考生 examinee 都不认识，返回 true
}
void dfs(int now,int cnt)
{
    if(cnt>=ans)
    {   //剪枝操作
        //如果当前考场数量多于答案数量，就返回
        return;
    }
    if(now==n+1)
    {
        ans=min(ans,cnt);               //以少的考场数量更新答案 ans
        return;
    }
    for(int p=0;p<=cnt;p++)
    {   //第 1 种情况：考生 now 进入已经开设的 cnt 个考场中的一个
        if(check(p,now))
        {   //考生 now 进入考场 p，继续深度搜索
            q[p].push_back(now);
            dfs(now+1,cnt);             //搜索下一个考生
            q[p].pop_back();           //回退恢复，考生 now 不进入此考场
        }
    }
    if(cnt+1<=n)
    {   //第 2 种情况：为考生 now 开设新考场
        q[cnt+1].push_back(now);   //考生 now 进入新考场 cnt+1
        dfs(now+1,cnt+1);           //搜索下一个考生 now+1，考场数量为 cnt+1
        q[cnt+1].pop_back();       //回退恢复，考生 now 不进入此考场
    }
}
int main()
{
    //ios::sync_with_stdio(false);
    //cin.tie(0), cout.tie(0);
    int a,b;
    cin>>n>>m;
    while(m--)
    {
        cin>>a>>b;
        g[a][b]=g[b][a]=true;       //考生 a 和考生 b 互相认识
    }
    dfs(1,0);                         //从第 1 个考生进入考场时开始深度搜索，目前考场数量为 0
    //合理地安排考生进入考场，按每种方式获得自身考场数量 cnt
```

```
    cout<<ans+1<<endl;
    return 0;
}
```

9.2.2 七段码解析

【详细解析】

这是一道填空题,既可以手动求解,又可以通过编程求解。

(1)手动求解。如果进行手动计算,则容易发生遗漏情况,所以本题不宜采用该方法。

(2)编程求解。本题共有 7 段二极管,每段二极管都有两种状态,即发光或不发光(全部不发光不能代表一种字符),因此可以考虑采用状态压缩。一共 7 段,也就是 7 位二进制数,发光则对应位置为 1,否则为 0,所以总共有 $2^7-1=127$ 种方案,把 1~127 范围内的每个数转换成二进制,就对应一种方案。

例如,23 可以表示为二进制串 0010111,对应 a、b、c、e 发光,其他二极管不发光。

既然已经知道发光方案有 127 种,那么可以通过枚举的方式,检查每种方案是否符合要求,如果符合要求,则可行方案数量增加。

为了检查方案是否符合要求,需要判断发光二极管是否连成一片。显然这是一个图的连通性问题,可以通过以二极管为顶点,二极管相邻则连边的方式进行构图,如图 9.2 所示。

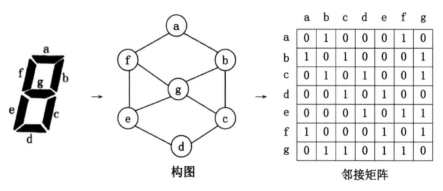

图 9.2 对连通性问题进行构图

对于图的连通性问题,既可以通过深度优先搜索算法判断,又可以通过广度优先搜索算法判断。

(1)通过深度优先搜索算法判断。对每一种方案,从该方案中任何一个发光的顶点(发光的二极管)出发进行深度优先搜索,与其有边相连的并且也发光的顶点才能达到,自然就跳过那些不发光的顶点,深度优先搜索完毕。如果所有发光的顶点都被遍历到,则说明这些发光的顶点是连通的,是一种符合题目要求的方案。

(2)通过广度优先搜索算法判断。对每一种方案,从该方案中任何一个发光的顶点(发光的二极管)出发进行广度优先搜索,与其有边相连的并且也发光的顶点才能达到,自然就跳过那些不发光的顶点,广度优先搜索完毕。如果所有发光的顶点都被遍历到,则说明这些发光的顶点是连通的，是一种符合题目要求的方案。

深度优先搜索算法的程序清单如下：

```
#include <bits/stdc++.h>
using namespace std;
int g[7][7] = {
    {0, 1, 0, 0, 0, 1, 0},
    {1, 0, 1, 0, 0, 0, 1},
    {0, 1, 0, 1, 0, 0, 1},
    {0, 0, 1, 0, 1, 0, 0},
    {0, 0, 0, 1, 0, 1, 1},
    {1, 0, 0, 0, 1, 0, 1},
    {0, 1, 1, 0, 1, 1, 0}
};
int bright[7];                      //如果 i 是发光的，则 bright[i]为 1
int vis[7];
void dfs(int stick){
    for(int i = 0; i < 7; i ++){
        if(g[stick][i] && bright[i] && !vis[i]){
            //如果 i 是与 stick 相连的，并且 i 是发光的，则之前还没到过 i
            vis[i] = 1; dfs(i);      //标记现在到达了 i，从 i 继续深度优先搜索
        }
    }
    //如果主程序调用 dfs(int stick)，则深度优先搜索所到过的 i 都被 vis 标记为了 1
    //也就是与 stick 相连的且发光的 i 都走过了
}
int main()
{
    int i, j, stick, x, ans = 127;
    for(i = 1; i <= 127; i ++ ){
        memset(bright, 0, sizeof(bright));
        memset(vis, 0, sizeof(vis));
        x = i, j = 0;
        while(x){
            if(x % 2) bright[j] = 1;
            x /= 2; j ++;
        }
        stick = 0;
        while(!bright[stick]) stick ++;
        vis[stick] = 1; dfs(stick);
        //从 stick 开始深度优先搜索，所到过的顶点（二极管）都被 vis 标记为了 1
        for(j = 0; j < 7; j ++ ){
            if(bright[j] && !vis[j]) {
                ans--;
                break;
            }
        }
        //如果 j 是发光的，但是没有走过它，即从 stick 不能到达 j，stick 与 j 是隔离的
        //则这一套 bright 方案不是合法的，退出，这样 j 就小于 9
```

```
        }
        if(j>=7){//此处为输出方案，方便查看，如果提交答案，则需要注释掉这段
        char c;
        for (int k=0;k<7;k++){
            if(bright[k]){c='a'+k; cout<<c;}

        }
            cout<<endl;
        }
    }
    cout<<ans<<'\n';
    return 0;
}
```

方法重点：深度优先搜索算法、构图。

特征：方案、计数。

核心思路：枚举所有方案，对预设的方案，通过关联等条件深度优先搜索能覆盖此方案中所有发光的二极管，那么此方案计入方案数。

思考题：本题中深度优先搜索算法为何没有恢复 vis[i]=0 这样的回退操作？因为本题在主程序中枚举所有方案，深度优先搜索仅验证本方案是否可行。而一般的迷宫等深度优先搜索问题，如果是在深度优先搜索中枚举所有方案，就必须回退访问标志，而为其他方案使用做准备。

广度优先搜索算法的程序清单如下：

```
#include<bits/stdc++.h>
using namespace std;
int ans, g[7][7], vis[7], shine[7];
void bfs(int x){                          //通过队列进行广度优先搜索
    queue<int>queLed;                     //存放发光二极管的队列
    queLed.push(x);
    vis[x] = true;
    //取出队列中的发光二极管，标记与其相连的发光二极管并放进队列中
    while(!queLed.empty()){
        int u = queLed.front();
        queLed.pop();
        for(int i = 0; i <= 6; i ++){
            if(g[u][i] && shine[i] && !vis[i]){//相邻未访问的发光管
                vis[i] = true;                 //标记访问
                queLed.push(i);                //放入队列
            }
        }
    }
}
bool check(int x){
    for(int i = 0; i <= 6; i ++) shine[i] = vis[i] = false;    //初始化
    int cnt = 0;
    for(int i = 6; ~i; i --) if(x >> i & 1) shine[i] = true;   //标记发光二极管
    for(int i = 0; i <= 6; i ++){                   //计算共有多少连成一片的发光二极管
```

```
        if(shine[i] && !vis[i]){           //发光且未访问
            bfs(i);
            cnt ++;
        }
    }
    return cnt == 1;                        //不等于 1 则表示有不相连的发光二极管
}
int main()
{
    g[0][1] = g[0][5] = 1;
    g[1][0] = g[1][2] = g[1][6] = 1;
    g[2][1] = g[2][3] = g[2][6] = 1;
    g[3][2] = g[3][4] = 1;
    g[4][3] = g[4][5] = g[4][6] = 1;
    g[5][0] = g[5][4] = g[5][6] = 1;
    g[6][1] = g[6][2] = g[6][4] = g[6][5] = 1;
    for(int i = 0; i < (1 << 7); i ++){
        if(check(i)) {
            ans ++;
        }
    }
    cout << ans << '\n';
    return 0;
}
```

9.2.3 巧克力解析

【详细解析】

本题的样例说明如下：

种类	单价/元	保质期天数	块数	所吃块数	总价/元	期间/天	剩下的巧克力还够吃多少天 set（初值 1~10）
1	1	6	5	5	5×1=5	1~5	6~10
2	2	7	3	2	2×2=4	6~7	8~10
3	3	10	10	3	3×3=9	8~10	空
			累计		18		

本题要求花费最少的钱买足够多的巧克力，以便能够在 x 天内每天都能吃一块，那么显然需要尽量选择价格较低的巧克力。

假设买了一块巧克力，设它的保质期为 b 天，那么只能够在第 $1 \sim b$ 天吃掉这块巧克力。但是如果已经安排好了第 $1 \sim b$ 天中每天吃的巧克力，那么这个保质期为 b 天的巧克力就没有购买的意义了。因此，可以将这种巧克力称为没有用的巧克力。

若购买了一块保质期为 b 天的巧克力，那么应该尽量将该块巧克力放在第 b 天吃。如果第 b 天已经有巧克力吃了，就尽量将其放在第 $b-1$ 天吃。

为什么要这么做？因为这样就能有更多的机会选择其他巧克力。这样就能保证可以尽可能多地购买价格尽量低的有用的巧克力。

如何快速确认保质期为 b 天的巧克力应该放在哪一天吃？这里给出两种策略：一种是维护一个记录着没有安排吃巧克力的日期的 set，这样只要在 set 中找到第 1 个小于等于 b 的日期，然后通过以上贪心策略，模拟一遍即可；另一种便是利用队列，从最后一天开始考虑，把符合要求的巧克力都加入备选集合，然后选择价格最低的巧克力，用优先队列维护即可。

利用 set 的程序清单如下：

```cpp
#include<bits/stdc++.h>
#define int long long
using namespace std;
const int N = 1e5 + 10;
set<int>se;                        //维护一个记录着没有安排吃巧克力的日期
struct node{
    int val, L, cnt;              //单价、保质期、数量
    bool operator < (const node & b) const {
        //价格相同，保质期天长的优先，从大到小排序
        if(val == b.val) return L > b.L;
        return val < b.val;       //价格从小到大排序，优先考虑价格低的
    }
}a[N];
signed main(){
    int x, n;
    cin >> x >> n;
    for(int i = 1; i <= n; i ++){
        //val 表示单价，L 表示还剩几天，cnt 表示数量
        cin >> a[i].val >> a[i].L >> a[i].cnt;
    }
    sort(a + 1, a + 1 + n);        //先将 a 从小到大进行排序
    for(int i = 1; i <= x; i ++) se.insert(i);    //待安排吃巧克力的日期
    int p = 1, res = 0;           //p 代表哪种巧克力，res 代表花费的总额
    while(se.size() && p <= n){   //还有待安排日期，并且后面的巧克力种类还没用到
        //在保质期前并且有这种巧克力
        while(a[p].cnt && se.size() && *se.begin() <= a[p].L){
            //这种巧克力还有，所剩日期还存在，所剩的最小日期在此种巧克力保质期前或相等
            res += a[p].val;      //如果符合条件，则加上这种巧克力的单价
            a[p].cnt --;          //这种巧克力的数量减少一个
            auto it = se.upper_bound(a[p].L);
            it --;
            se.erase(it);         //安排在这天吃这块巧克力，在 se 中删除这天
        }
        p ++;                     //进行下一种巧克力的选择
    }
    if(se.size()) cout << -1 << '\n';  //如果不存在让小蓝吃 x 天的购买方案
    else cout << res << '\n';     //输出一个整数，表示小蓝的最少花费
    return 0;
}
```

使用队列的程序清单如下：

```cpp
#include<bits/stdc++.h>
using namespace std;

const int N=1e5+10;
typedef long long ll;
int x,n;

struct Candy
{
  ll price,day,num;
  bool operator<(const Candy z)const      //价格越低的巧克力越先考虑
  {
    return price>z.price;
  }
}a[N];

bool cmp(Candy z,Candy y)                  //将每种巧克力的保质期进行排序
{
  return z.day>y.day;
}

int main()
{
  cin>>x>>n;
  for(int i=0;i<n;i++) cin>>a[i].price>>a[i].day>>a[i].num;

  sort(a,a+n,cmp);                         //将每种巧克力的保质期进行排序
  ll cost=0,pos=1;                         //cost 表示花费总额
  priority_queue<Candy> q;
  q.push(a[0]);
  while(!q.empty()&&x)                     //如果 q 队列不为空且 x 不为 0，则进行循环
  {
    while(a[pos].day>=x&&pos<n)            //将当天还没过期的所有巧克力进行入队
    {
      q.push(a[pos]);
      pos++;
    }
    Candy tmp=q.top();                     //读取队首的数据
    q.pop();
    tmp.num--;                             //第 x 天所吃的巧克力
    cost+=tmp.price;                       //如果符合条件，则加上这种巧克力的单价
    x--;                                   //这种巧克力的数量减少一个
    if(tmp.num>0) q.push(tmp);             //如果该种巧克力还有剩余，则继续入队
  }
                                           //不存在让小蓝吃 x 天的购买方案
  //如果队列为空，则退出，但日期循环未结束（部分日期无符合条件的巧克力）
  if(x) cout<<"-1";
  else cout<<cost;
  return 0;
}
```

9.2.4 回路计数解析

【解题要点】

在讲解本题之前，需要了解一些基础知识：位运算、状态压缩、哈密顿回路和超级楼梯。

1. 位运算

这里仅讲解本题需要用到的位运算。"<<"表示左移运算符，可以将二进制数向左移位操作，高位溢出则丢弃，低位补 0。例如，$1<<4=10000$，$2^1-1=1$，即一个二进制数 1，$2^{21}-1$ 就是低位有 21 个 1 的二进制数，所以 $n=2^{21}$，即 $1<<21$。

除了左移，还有右移，">>"表示右移运算符，用法与左移运算符类似，只是将二进制数向右移位操作，并且无符号数和有符号数的运算并不相同。对于无符号数，右移之后高位补 0；对于有符号数，符号位一起移动，正数高位补 0，负数高位补 1。

"&"表示与运算符，参加运算的两个数据，按二进制位进行与运算。运算示例：0&0=0、0&1=0、1&0=0、1&1=1，即两位同时为 1，结果才为 1，否则为 0。

2. 状态压缩

前面在解七段码时涉及了状态压缩。本题举例来说，总共有 21 栋楼，每栋楼只有去过和没去过两种情况，可以不使用数组，而是直接用一个二进制数表示每栋楼是否去过的情况。将每栋楼是否去过的状态压缩地存储在一个二进制数中。

3. 哈密顿回路

哈密顿回路由天文学家哈密顿提出：由指定的起点前往指定的终点，途中经过所有其他结点且只经过一次，那么对于一个无向图来说，这样一条含有图中所有结点的路径称为哈密顿路径，闭合的哈密顿路径又称为哈密顿回路。

4. 超级楼梯

在此提出超级楼梯是为了方便理解该题的求解策略。有一个楼梯共 M 级，刚开始时在第 1 级，若每次只能走一级或两级，要走到第 M 级，求共有多少种走法，即为超级楼梯问题。对其进行分析，可以站在楼梯的第 n 级想一下，前一步是从哪里来的，问题就清楚了。由于每次只能走一级或两级，假设 $f(n)$ 表示到楼梯的第 n 级有多少种走法，那么 $f(n)=f(n-2)+f(n-1)$。这其实是一个斐波那契数列，同时也是一个递推问题。那么对于本题，如果从前一个位置 j 走到位置 k，那么到达前一个位置 j 的方案数是计算到达位置 k 的方案数的一部分。

【详细解析】

本题的核心：小蓝最终需要回到第 1 栋楼，由于 1 与其他自然数互质，那么前一步可能是 2、3、...、20、21 中的任何一栋楼。

定义状态 i：状态 i 表示哪些楼已经走过了，走过的那些楼在 i 中的位为 1。

例如，$i=3$ 时其二进制数为 011，这表示第 1 栋楼和第 2 栋楼已经走过了，其他的还没有。

定义方案数 dp[i][j]：当状态为 i 时，从第 1 栋楼通过某条路径，目前走到第 j 栋楼的方案数定义为 dp[i][j]。

本题要求的就是 dp[E][1]，其中 $E=2^{21}-1$，即(1<<21)-1，其二进制为 21 个 1。

根据超级楼梯的例子，同理可以得到 dp[E][1]的计算方法为

$$\mathrm{dp}[E][1]=\sum_{j=2}^{j=21}\mathrm{dp}[E][j]$$

那么为了求 dp[E][1]，不妨求出所有的 dp[i][j]，接下来定义 dp[i][j]的状态转移方程。

从初始状态开始，不断地尝试下一栋能到达的楼，并且将楼加入状态中（对应楼的二进制位变为 1），如果 21 位的二进制中的所有数都变成了 1，就说明这是一条可行的路径，将这条路径计数到 dp[(1<<21)-1][路径的末楼下标]。

dp[i][j]表示从状态 i 到达第 j 栋楼的路径数，那么状态转移方程为

$$\mathrm{dp}[i+(1<<k)][k]\ +=\ \mathrm{dp}[i][j]$$

这表示原状态 i 在第 j 栋楼已经走过的情况下去尝试将第 k 栋楼加入已走过的状态，如果可以，则新的状态会以 k 为终点，其路径数为原来的值加上 dp[i][j]。下面对状态转移展开讲解。

对于 dp[i][j]，考虑行为主要是从一栋楼走向另一栋楼，不妨考虑从第 j 栋楼走向第 k 栋楼这样的行为会发生怎样的状态转移。

状态 i 中二进制为 1 的位置所包含的楼都走过了，正站在第 j 栋楼，这时的方案数是 dp[i][j]；走到了第 k 栋楼，走过的楼就新增了第 k 栋楼，状态就从 i 转移为 $i+1<<k$。例如，$i=3$ 表示原先走过了第 1 栋楼和第 2 栋楼，二进制数为 011。现在 $k=4$（第 5 栋楼的 k 是 4，因为第 1 栋楼标为 0），状态就变成了 10011，$i=19$。那么 dp[19][k] +=dp[3][j]，即 dp[19][k]原先的方案数加上现在新增的从第 j 栋楼走过所带来的方案数 dp[3][j]。不失一般性，得到状态转移方程为

$$\mathrm{dp}[i+1<<k][k]\ +=\mathrm{dp}[i][j]$$

通过以上状态转移方程，求出范围内所有 dp[i][j]，再结合前述信息求出最终答案。

对某栋楼 x 是否已经走过的判断为 $i >> x$ & 1。这表示状态 i 按位右移 x 位，之后末尾和 1 与运算，以此判断状态 i 的二进制数的第 x 位是否为 1。

算法包含 3 个 for 循环嵌套，第 1 个 i 是 2^{21} 次，后面的 j 和 k 都是 21 次，所以嵌套后总的时间复杂度为 $O(2^{21}\times21\times21)$。

状态值的二进制数示意图如图 9.3 所示。

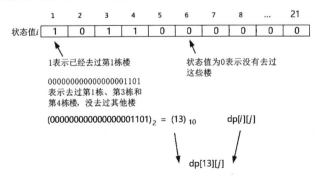

图 9.3　状态值的二进制数示意图

程序清单如下：

```cpp
#include <bits/stdc++.h>
#define int long long
using namespace std;
int dp[1 << 22][22], g[22][22];
signed main()
{
    int n = 1 << 21;                        //等于2^21
    for(int i = 1; i <= 21; i ++) for(int j = 1; j <= 21; j ++){
        if(__gcd(i, j) == 1) g[i - 1][j - 1] = g[j - 1][i - 1] = 1;
    }
    dp[1][0] = 1;
    //对于所有状态，某个状态i，即它的二进制中的1表示走过了哪些楼
    for(int i = 1; i < n; i ++){
        for(int j = 0; j < 21; j ++){       //已经到达第j栋楼了
            if(!(i >> j & 1)) continue;     //i走过的楼中不包含第j栋楼，不再往下运行
            //i中包含了j，然后从第j栋楼走到第k栋楼
            for(int k = 0; k < 21; k ++) {
                //引发的状态转移
                if(!g[j][k] || (i >> k & 1)) continue;
                dp[i + (1 << k)][k] += dp[i][j];
            }
        }
    }
    int res = 0;
    for(int i = 0; i < 21; i ++) {
        res += dp[n - 1][i];                //n-1就是E，其二进制为21个1
        //2^1=1是1个1，2^21就是21个1，n=2^21=1<<21
    }
    cout << res << '\n';
    return 0;
}
```

9.2.5 汉诺塔解析

【详细解析】

本题展现了一个汉诺塔问题，关于汉诺塔的基本规则，在前面的学习中已经有所了解。在细致阅读题目后，可以发现它要求解析在将第 n 个盘子移动至第 3 根柱子上之前，第 m 步具体的移动过程。

不妨先从易到难逐步分析。将第 1 个盘子移动到第 3 根柱子上需要一步，即从 1→3。这样盘子便从第 1 根柱子移动到了第 3 根柱子上；将第 2 个盘子移动到第 3 根柱子上需要两步：1→2，1→3。将第 3 个盘子移动到第 3 根柱子上需要 4 步：1→3，1→2，3→2，1→3。将第 4 个盘子移动到第 3 根柱子上需要 8 步：1→2，1→3，2→3，1→2，3→1，3→2，1→2，1→3。以此类推，可以发现其中的规律为：

当 n 为偶数时，第 1 个盘子的移动轨迹是 1→2，2→3，3→1 这 3 个步骤的循环，第 2 个盘子的移动轨迹是 1→3，3→2，2→1 这 3 个步骤的循环，第 3 个盘子的移动轨迹是 1→2，2→3，3→1 这 3 个步骤的循环……由此可以分析出，当盘子的编号是奇数时，盘子的移动轨迹是 1→2，2→3，3→1；当盘子的编号是偶数时，盘子的移动轨迹是 1→3，3→2，2→1。

当 n 为奇数时，从上述可得，编号为奇数的盘子的移动轨迹是 1→3，3→2，2→1 循环；编号为偶数的盘子的移动轨迹是 1→2，2→3，3→1 循环。

在以上两种情况下，第 1 个盘子移动的次数间隔是 21 次，第 2 个盘子移动的次数间隔是 22 次，以此类推。如下所述，m 代表移动次数，id 代表移动的盘子数。

m	1、2、3、4、5、6、7、8、9、10
id	1、2、1、3、1、2、1、4、1、2

上述分析说明了 n 为奇数或偶数时，奇数号位的盘子和偶数号位的盘子之间的移动次数和顺序，第 1 次移动的是第 1 个盘子，第 2 次移动的是第 2 个盘子，第 4 次移动的是第 3 个盘子……第 $2n-1$ 次移动的是第 n 个盘子。根据上述移动关系，可以求出第 n 个盘子移动到第 3 根柱子之前第 m 步的具体移动过程。

程序清单如下：

```cpp
#include<bits/stdc++.h>
using namespace std;
typedef long long LL;
int main() {
    int t, n;
    LL m;
    scanf("%d", &t);
    while (t--) {
        scanf("%d%lld", &n, &m);
        int id, from, to;
        for (id = 1; (m & 1) == 0; id++, m >>= 1);
        if ((id & 1) ^ (n & 1)) {
            from = (m >> 1) % 3 + 1;
            to = from % 3 + 1;
        } else {
            //保证 from 在 1 到 3 之间
            from = (-2 - (m >> 1)) % 3 + 3;
            to = (from + 1) % 3 + 1;
        }
        printf("%d %d %d\n", id, from, to);
    }
    return 0;
}
```

该算法的时间复杂度为 $O(n^2)$。

9.2.6 奇数阶魔方解析

【详细解析】

本题的样例说明如下：

输入样例	输出样例
7	22 47 16 41 10 35 4 5 23 48 17 42 11 29 30 6 24 49 18 36 12 13 31 7 25 43 19 37 38 14 32 1 26 44 20 21 39 8 33 2 27 45 46 15 40 9 34 3 28

将输出样例放入 Excel 表格，用 sum 公式等进行求和，会发现每行的和是 175，每列的和以及两条对角线的和也都是 175，如图 9.4 所示。

	1	2	3	4	5	6	7		175
1	22	47	16	41	10	35	4		175
2	5	23	48	17	42	11	29		175
3	30	6	24	49	18	36	12		175
4	13	31	7	25	43	19	37		175
5	38	14	32	1	26	44	20		175
6	21	39	8	33	2	27	45		175
7	46	15	40	9	34	3	28		175
	175	175	175	175	175	175	175		175

图 9.4 将输出样例放入 Excel 表格

接下来，观察这些数据的布局并从中发现规律。

这 49 个数（1～49）是不是可以按照 1,2,3,...,49 这样逐个数字填入呢？

首先将 1 放在比较居中的位置，如果使用二维数组 a 来存放这 49 个数，那么 $a[5,4]=1$，接着将 2 放在 1 的右下方，将 3 放在 2 的右下方。

如果不越界，4 也算是放在了 3 的右下方，但实际上在 x 方向越界了，所以 4 移到了最上面，在[1,7]位置。5 也是在 4 的右下方，但在 y 方向越界了，所以 5 移到了最左边，在[2,1]位置。

另外，6 和 7 也都是在前一个数（5）的右下方。又因为 7 的右下方已经有 1 了，所以 8 在 7 向下两个位置。

探索完每个数的位置后，发现任何一个数 i 的下一个数 i+1 的位置有两种情形：一种是 i+1 在 i 的右下角；另一种是 i+1 在 i 向下两个位置。无论哪种情形，如果越界，那么都要将数移到上面去。

可以看出，7、14、21、28、35、42 这些 7 的倍数，它们的下一个数的位置属于第 2 种情形，如图 9.5 所示。其他所有数的下一个数的位置属于第 1 种情形。

	1	2	3	4	5	6	7
1	*22*	47	16	41	10	**35**	4
2	5	23	48	17	**42**	11	*29*
3	30	6	24	49	18	36	12
4	13	31	**7**	25	*43*	19	37
5	38	**14**	32	1	26	44	20
6	**21**	39	*8*	33	2	27	45
7	46	*15*	40	9	34	3	**28**

图 9.5 第 2 种情形示例

问题变成已知 $i.x$ 和 $i.y$，求 $(i+1).x$ 和 $(i+1).y$，于是有：

```
 if(i % n==0)  (i+1).x = i.x+2              //第 2 种情形：向下两个位置
    else {(i+1).x = i.x+1, (i+1).y= i.y+1}  //第 1 种情形：右下角
    //越界处理
    if (x > n)
       x -= n;
    if (y > n)
       y -= n;
```

可以用 $n=5$、$n=9$ 等其他样例来验证这个规律。

然后根据发现的规律，用 for 循环在二维数组 $a[][]$ 中顺次填入数字，最后按照格式要求输出数组即可。

程序清单如下：

```
#include<iostream>
using namespace std;
int main() {
    int a[30][30], n;
    int x, y, i, j;
    cin >> n;
    y = (n + 1) / 2;
    x = y + 1;
    for (i = 1; i <= n * n; i++) {
        a[x][y] = i;            //对于 1，a[x][y]=1，将 1 放在第 n 行中间一列
        if (i % n == 0)         //当 i 为 n 的倍数时，下一个数将出现在此数向下两个位置
            x += 2;
        else                    //否则将出现在右下角
        {
            x += 1;
            y += 1;
        }
        if (x > n)
            x -= n;
        if (y > n)
            y -= n;
```

```
    }
    for (i = 1; i <= n; i++) {
        for (j = 1; j <= n; j++)
            printf("%4d", a[i][j]);//右对齐%4d, 左对齐%-4d
        printf("\n");
    }
}
```

该算法的时间复杂度为 $O(n^2)$。

9.2.7 一只迷失的羊驼解析

【详细解析】

本题是一道经典的迷宫问题，根据题意可以了解到的是需要帮助一只掉队的羊驼走出猎人的迷宫陷阱，并且求出需要的最少步数。此题可以用多种算法求解，这里使用广度优先搜索算法，利用队列来存储所搜索的下一步，然后到达出口时自然就保存了离初始位置最少步数的解。

首先，输入羊驼的位置(a,b)和出口的位置(x,y)；其次，输入一个迷宫的二维数组，数组中 0 表示无陷阱，1 表示有陷阱，从题目给出的起始位置开始，将没走过的方向且能通过的坐标加入队列；再次，遍历队列的元素，直到队列为空，记录每一步离起点的距离；最后，只要输出出口(x,y)离羊驼(a,b)的距离 d(x,y)。

提问：为何下面的程序并没有比较大小，就能获得最少步数呢？

程序清单如下：

```
#include <bits/stdc++.h>
#define PII pair<int,int>
using namespace std;
const int N = 110;
int n,m;
int a,b,x,y;
int g[N][N],d[N][N];
int bfs()
{
    queue<PII> q;
    memset(d,-1,sizeof d);
    q.push({a,b});                          //(a,b)位置先进队列
    int dx[4]={-1,0,1,0},dy[4]={0,1,0,-1};  //方向数组
    d[a][b] = 0;                            //(a,b)位置离自己的距离是 0
    while(q.size())
    {
        auto t = q.front();                 //取出队首位置给 t
        q.pop();
        for(int i=0;i<4;i++)
        {   //t 的 4 个方位之一 tx
            int tx = t.first + dx[i], ty = t.second + dy[i];
            if(tx>=1 && tx<=n && ty>=1 && ty<=m && g[tx][ty]==0 && d[tx][ty]==-1)
            {//tx 在迷宫区域内且不是陷阱，并且尚未计算过离羊驼的距离
```

```
                d[tx][ty] = d[t.first][t.second] + 1;
                //tx 是从 t 走来的，离羊驼的距离多了 1
                q.push({tx,ty});              //tx 存入队列
            }
        }
    }
    return d[x][y];                      //返回出口离羊驼的距离
}
int main()
{
    cin>>n>>m;
    cin>>a>>b>>x>>y;
    for(int i=1;i<=n;i++)
        for(int j=1;j<=m;j++)
            cin>>g[i][j];
    cout<<bfs()<<endl;
    return 0;
}
```

该算法的时间复杂度为 $O(n \times m)$。

9.2.8　糖果店解析

【详细解析】

已知有 n 个数，分别找到最大值 max 和最小值 min，分两种情况来讨论。

（1）考虑小张，枚举右端点，会发现假如小张选的区间的右端点是当前点的话，那么小张一定会选左边离这个端点最近的最大值和最小值的较小下标的左边全部糖果，方案数就是最大值和最小值的较小下标之和。假如不存在最大值和最小值，那么以这个为右端点的情况就不存在；假如最大值和最小值都存在，那么方案数就是以这个点为右端点的最近的最大值和最小值的较小下标之和。

（2）考虑小李，假如最小值有 min_num 个，最大值有 max_num 个，那么小李可以在最小值中随便选，在最大值中随便选，然后在剩余点中随便选，那么方案数就是选最大值的方案数乘上选最小值的方案数再乘上剩余点的方案数，即 $(2^{min\_num} - 1) \times (2^{max\_num} - 1) \times 2^{(n - max\_num - min\_num)}$。

存储每个糖果数，然后求出 max 和 min 及对应的个数 a 和 b，最后将上述的思路分类讨论即可。

本题看似简单，但需要掌握的拓展知识点有快速幂、逆元、组合数学和容斥原理等。

程序清单如下：

```
#include<iostream>
#include<cstring>
#include<algorithm>
using namespace std;
#define ll long long
const ll inf=0xffffff;
const ll mod=1000000007;
```

```
ll n,m,k,t;
ll num[100010];
ll cal(ll a,ll b)
{
    ll ans=1;
    while(b)
    {
        if(b&1)
        ans=ans*a%mod;
        a=a*a%mod;
        b>>=1;
    }
    return ans;
}
int main()
{
    cin>>t;
    while(t--)
    {
        cin>>n;
        ll min1=inf,max1=0,min_num=0,max_num=0;
        ll sum1=0,sum2=0;
        for(int i=1;i<=n;i++)
        {
            cin>>num[i];
            min1=min(min1,num[i]);
            max1=max(max1,num[i]);
        }
        if(min1==max1)
        {
            sum1=n*(n+1)/2%mod;
            sum2=cal(2,n)-1;
            cout<<sum1<<' '<<sum2<<endl;
            continue;
        }
        ll t1=0,t2=0;
        for(int i=1;i<=n;i++)
        {
            if(min1==num[i])
            {
                t1=i;
                min_num++;
            }
            if(max1==num[i])
            {
                t2=i;
                max_num++;
            }
```

```
            sum1=(min(t1,t2)+sum1)%mod;
        }
        sum2=((cal(2,min_num)-1)%mod*(cal(2,max_num)-1)%mod*cal
         (2,n-max_num-min_num))%mod;               //排列组合
        /*sum2=(cal(2,n)-cal(2,n-max_num)-cal(2,n-min_num)+cal
         (2,n-max_num-min_num))%mod;               //容斥原理
        if(sum2<0)
        sum2+=mod;*/
        cout<<sum1<<' '<<sum2<<endl;
    }
    return 0;
}
```

参考文献

[1] 王晓东. 计算机算法设计与分析[M]. 5 版. 北京：电子工业出版社，2018.

[2] 谢承旺. 多目标群体智能优化算法[M]. 北京：北京理工大学出版社，2020.

[3] 周娟，杨书新，卢家兴. 程序设计竞赛入门[M]. 北京：中国水利水电出版社，2021.

[4] 吴永辉，王建德. 算法设计编程实验[M]. 2 版. 北京：机械工业出版社，2020.

[5] 吴永辉，王建德. 数据结构解题策略[M]. 北京：机械工业出版社，2023.

[6] 李守巨，刘迎曦，孙伟. 智能计算与参数反演[M]. 北京：科学出版社，2008.

[7] 恩格尔伯里特. 计算群体智能基础[M]. 谭营，等，译. 北京：清华大学出版社，2009.

[8] 霍红卫. 算法设计与分析[M]. 西安：西安电子科技大学出版社，2005.

[9] 谢承旺，等. 算法设计与分析 [M]. 南昌：江西高校出版社，2017.

[10] 郑宗汉，郑晓明. 算法设计与分析[M]. 2 版. 北京：清华大学出版社，2011.

[11] 李家同. 算法设计与分析导论[M]. 王卫东，译. 北京：机械工业出版社，2008.

[12] 余伟伟，谢承旺，闭应洲，等. 一种基于自适应模糊支配的高维多目标粒子群算法[J]. 自动化学报，2018，44(12)：2278-2289.

[13] Xia X W，Xing Y，Wei B，et al. A fitness-based multi-role particle swarm optimization[J]. Swarm and Evolutionary Computation，2018，44：349-364.

[14] Chen X，Lin Y，Qu Q，et al. An epistasis and heterogeneity analysis method based on maximum correlation and maximum consistence criteria[J]. Math Biosci Eng，2021，18(6)：7711-7726.

[15] Li X，Jiang W. Method for generating multiple risky barcodes of complex diseases using ant colony algorithm[J]. Theoretical Biology and Medical Modelling，2017，14(1)：4.

[16] Li X. A fast and exhaustive method for heterogeneity and epistasis analysis based on multi-objective optimization[J]. Bioinformatics，2017，33(18)：2829-2836.

[17] Li X，Liao B，Chen H W. A New Technique for Generating Pathogenic Barcodes in Breast Cancer Susceptibility Analysis[J]. Journal of Theoretical Biology，2015，366：84-90.

[18] Liao B，Li X，Zhu W，et al. Multiple ant colony algorithm method for selecting tag SNPs[J]. Journal of Biomedical Informatics，2012，45(5)：931-937.

[19] 周娟，曹义亲，谢昕. 基于树状数组的逆序数计算方法[J]. 华东交通大学学报，2011，28(2)：45-49.

[20] 周娟，王双华，王涛，等. 高山滑雪中速度建模仿真研究[J]. 计算机仿真，2015，32(9)：226-232.